从 Excel 到 Power BI：
数据分析实战教程

主　编　刘美言　杨　蕊
副主编　关志强　刘　海　刘　佳
参　编　武　芳　赵相涛　邓惠玲

西南交通大学出版社
·成　都·

图书在版编目（CIP）数据

从 Excel 到 Power BI：数据分析实战教程 / 刘美言，杨蕊主编. -- 成都：西南交通大学出版社，2025.6
ISBN 978-7-5774-0562-9

Ⅰ.TP391.13；TP317.3

中国国家版本馆 CIP 数据核字第 20259HA628 号

Cong Excel Dao Power BI：Shuju Fenxi Shizhan Jiaocheng
从 Excel 到 Power BI：**数据分析实战教程**

主 编 / 刘美言 杨 蕊	策划编辑 / 张 波 韩洪黎
	责任编辑 / 李 伟
	责任校对 / 左凌涛
	封面设计 / 墨创文化

西南交通大学出版社出版发行
（四川省成都市金牛区二环路北一段 111 号西南交通大学创新大厦 21 楼 610031）
营销部电话：028-87600564 028-87600533
网址：https://www.xnjdcbs.com
印刷：四川森林印务有限责任公司

成品尺寸 185 mm × 260 mm
印张 16.5 字数 414 千
版次 2025 年 6 月第 1 版 印次 2025 年 6 月第 1 次

书号 ISBN 978-7-5774-0562-9
定价 45.00 元

课件咨询电话：028-81435775
图书如有印装质量问题 本社负责退换
版权所有 盗版必究 举报电话：028-87600562

前　言

在当今数字化时代，数据分析能力已成为职业本科学生必备的核心技能之一。为了满足这一需求，我们精心编写了《从 Excel 到 Power BI：数据分析实战教程》这本实操教材，旨在为职业本科学生提供一条系统学习数据分析的路径，助力他们在未来的职场竞争中脱颖而出。

本书内容丰富，涵盖了从 Excel 基础操作到 Power BI 高级应用的多个方面。第 1 部分"Excel 智驭：数据分析的全能指南"深入探讨了 Excel 的工作表管理、单元格操作技巧以及数据的组织与深度探索，帮助读者掌握 Excel 作为强大数据分析平台的核心功能。第 2 部分"Power BI 探秘：数据宇宙的视觉盛宴"则聚焦于 Power BI 的深度功能，从 Power BI 的基础架构、数据获取与清洗，到复杂的数据建模、DAX（数据分析表达式）语言的应用，再到数据可视化的高级技巧，逐步引导读者深入 Power BI 的世界，解锁数据的无限潜能。

本书编写团队由具有丰富教学经验和企业实战经验的人员组成。主编刘美言负责本书的整体规划，并完成了第 6~9 章的编写，深入探讨了 Power BI 的数据建模、DAX 语言以及数据可视化的高级应用；主编杨蕊完成了第 3~5 章的编写，详细介绍了 Excel 的高级功能以及从 Excel 到 Power BI 的过渡内容；副主编关志强完成了第 1 章的编写；副主编刘佳完成了第 2 章的编写；副主编刘海（兰州民航物流公司总经理）为本书提供了丰富的数据支持，同时对本书的整体架构给出建议，并为本书的编写提供了宝贵的产教融合机会，使得本书内容更加贴近实际工作场景；参编武芳（华龙证券股份有限公司合规管理部总监）、赵相涛与邓惠玲（培黎学院）负责本书的数据纠错以及数字资源的建立工作，确保了数据的准确性和资源的丰富性。

本书具有以下特点：

（1）思政融合、德技兼修：在本书编写过程中，编者注重将思政元素融入数据分析的教学内容中，通过案例分析和实际操作，培养学生的数据伦理意识、社会责任感和团队协作精神，实现德技兼修的教育目标。例如，在讨论数据透视表的应用时，我们不仅教授如何高效地组织和分析数据，还强调了数据真实性和客观性的重要性，引导学生在数据分析中秉持诚信和公正的原则。

（2）资源丰富、智能助学：本书配备了丰富的电子资源，包括课件、案例数据等，同时还引入了人工智能教学助理，为学生提供全方位的学习支持。这些资源不仅丰富了教学内容，而且为学生提供了更加便捷和高效的学习体验。例如，学生可以通过课件和案例数据进行实践操作，而人工智能教学助理可以根据学生的学习进度提供个性化的辅导和练习。

（3）产教融合、企业助力：本书的编写得到了兰州民航物流公司的大力支持。公司提供了大量的实际业务数据，为本书的案例分析和实践操作提供了真实可靠的数据基础。这种产教融合的方式不仅使学生能够将所学知识应用于实际问题的解决中，还提高了学生的实践能力和就业竞争力。例如，在讲解 Power BI 的数据可视化时，我们使用了兰州民航物流公司的部分实际运营数据，让学生能够更好地理解数据分析在企业决策中的应用。

本书适用于职业本科院校相关专业学生，也可作为数据分析爱好者的自学教材。通过学习本书，读者将能够系统掌握数据分析的核心技能，培养创新思维和实践能力，为未来的职业发展打下坚实的基础。

在职业教育不断发展的今天，希望通过本书的出版，为职业本科学生提供一个优质的学习资源，帮助他们掌握数据分析的核心技能，培养他们的创新思维和实践能力；同时，也希望本书能够为产教融合的发展做出贡献，为企业培养更多适应市场需求的高素质数据分析人才。

编 者

2025 年 3 月

本书课件

各章数据

目 录

第 1 部分　Excel 智驭：数据分析的全能指南

第 1 章　基础筑基：Excel 操作与管理 ················ 3
1.1　基础入门：Excel 工作簿、工作表 ················ 4
1.2　数据入微：单元格的设置 ················ 6
1.3　数据呈现：工作表的基本设置 ················ 15

第 2 章　透视精析：数据组织与深度探索 ················ 25
2.1　排序智慧：高效排序应用 ················ 26
2.2　筛选妙法：高效数据筛选 ················ 30
2.3　透视之眼：数据透视表构建 ················ 37

第 3 章　函数宝典：数据操控的四大支柱 ················ 50
3.1　启程初探：公式函数筑基 ················ 51
3.2　数术神兵：计算函数揭秘 ················ 55
3.3　逻辑迷宫：条件函数梳理 ················ 60
3.4　多元妙用：其他函数精选 ················ 65

第 4 章　视觉叙事：Excel 图表的魔法 ················ 74
4.1　初探图表：基础图表的类型与选用 ················ 75
4.2　图表元素：图表基础元素设计 ················ 81
4.3　组合图表：多维数据呈现 ················ 87

第 2 部分　Power BI 探秘：数据宇宙的视觉盛宴

第 5 章　启航 BI：Power BI 基础 ················ 96
5.1　转型动力：Excel 至 Power BI 的升级之旅 ················ 97
5.2　架构蓝图：Power BI 的系统框架概览 ················ 99
5.3　探索之门：Power BI 的初步接触与理解 ················ 100
5.4　实践速览：Power BI 的快速体验与应用入门 ················ 105

第 6 章　数据炼金：数据清洗与转换 · 116
- 6.1　数据获取：从 Power Query 学习数据获取 · 117
- 6.2　数据清洗：Power Query 的实际操作 · 125
- 6.3　表格转换：二维表至一维表的转换技巧 · 139

第 7 章　应用建模：数据建模与 DAX · 148
- 7.1　DAX 启明：Power BI 建模基础概念及应用 · 149
- 7.2　深度建模：计算列和度量值 · 157
- 7.3　函数精粹：DAX 关键函数与应用 · 162

第 8 章　视觉叙事：数据可视化艺术 · 181
- 8.1　视觉语言：图表选择与设计 · 182
- 8.2　动态展现：高级视觉与交互元素 · 212
- 8.3　报表设计：视觉、结构与交互 · 216
- 8.4　报表发布：分享和互动 · 220

第 9 章　实例展示：连锁店销售案例 · 227
- 9.1　数据准备 · 227
- 9.2　数据获取 · 228
- 9.3　数据整理 · 229
- 9.4　数据建模 · 232
- 9.5　新建列和度量值 · 233

参考文献 · 258

第 1 部分　Excel 智驭：数据分析的全能指南

在这个数据驱动的时代，熟练掌握 Excel 的操作技能至关重要。在这一部分，我们将深入探讨 Excel 的基础知识和高级功能，从简单的表格制作到复杂的数据分析和可视化。通过学习 Excel 工作表的管理、单元格的操作技巧以及数据的组织与深度探索，学生能够高效地处理和分析数据，为决策提供有力支持。无论是基础数据分析，还是复杂问题的解决，Excel 都将成为学生的强大助手，助力学生在职业生涯中一路畅通。

引言：解锁 Excel 的潜能，从基础到精通的数据之旅

在当今这个数据驱动的时代，Excel 不仅仅是一个电子表格工具，还是一个强大的数据分析平台，赋予了我们从海量数据中提取有价值的信息的能力。无论是财务分析师、市场研究人员，还是运营经理，Excel 都是他们日常工作中不可或缺的伙伴。Excel 以其强大的数据处理能力、灵活的函数库和直观的可视化工具，帮助用户将复杂的数据转化为清晰的见解和策略。

1. Excel 的核心价值

Excel 作为一个多功能的数据工具，它的灵活性和易用性使其成为全球数百万专业人士的首选。从简单的数据整理到复杂的分析和预测，Excel 提供了一套完整的解决方案，并做出更加明智的决策，帮助用户节省了时间、提高了效率。

2. 从 Excel 到 Power BI 的无缝过渡

随着数据分析需求的不断增长，Excel 用户逐渐寻求更高级的分析工具来满足他们的业务需求。Power BI 作为 Excel 的自然延伸，继承了 Excel 的核心优势，并引入了更高级的数据处理和可视化功能。这种无缝过渡不仅增强了用户的分析能力，而且扩展了他们的数据视野。

3. 掌握 Excel，为 Power BI 打下坚实基础

在本部分中，我们将深入探讨 Excel 的各个功能，从基础操作到高级功能，确保读者能够充分掌握 Excel 的精髓。每一章节都旨在构建一个坚实的基础，为后续学习 Power BI 做好准备。我们将学习如何高效地管理工作簿、应用强大的函数、构建数据透视表，并最终通过图表讲述数据故事。

4. 开启数据探索之旅

随着我们逐步深入 Excel 的世界,将发现 Excel 不仅仅是一个工具,它还是一种语言,一种让与数据对话的语言。通过本部分的学习,我们将能够解锁 Excel 的潜能,并为将来使用 Power BI 打下坚实的基础。让我们一起开启这段数据探索之旅,来发现数据的无限可能。

第 1 章 基础筑基：Excel 操作与管理

> 🎯 **学习目标**
>
> ○ **知识目标**
> （1）理解工作簿、工作表和单元格的概念及其在数据管理中的层级关系。
> （2）掌握 Excel 中一维表和二维表的特点及其适用场景。
> （3）学习工作簿和工作表的基本操作。
> （4）熟悉单元格的基本操作。
> （5）了解 Excel 中条件格式的类型及其在数据可视化中的作用。
>
> ○ **技能目标**
> （1）能够熟练地创建和管理工作簿。
> （2）掌握工作表的命名、颜色设置、行列标识调整、复制和移动操作。
> （3）熟练运用单元格的各种操作技巧。
> （4）能够根据实际需求设置单元格。
> （5）学会使用条件格式对数据进行可视化处理，以突出显示重要信息。
>
> ○ **素养目标**
> （1）增强对 Excel 在数据管理中重要性的认识，激发学习 Excel 的兴趣和热情。
> （2）提升在数据录入和格式化过程中的逻辑思维能力和细节把控能力。
> （3）强化对数据准确性和一致性的重视，培养严谨细致的工作态度。
> （4）通过实践操作，提高应对复杂数据处理任务的能力，增强自信心。
> （5）鼓励学生在学习过程中积极探索 Excel 的高级功能，培养创新思维和自我提升的意识。

思政融合：Excel 技能与职业素养的培养

在信息技术日新月异的今天，Excel 作为一项基本的办公软件，不仅在职场中发挥着重要作用，也是个人职业发展的重要基石。本章将探讨如何将思政教育与 Excel 的学习相结合，培养学生的职业技能和责任感，为社会培养高素质的复合型人才。

1. Excel 技能与职业道德

在掌握 Excel 操作与管理技能的同时，还需要注意职业道德的重要性。例如，在处理公司财务数据时，必须确保数据的真实性和准确性，不得有任何虚假记载和误导性陈述。这种职业操守的培养，有助于学生在未来的职业生涯中树立正确的价值观，为社会的诚信体系建设贡献力量。

2. Excel 应用与社会服务

Excel 的应用不仅局限于商业领域，而且是社会服务和公益活动的重要工具。学生可以利用 Excel 分析社会服务项目的效果，优化资源配置，提高服务效率。通过这样的实践活动，学生能够将所学知识服务于社会，增强社会责任感和使命感。

思考与讨论

（1）在使用 Excel 进行数据处理时，你认为应该如何平衡效率和准确性？

（2）作为一名未来的职场人士，你将如何确保在使用 Excel 时遵守职业道德和法律法规？

（3）讨论 Excel 技能在社会服务中的应用案例，并思考如何通过 Excel 技能为社会带来积极变化。

1.1 基础入门：Excel 工作簿、工作表

1.1.1 工作簿

1. 什么是工作簿

工作簿（workbook），即 Excel 文件，是用于管理和处理二维表格数据的核心工具。一个工作簿可以包含多个工作表（sheets 或者 worksheets），每个工作表代表一个独立的表格。例如，在创建员工名册时，可以根据部门划分，为每个部门建立一个工作表。这些工作表共同构成了工作簿的全部数据内容。

Excel 中的每个工作表都以二维表的形式组织数据，这是一种标准的表格格式，适用于人员名单、物料清单、销售台账、库存列表等多种数据。在这种结构中，"列"（columns）代表数据的属性或字段，如"姓名""性别""年龄"等；"行"（rows）代表具体的数据记录，每行对应一个数据对象，如员工张三、李四的记录。数据最终存储在单元格（cells）中，单元格是数据存放的基本单位。

一维表与二维表简介

（1）什么是一维表？

一维表是单行或单列的数据排列，它只包含一个数据序列。在 Excel 中，可以将一维表想象成一行或一列，比如一个班级的学生成绩列表。

（2）一维表的特点：

① 数据以线性排列，没有交叉。

② 适用于简单的数据记录，如价格列表或时间序列。

（3）什么是二维表？

二维表是由行和列组成的表格，可以想象成棋盘一样的数据排列。在 Excel 中，二维表是标准的表格形式，每个单元格都可以包含数据。

（4）二维表的特点：

① 数据以行列交叉的形式组织，形成网格状。

② 适合复杂的数据管理，可以进行数据比较和统计分析。

2. 工作簿的基本操作

在 Excel 中，工作簿的基本操作包括新建、保存或另存为、页面设置和文件加密等。具体步骤如下：

（1）启动 Excel：在 Windows 系统中，通过"开始菜单"、桌面快捷方式或任务栏快捷方式启动 Microsoft Excel。系统将打开 Excel 的"开始窗"，用户可以选择新建工作簿或打开已有的工作簿。

（2）新建工作簿：在"开始窗"中单击"新建工作簿"，系统将创建一个新的工作簿，如图 1-1 所示。

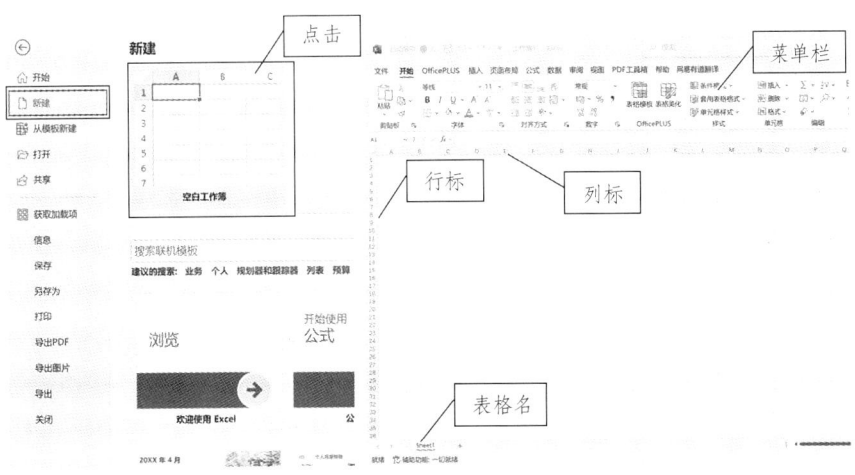

图 1-1　新建工作簿

1.1.2　工作表

1. 工作表数量

每个工作簿可以包含多个工作表。Office 2003 及以前版本，一个工作簿最多包含 255 个工作表，而在后续版本中，这一限制被取消，理论上可以拥有无限多的工作表，实际数量取决于用户的内存和硬盘大小。

2. 工作表命名与颜色

工作表的默认名称为 Sheet1、Sheet2 等，用户可以重命名工作表，以提高识别度。工作表标签的颜色也可以自定义，以区分不同的工作表，如图 1-2 所示。

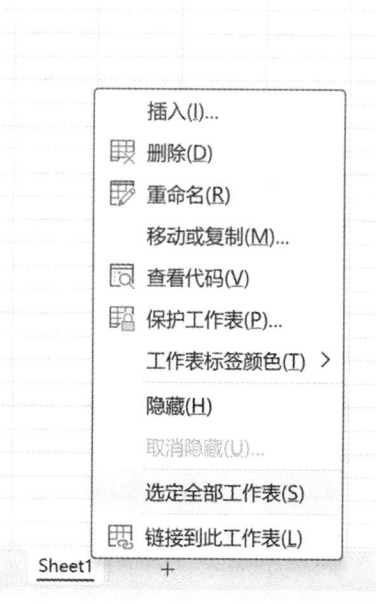

图 1-2　工作表命名与颜色设置

3. 工作表的行列标识

工作表的列由字母标识，行由数字标识，形成了单元格的行列坐标系统。从 Office 2007 开始，最大列数为 16 384（即 16 k），最大行数为 1 048 576（即 1 M）。

4. 单元格的容量与格式

每个单元格可以容纳 32 767 个字符，而行和列的最大尺寸分别为 255 个字符和 409 点。单元格的数据格式由用户确定，通常一列中的所有单元格共享相同的数据格式。

一个工作簿包含多个工作表，每个工作表包含多个单元格。这种层级结构使得数据组织有序且易于管理。

1.2　数据入微：单元格的设置

1.2.1　单元格的操作

1. 单元格概述

单元格是 Excel 中存放信息或数据的基本单元，也是进行数据操作的最基本单元。本节以创建"办公用品明细表"为例，介绍单元格的设置。

2. 单元格的选择

在 Excel 中，选中单元格是进行数据录入和格式设置的第一步。以下是几种常用的单元格选择方法：

（1）单个单元格选择：直接点击要选中的单元格。

（2）连续单元格选择：点击并拖动鼠标，或者按住 Shift 键并使用方向键（↑、↓、→、←）或翻页键（PgUp、PgDn）选择连续的单元格。

（3）多单元格选择：按住 Ctrl 键点击多个单元格，实现不连续单元格的选择。

（4）整行或整列选择：点击列标（如 A、B、C 等）选择整列（见图 1-3），或点击行标（如 1、2、3 等）选择整行。

（5）全选：单击列标 A 左侧的“全选块”，选中工作表中的所有单元格（见图 1-4）。

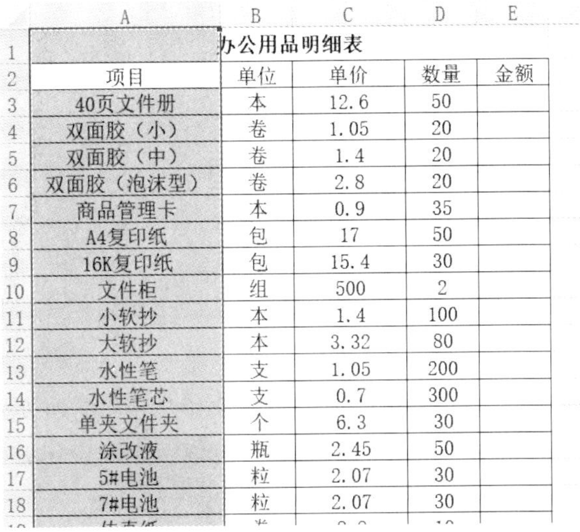

	A	B	C	D	E
1	办公用品明细表				
2	项目	单位	单价	数量	金额
3	40页文件册	本	12.6	50	
4	双面胶（小）	卷	1.05	20	
5	双面胶（中）	卷	1.4	20	
6	双面胶（泡沫型）	卷	2.8	20	
7	商品管理卡	本	0.9	35	
8	A4复印纸	包	17	50	
9	16K复印纸	包	15.4	30	
10	文件柜	组	500	2	
11	小软抄	本	1.4	100	
12	大软抄	本	3.32	80	
13	水性笔	支	1.05	200	
14	水性笔芯	支	0.7	300	
15	单夹文件夹	个	6.3	30	
16	涂改液	瓶	2.45	50	
17	5#电池	粒	2.07	30	
18	7#电池	粒	2.07	30	

图 1-3　选择整列

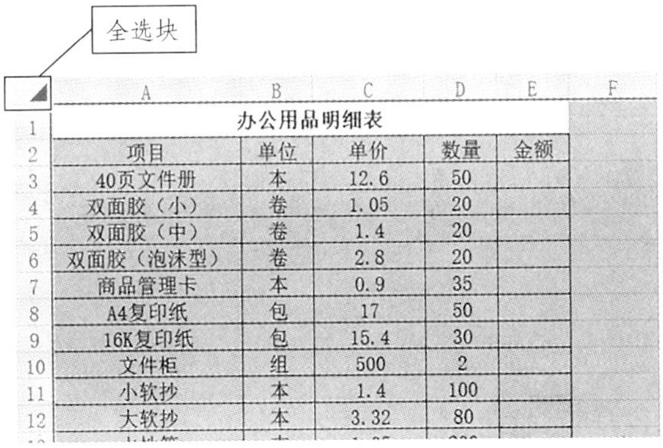

	A	B	C	D	E
1	办公用品明细表				
2	项目	单位	单价	数量	金额
3	40页文件册	本	12.6	50	
4	双面胶（小）	卷	1.05	20	
5	双面胶（中）	卷	1.4	20	
6	双面胶（泡沫型）	卷	2.8	20	
7	商品管理卡	本	0.9	35	
8	A4复印纸	包	17	50	
9	16K复印纸	包	15.4	30	
10	文件柜	组	500	2	
11	小软抄	本	1.4	100	
12	大软抄	本	3.32	80	

图 1-4　全选表格

3. 单元格数据录入与复制

在 Excel 中录入数据时，应先规划好每一列的信息。例如，在创建“办公用品明细表”时，栏目信息包括项目、单位、单价、数量等。数据录入后，可以通过复制单元格的方式快速录入重复信息，然后修改复制后的数据以获得新数据，从而提高工作效率。拖拉复制是一种便捷的操作方式。

（1）拖拉复制：在录入一行数据后，如果这些数据可以重复利用，选中已录入数据的单元格,鼠标移到选中区域右下角的填充柄,向下拖拉以复制信息,如图1-5所示。

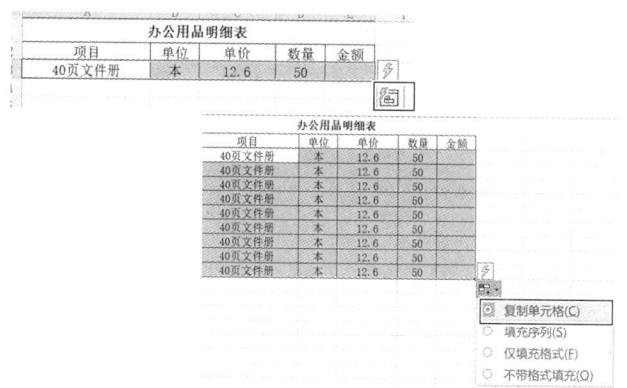

图1-5 拖拉填充

(2)自动填充选项:选择"复制单元格"或"填充序列"等选项,Excel会自动按序列生成数据,之后根据需要修改每一行的数据。

4. 合并单元格

在创建"办公用品明细表"时,需要将表格名称"办公用品明细表"作为通栏标题占据第一行的五列,这就需要合并单元格。合并单元格有以下几种操作方法:

1)选项卡操作法(见图1-6)

① 选中需要合并的单元格。

② 点击"开始"标签,在"对齐方式"组中单击"合并单元格"功能。

③ 选择"合并后居中""跨越合并"或"合并单元格"功能。

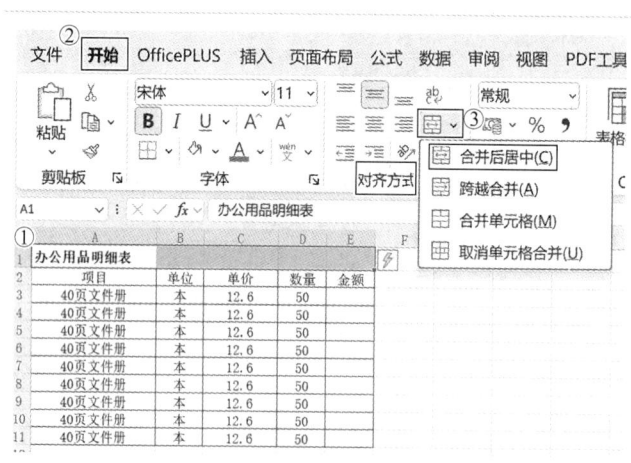

图1-6 选项卡操作法

2)右键工具栏法(见图1-7)

① 选中需要合并的单元格,在选中的单元格上点击鼠标右键。

② 在鼠标右键工具栏中选择"合并单元格后居中"功能。

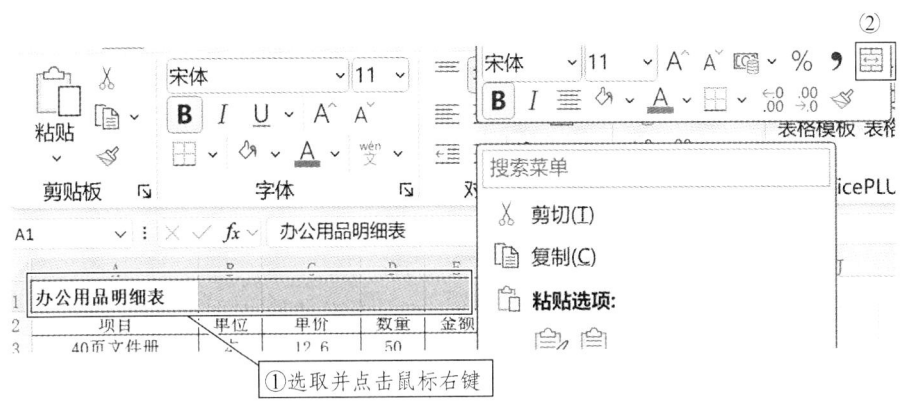

图 1-7 右键工具栏法

3）单元格属性法（见图 1-8）
① 选中需要合并的单元格。
② 点击鼠标右键，在右键菜单中选择"设置单元格格式"。
③ 点击"对齐"选项。
④ 文本对齐方式选择"居中"。
⑤ 在"对齐"页中选择"合并单元格"。
⑥ 点击"确定"按钮。

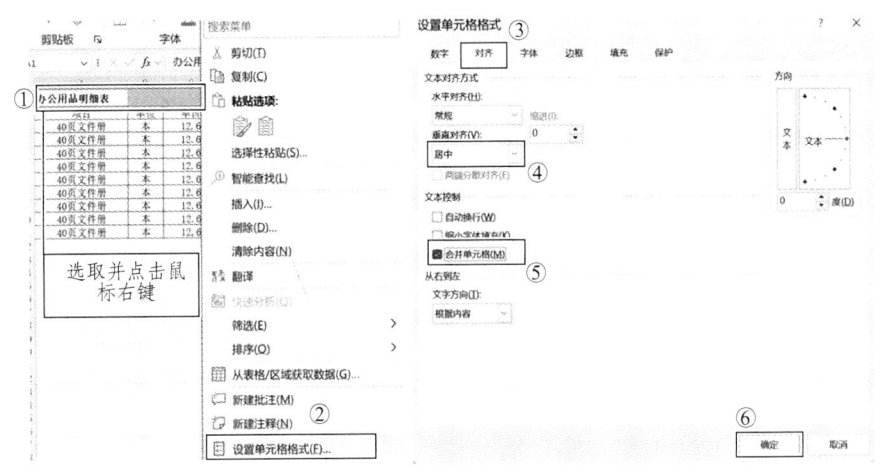

图 1-8 单元格属性法

5. 单元格的数字格式

在 Excel 中，正确设置数字格式对确保数据的准确性和可读性至关重要。下面将介绍两种主要的数字格式设置方法：选项卡功能按钮法和设置单元格格式窗口法。这些方法可以根据需要表达的信息要求来设置数字格式，例如在表示货币信息时，通常需要在前面加上货币符号，并在后面保留两位小数。

1)选项卡功能按钮法(见图 1-9)

① 选择单元格。

使用鼠标左键拖动选择需要设置格式的单元格区域,或使用 Shift 键配合点击选择多个不连续的单元格。

② 打开"开始"选项卡。

在 Excel 顶部菜单栏中,点击"开始"标签,打开"开始"选项卡。

③ 选择数值格式。

在"数字"组中,点击"数值"下拉列表。从列表中选择合适的数值格式,如"货币"格式,并设置小数位数为两位。

④ 应用格式。

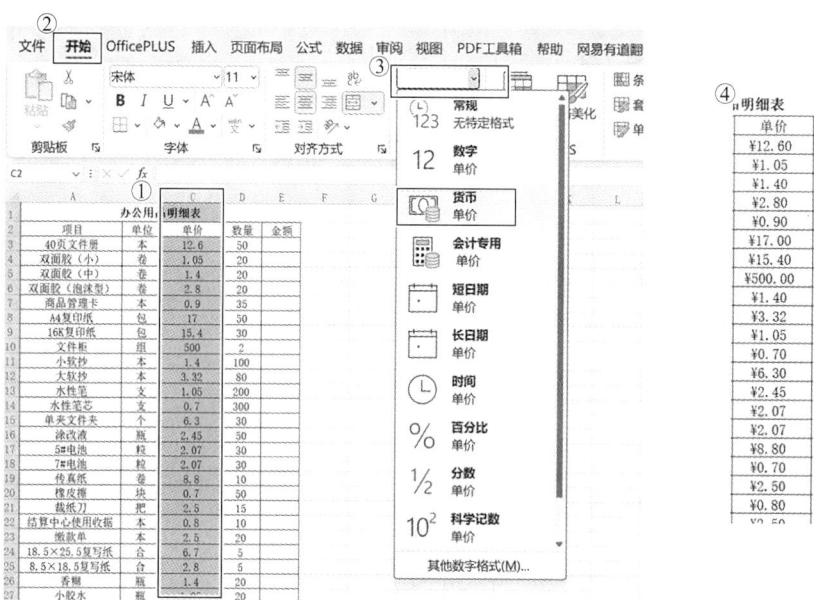

图 1-9 选项卡功能按钮法

2)设置单元格格式窗口法(见图 1-10)

① 选择单元格。

同样,使用鼠标或 Shift 键选择需要设置格式的单元格区域。

② 打开设置单元格格式窗口。

在选中的单元格上点击鼠标右键,从弹出的菜单中选择"设置单元格格式"选项,或在"数字"组中点击对话框启动器。

③ 选择格式并调整选项。

在"数字"标签页中,选择合适的格式,并根据需要调整小数位数等选项。

④ 确认设置。

点击"确定"按钮应用所选格式。

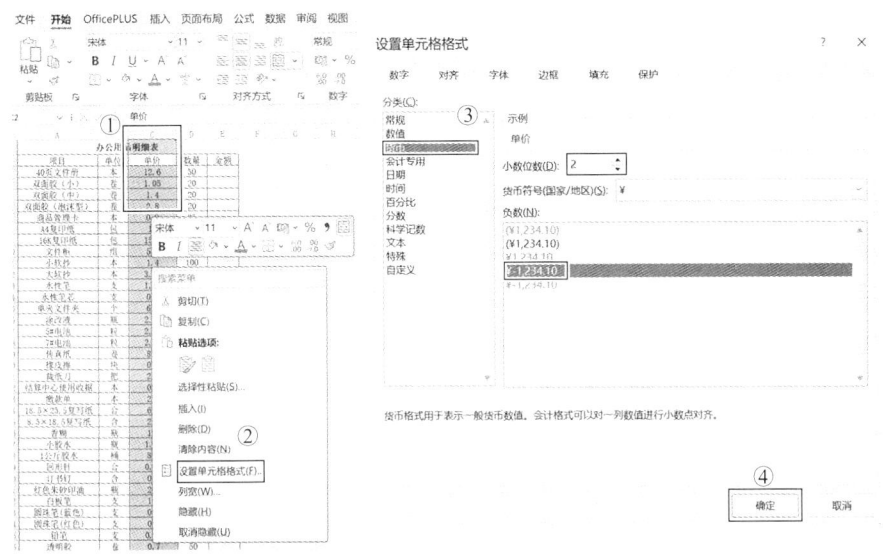

图 1-10　设置单元格格式窗口法

重要提示：

在 Excel 中，默认情况下，数值采用"常规"格式。输入数据时，应观察数据格式是否符合要求，必要时进行格式设置。

Excel 通常会自动将数字型数据右对齐，并允许调整小数点位数或添加千位分隔符。保留小数点位数通常采用四舍五入原则。

在"数字"格式中，选择"货币"格式会自动添加货币符号。中文版 Excel 默认货币符号为"¥"，可通过选项卡或鼠标右键工具栏的"会计数据格式"功能按钮进行修改。

对于序号类型的数字（如 01、02、03 等），若需保留前面的"0"，应将该列的格式类型改为"文本"。

1.2.2　单元格的其他设置

1. 单元格居中设置

在 Excel 中，单元格的对齐方式对数据的展示和阅读至关重要。默认情况下，Excel 为不同类型的数据提供了基本的对齐方式：文本通常左对齐，数值通常右对齐，而所有类型的数据均垂直居中对齐。然而，根据具体需求，可能需要调整这些对齐设置。以下是如何在 Excel 中设置单元格对齐方式的步骤和说明。

Excel 提供了三种主要途径来设置单元格的对齐方式（见图 1-11）：

（1）使用"开始"选项卡。

通过 Excel 顶部的"开始"选项卡，可以快速访问对齐工具。

（2）使用鼠标右键工具栏。

选中单元格后，右键点击可以弹出一个包含常用对齐选项的工具栏。

（3）使用"设置单元格格式"窗口。

通过这个窗口，可以详细定义单元格的对齐方式，包括水平和垂直对齐。

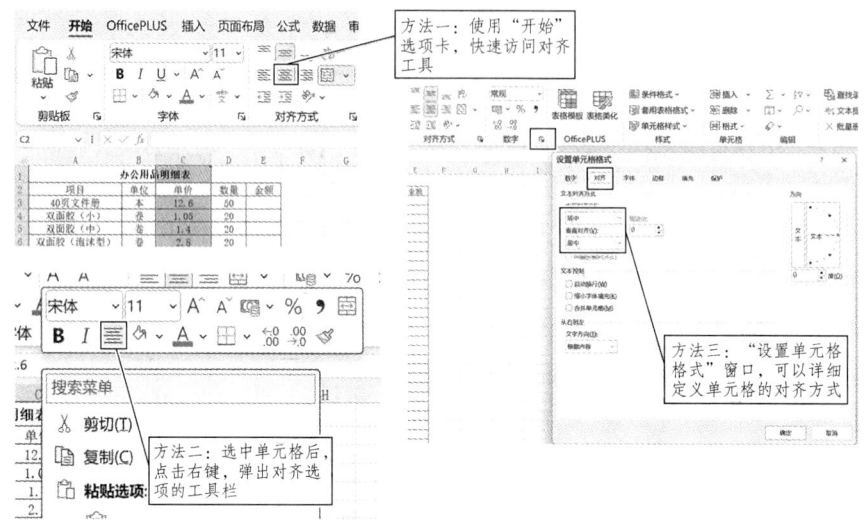

图 1-11 单元格居中设置

2. 单元格自动换行设置

在 Excel 中，自动换行功能可以确保单元格中的内容在打印或显示时不会丢失或被截断开，这对处理宽度受限的打印页面或屏幕显示非常重要。

（1）自动换行的重要性。

① 打印限制：当打印页面宽度有限时，表格的列宽可能需要调整。如果列宽设置过窄，可能导致部分文字在打印时显示不全。

② 内容宽度不一致：如果一列内大部分单元格内容宽度相同，但某个单元格内容特别宽，设置该单元格为自动换行可以避免因调整列宽而造成空间浪费。

（2）设置自动换行的步骤。

Excel 提供了两种主要途径来设置自动换行（见图 1-12）：

① 使用"开始"选项卡进行设置。

② 使用"设置单元格格式"窗口进行设置。

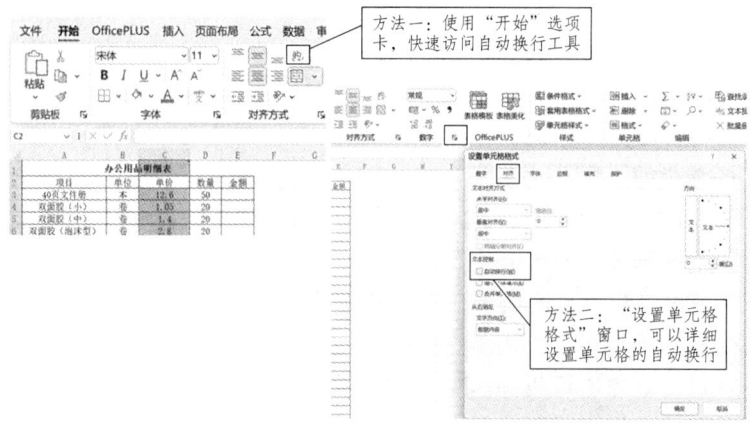

图 1-12 单元格自动换行设置

3. 单元格的边框设置

在 Excel 中，设置表格边框是一项基本且重要的技能，它有助于增强数据的可读性和专业性。默认情况下，Excel 工作表可能没有显示边框，在正式打印或展示数据表之前，需要对边框进行设置。Excel 提供了多种边框及填充设置方式，操作简便且效果清晰。

Excel 提供了三种主要途径来设置边框（见图 1-13）：

（1）使用"开始"选项卡功能按钮。

在 Excel 顶部的"开始"选项卡中，可以快速访问边框设置。

（2）使用鼠标右键工具栏。

选中单元格后，右键点击将弹出包含边框选项的工具栏。

（3）使用"设置单元格格式"窗口。

通过这个窗口，可以详细定义单元格的边框样式。

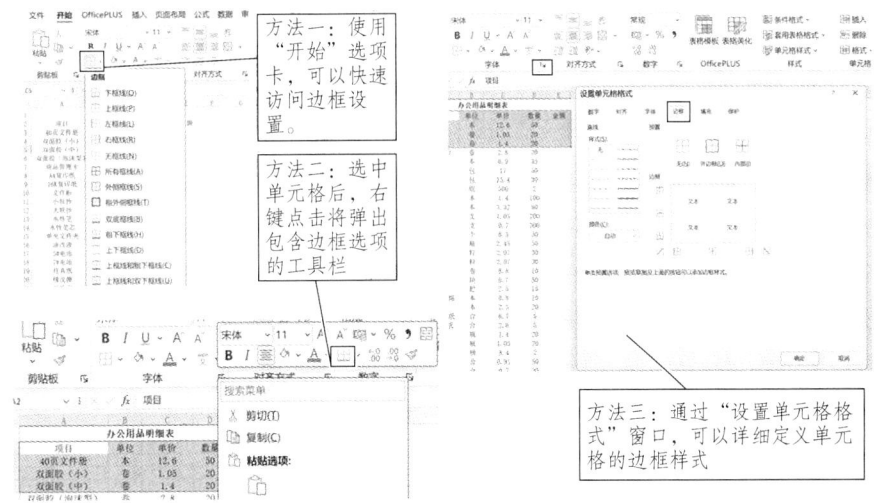

图 1-13　单元格的边框设置

4. 单元格的填充设置

在 Excel 中，单元格的填充颜色不仅能够使数据更加醒目，还能增强表格的美观性。通过合理运用填充颜色，可以突出显示关键数据或区分不同类别的数据。

在 Excel 中设置单元格填充主要有两种方式（见图 1-14）：

（1）简单颜色填充。

① 选中需要设置填充颜色的单元格。

② 在"开始"选项卡中，找到"字体"组里的"填充颜色"按钮。

③ 点击"填充颜色"按钮，从下拉菜单中选择所需的颜色。

（2）复杂填充。

① 如果需要设置更复杂的填充效果（如渐变色等），则需要使用"设置单元格格式"窗口。

② 选中单元格后，右键点击选择"设置单元格格式"。
③ 在弹出的"设置单元格格式"窗口中，切换到"填充"标签页。
④ 在"填充"标签页中，可以选择"双色填充"，并进一步设置渐变色。

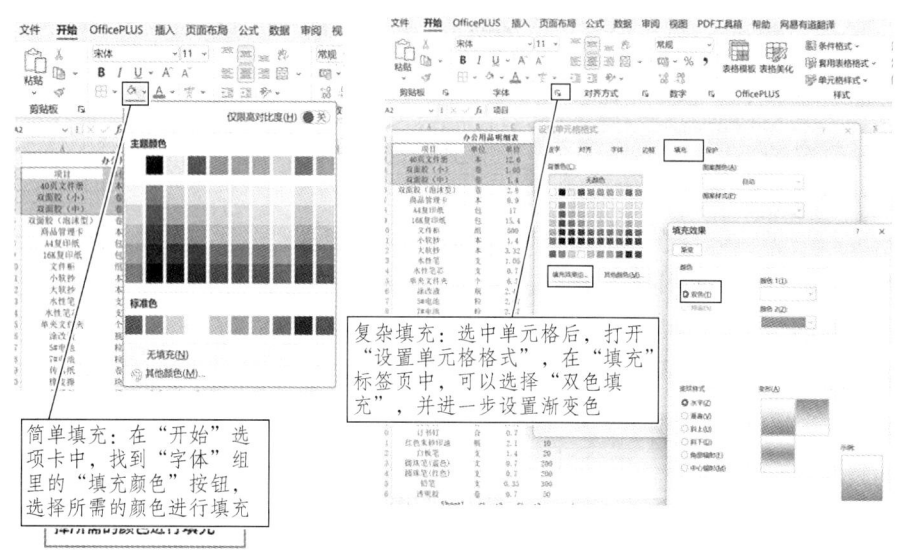

图 1-14　单元格的填充设置

5. 单元格的函数及公式设置

在 Excel 中，单元格之间的数据往往存在关联性，例如在"办公用品明细表"中，金额可以通过数量与单价的乘积计算得出，单价可以通过金额除以单位件数得出。创建基本公式的步骤如下（见图 1-15）：

（1）输入等号。

在需要计算结果的单元格中（例如"金额"单元格 E3），输入半角等号"="。

（2）选择相关单元格。

点击包含计算所需数据的第一个单元格（例如单元格 C3"单价"）。

（3）输入公式符号。

输入乘号"*"或其他适当的运算符号。

（4）选择另一个相关单元格。

点击包含计算所需数据的另一个单元格（例如单元格 D3"数量"）。

（5）完成公式。

在键盘上按回车键，单元格（E3）将生成公式"=C3*D3"的结果。

（6）复制公式（填充公式）。

将鼠标悬停在该单元格右下角的小方块上，当鼠标图标变为一个小加号"+"时，按住并向下拖动，可以将公式复制到本列的其他单元格。

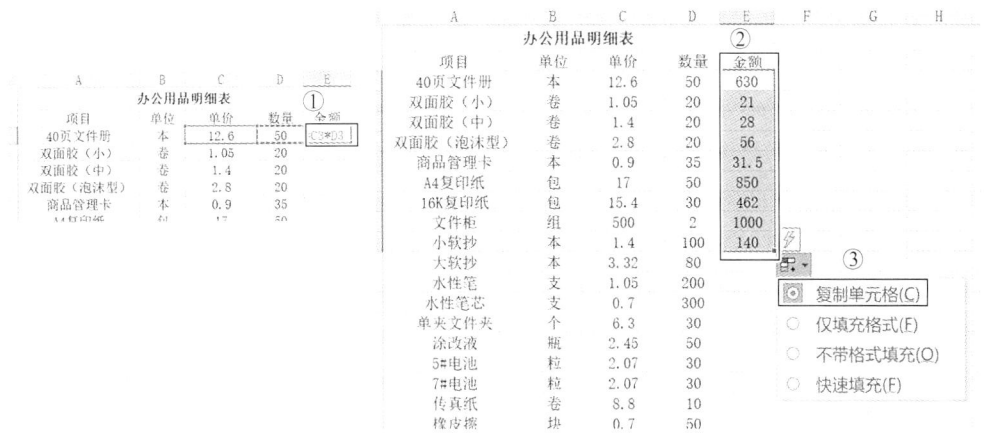

图 1-15 单元格的函数及公式设置

重要提示：

Excel 函数是表示工作簿中数据之间关系的运算公式，通常以"="开头。函数的参数可以是数字、文本、逻辑值（如 TRUE 或 FALSE）、数组、错误值（如#N/A）或单元格引用。单元格引用提供了单元格之间最基本的数据关系，被引用的单元格用相应的地址表达，运算可以是加、减、乘、除或求和、求平均值等。

Excel 函数共分为 13 类，包括数据库函数、日期和时间函数、工程函数、财务函数、信息函数、逻辑函数、查找和引用函数、数学和三角函数、统计函数、文本函数、兼容性函数、WEB 函数、多维函数。

1.3 数据呈现：工作表的基本设置

Excel 工作表是由行和列组成的表格，它不仅是存放数据的容器，也是展示和管理数据的工具。Excel 工作表本身不预设任何固定的格式，用户可以根据自己的需求自由设置数据格式。

1.3.1 新建表格及重命名

1. 新建表格

一个 Excel 工作簿可以包含多个工作表，例如，可以为全年的销售情况按月度创建不同的工作表。通过点击工作表标识旁边的加号（+）来添加新工作表，如图 1-16 所示。

图 1-16　新建表格

2. 重命名表格

新建的工作表名称一般按 Sheet1、Sheet2、Sheet3 等顺序排列，可以根据实际需要更改表名。在 Excel 中更改表名的方法有两种，如图 1-17 所示。

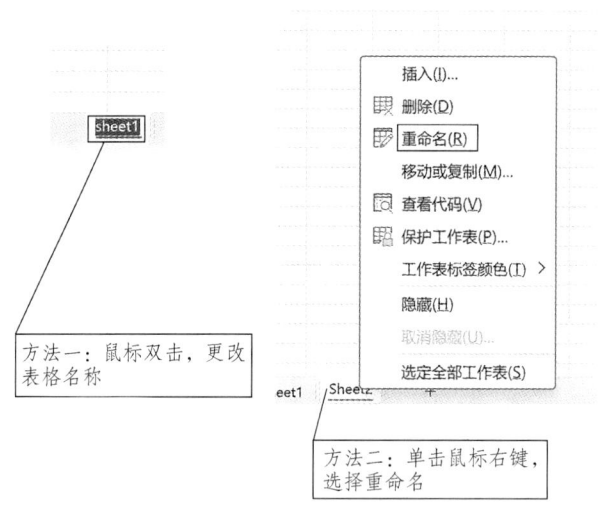

图 1-17　表格重命名

1.3.2　复制表格

在 Excel 中，复制表格是一种常见的操作，它可以帮助我们快速创建表格的副本或将数据从一个位置移动到另一个位置。下面将介绍两种主要的复制表格的方法：直接复制与粘贴和创建表格副本。

1. 直接复制与粘贴（见图1-18）

（1）选择表格。

首先，选中想要复制的整个表格区域。

（2）复制表格。

右键点击选中区域，然后选择"复制"选项，或者使用快捷键Ctrl+C。

（3）定位目标位置。

确定想要粘贴表格的新位置。

（4）粘贴表格。

在目标位置点击鼠标右键，选择"粘贴"选项，或者使用快捷键Ctrl+V。

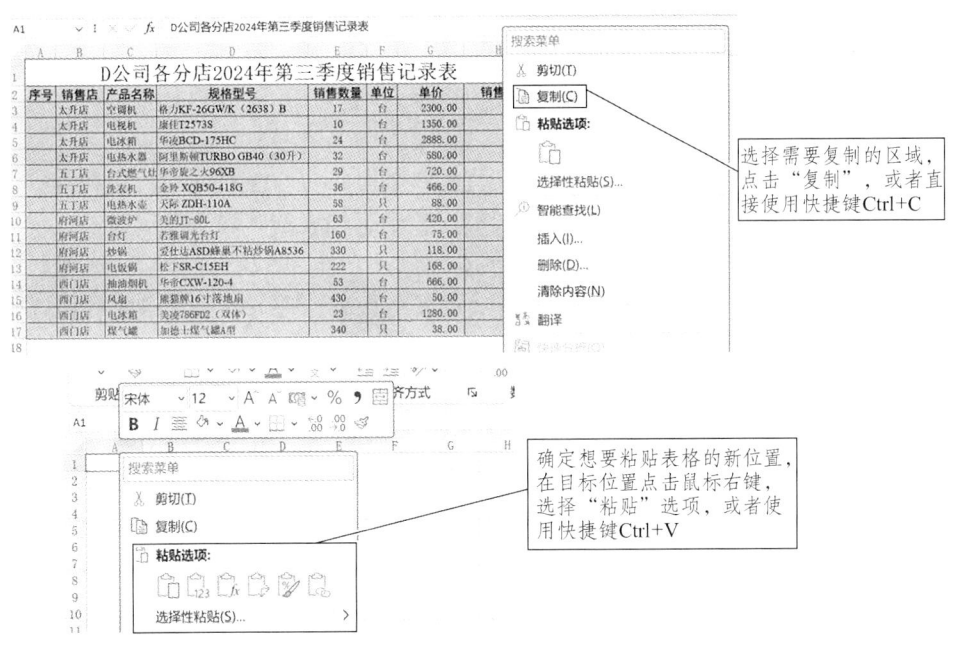

图1-18 直接复制与粘贴

2. 创建表格副本（见图1-19）

（1）选择表格。

选中想要创建副本的表格。

（2）创建副本。

点击鼠标右键，选择"移动或复制"。在弹出的对话框中，选择"创建副本"选项。

（3）完成操作。

点击"确定"按钮，Excel将创建原表格的副本，更改表格名称即可完成表格复制。

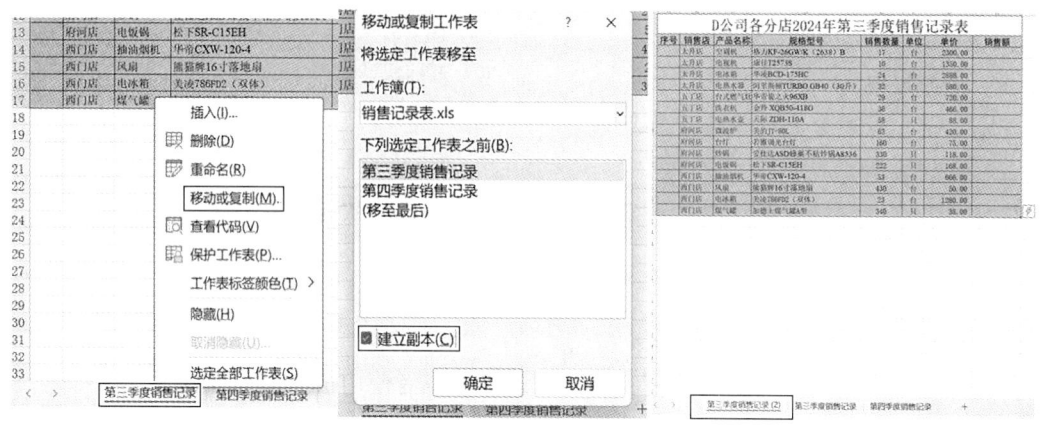

图 1-19　创建表格副本

1.3.3　行高、列宽的设置

工作表格式不仅影响数据的展示效果，还关系到数据的易读性和打印的便利性。行高和列宽是工作表格式的基本组成部分，它们的调整对整个工作表的布局至关重要。

单元格的行高实际上受到默认字体的影响，如果默认字体是9磅，默认行高则为11.4磅；如果默认字体为11磅，默认行高则为13.8磅。单元格行高、列宽等基本格式的设置"自动调整行高"则按这一标准执行。对于没有具体要求的行高和列宽，可以通过自动设置进行行高、列宽的设置，如图1-20所示。

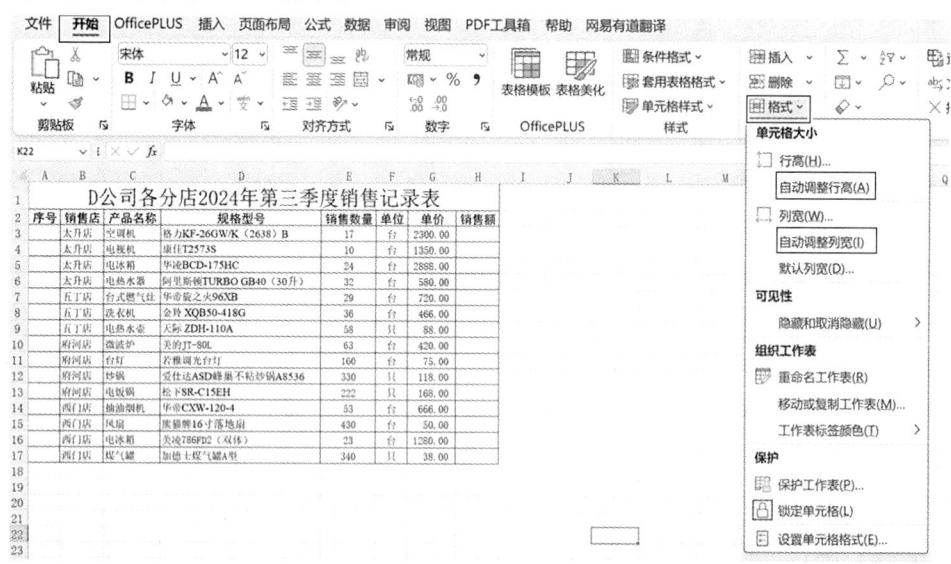

图 1-20　自动调整行高和列宽

对于有具体要求的行高和列宽，则可以在格式选项卡下进行具体的行高和列宽设置，如图1-21所示。

第 1 部分　Excel 智驭：数据分析的全能指南

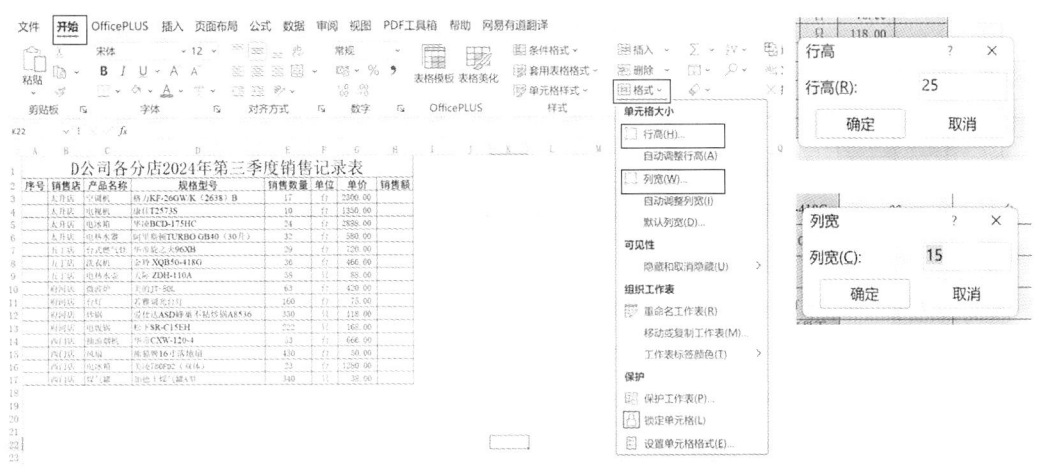

图 1-21　设置行高和列宽

重要提示：

设置了列宽以后，部分单元格的内容会因为列宽的原因无法全部显示，这时就需要进行自动换行的设置，保证单元格的内容能够显示完全，操作步骤如图 1-22 所示。

图 1-22　设置自动换行

1.3.4　设置表格样式

在 Excel 中，工作表不仅用于数据采集和存放，还经常用于打印输出。因此，工作表的外形美观与否对数据的展示和打印输出至关重要。Excel 提供了多种预设的表格样式，用户可以直接套用，以快速提升工作表的外观性。

具体操作步骤如下（见图 1-23）：
（1）选择数据区域。
将光标停留在包含数据的工作表区域。
（2）套用表格格式。
点击"开始"选项卡中的"套用表格格式"功能。系统将显示按"浅色""中等色"和"深色"预设表格样式。
（3）选择样式。
在预设的表格样式中选择一个样式，系统将弹出"套用表格格式"确认窗口。
（4）确认应用样式。
点击"套用表格格式"窗口的"确定"按钮或直接按回车键，系统即对选定的数据区域套用表格样式。

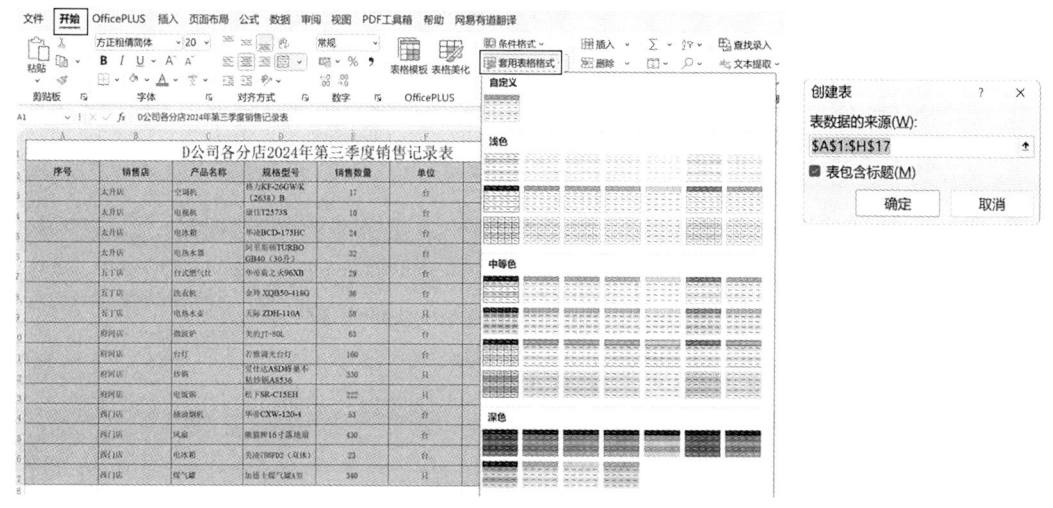

图 1-23 设置表格样式

重要提示：
① "套用表格格式"功能只对未填充颜色的单元格有效。如果单元格已设置填充颜色，会被套用格式的颜色设置所覆盖。
② 套用表格格式后，表格显示将以隔行填充的方式变得更加突出和美观，且工作表自动转换为 Excel 表格，并在标题行自动加上"数据排序与筛选"下拉按钮，方便直接对数据进行排序、筛选、调整格式等操作。
③ 可以通过快捷键 Ctrl+T 进行快速格式设置。

1.3.5 条件格式

Excel 的条件格式功能允许用户为单元格数据设置特定的显示条件。当单元格数据满足这些条件时，系统会自动应用预定义的格式，如改变字体颜色、添加边框或底纹等。这一功能可以快速对特定单元格进行必要的标识，从而起到突出显示的作用。

具体操作步骤如下（见图1-24）：
（1）选择单元格区域。
选中需要应用条件格式的单元格区域。
（2）打开条件格式设置。
点击"开始"选项卡中的"条件格式"按钮。
（3）新建规则。
在条件格式管理器中，点击"新建规则"来创建一个新的条件格式规则。
（4）设置条件。
根据需要设置条件，例如"单元格值大于"某个数值。
（5）定义格式。
为满足条件的单元格选择格式设置，如字体颜色为红色、添加边框等。
（6）应用规则。
点击"确定"按钮应用规则，完成条件格式的设置。

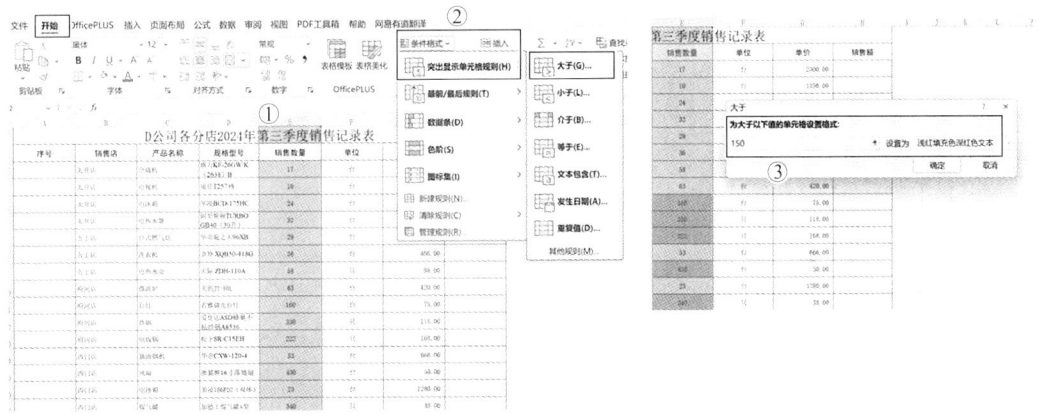

图1-24 条件格式的设置

重要提示：条件格式的类型（见图1-25）。
① 文本突出显示规则。
可以设置包含某个词或词组的文本突出显示，例如，突出显示品名中包含"纸"的办公用品。
② 最前/最后规则。
例如，设置前5项的效果。
③ 数据条规则。
可以在单元格中按数据条颜色进行设置。
④ 色阶。
以数据大小为基础按颜色进行分组，相应地改变单元格背景色。
⑤ 图标集。
系统提供了一些有特殊含义的图标，按数据大小进行分组，相应地会显示某些特别的图标。

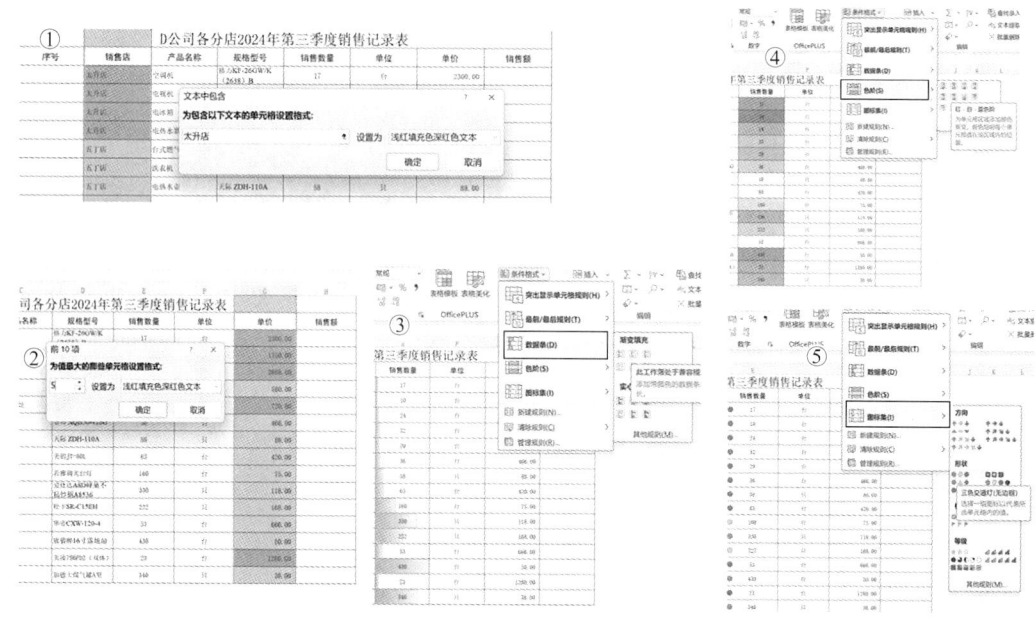

图 1-25 条件格式的类型

本章小结

本章深入探讨了 Excel 工作表的基本设置与优化，旨在使读者能够熟练掌握如何通过各种设置来增强工作表的功能性和美观性。首先，强调了工作表格式设置对数据展示和打印输出的重要性。正确的格式设置不仅提升了数据的可读性，而且对打印输出的专业度有着直接的影响。

本章还介绍了条件格式的应用，这是一种强大的工具，可以根据单元格数据满足的条件自动应用特定的格式设置，如改变字体颜色、添加边框或底纹等。通过设置条件格式，可以快速标识和突出显示关键数据，从而起到突出显示的作用。

在单元格格式设置部分，介绍了如何根据需要表达的信息要求来设置数字格式，例如在表示货币信息时，通常需要在前面加上货币符号，并在后面保留两位小数。此外，还探讨了单元格对齐方式的设置，包括水平和垂直对齐，以及如何通过自动换行功能来确保单元格内容在打印或显示时不会丢失或被截断开。

最后详细介绍了 Excel 工作表的基本设置，包括新建表格、重命名表格、复制表格、行高和列宽的设置、表格样式的应用以及条件格式的设置。通过这些操作，用户可以高效地创建、管理和美化工作表，提升数据展示的专业性和易读性。

本章通过理论与实践相结合的方式，培养了学生对工作表格式设置重要性的认识，提升了在工作表设计阶段的创新能力和审美能力，强化了对细节的关注和对数据展示效果的追求，为后续的数据分析和报告制作奠定了坚实的基础。

 思考题

1. 单选题

（1）在 Excel 中，哪个选项卡提供了设置单元格格式的功能？（　　）
A. 插入　　　　B. 页面布局　　　C. 开始　　　　　　D. 数据
（2）在 Excel 中，自动换行功能主要解决了什么问题？（　　）
A. 数据输入错误　　　　　　B. 打印输出格式
C. 数据丢失或截断　　　　　D. 数据分析
（3）Excel 中的"套用表格格式"功能位于哪个选项卡？（　　）
A. 开始　　　　B. 视图　　　　　C. 插入　　　　　　D. 设计
（4）条件格式设置中，"文本突出显示规则"可以基于什么条件设置？（　　）
A. 单元格值　　B. 单元格颜色　　C. 包含特定文本　　D. 单元格大小
（5）在 Excel 中，如何设置单元格的自动换行？（　　）
A. 通过"开始"选项卡
B. 通过"页面布局"选项卡
C. 通过"格式"选项卡
D. 通过"数据"选项卡
（6）哪个功能可以用于在 Excel 中创建表格副本？（　　）
A. 复制粘贴　　B. 创建副本　　　C. 移动或复制　　　D. 套用表格格式
（7）在 Excel 中，条件格式的色阶规则可以基于什么来改变单元格背景色？（　　）
A. 数据类型　　B. 数据大小　　　C. 数据来源　　　　D. 数据格式
（8）在 Excel 中，哪个功能可以用于设置单元格的数字格式？（　　）
A. 插入　　　　B. 条件格式　　　C. 单元格格式　　　D. 数据验证

2. 判断题

（1）Excel 中的条件格式只能应用于数值型数据。（　　）
（2）在 Excel 中，可以通过设置单元格格式来改变文本的对齐方式。（　　）
（3）条件格式中的色阶规则可以根据数据大小来改变单元格的背景色。（　　）
（4）在 Excel 中，可以通过调整列宽来自动换行。（　　）
（5）行高和列宽的设置不会影响 Excel 工作表的显示效果。（　　）
（6）条件格式设置中的图标集规则不能应用于数值型数据。（　　）
（7）在 Excel 中，可以通过设置单元格格式来添加边框。（　　）
（8）条件格式设置中的文本突出显示规则可以基于单元格内容包含的特定文本。（　　）
（9）在 Excel 中，设置单元格格式时不能改变文本的对齐方式。（　　）
（10）套用表格格式功能可以应用于整个工作表或选定的数据区域。（　　）

3. 简答题

（1）请简述在 Excel 中，如何为一个数据区域设置货币格式并保留两位小数。
（2）请简述在 Excel 中，如何为单元格设置条件格式以突出显示包含特定文本的单元格。

 复习提纲

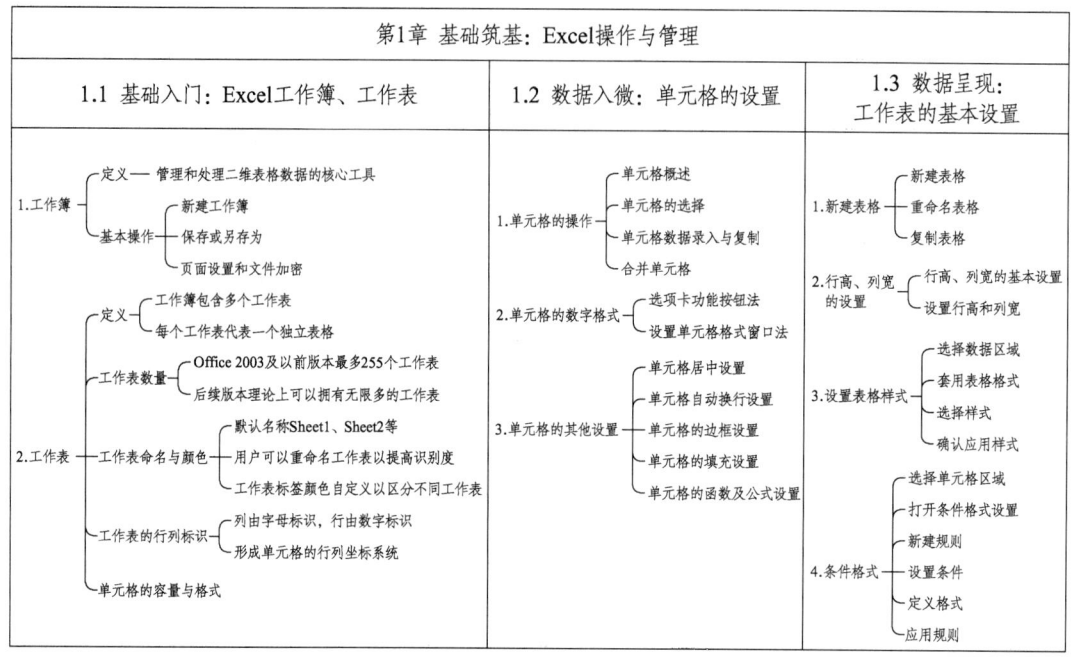

第 2 章　透视精析：数据组织与深度探索

> **学习目标**
>
> ○ **知识目标**
> （1）了解数据透视在数据分析中的重要性。
> （2）熟悉常见表格和图表的作用。
> （3）掌握自动筛选和高级筛选的使用方法。
> （4）学会排序的基本方法，包括简单排序和多关键字排序。
>
> ○ **技能目标**
> （1）能够运用筛选功能进行数据筛选。
> （2）会用排序功能整理和分析数据。
> （3）能根据需求选择合适的筛选和排序方法。
> （4）会利用筛选和排序结果进行数据分析。
>
> ○ **素养目标**
> （1）增强对数据处理与分析的认识和兴趣。
> （2）提升逻辑思维能力和问题解决能力。
> （3）提高数据的敏感度和分析能力。
> （4）培养认真负责和严谨的工作态度。

思政融合：数据透视与决策透明度的伦理考量

在当今数字化时代，数据已成为推动社会发展的关键要素。Excel 作为一款强大的数据分析工具，不仅能够帮助我们高效地组织和探索数据，而且在决策制定中发挥着重要作用。本章将探讨如何将思政教育与 Excel 数据透视功能的学习相结合，培养学生的数据伦理意识和决策透明度观念，为社会培养具有责任感和使命感的高素质人才。

1. 数据透视与伦理责任

数据透视是 Excel 的一项强大功能，能够帮助我们快速整理和分析大量数据。然而，在使用数据透视功能时，必须时刻牢记伦理责任。数据的组织和呈现方式可能对决策产生重大影响，因此我们必须确保数据的真实性和客观性，避免因个人偏见或不当操作而误导他人。例如，在企业决策中，数据透视表的生成和解读需要基于准确的数据源，并且要确保数据的完整性和公正性，以维护企业的诚信和社会声誉。这种伦理责任的培养，有助于学生在未来的职业生涯中树立正确的价值观，为社会的公平正义贡献力量。

2. 数据透视与决策透明度

数据透视功能不仅是一种技术手段，更是一种促进决策透明度的重要工具。通过数据透视，我们可以清晰地展示数据背后的规律和趋势，为决策提供有力支持。在政府决策、企业管理和社会服务等领域，透明的决策过程是赢得公众信任的关键。学生在学习数据透视时，应学会如何通过合理组织数据，确保决策过程的透明性和可追溯性。例如，在公共政策制定中，通过数据透视分析社会问题的现状和趋势，为政策的制定提供科学依据，并向公众清晰地展示决策的逻辑和依据，从而增强公众对政策的理解和支持。

思考与讨论

（1）作为一名未来的职场人士，你将如何在使用数据透视功能时体现决策透明度？
（2）讨论数据透视在社会公共服务中的应用案例，并思考如何通过数据透视为社会带来积极变化。

2.1 排序智慧：高效排序应用

数据排序是数据处理中的一个重要环节，它能够帮助我们对数据进行归类和整理，使数据更加清晰、易于阅读，从而为后续的数据分析和处理奠定基础。本节将详细介绍 Excel 中的多种数据排序技巧，包括简单排序、多关键字排序、自定义排序以及按单元格背景颜色排序等，帮助用户掌握高效的数据排序方法。

Excel 提供了多种灵活的排序方法，用户可以根据自己的需求，选择按行或列、按升序或降序对数据列表进行排序，还可以通过自定义排序命令实现更复杂的排序需求。在 Excel 中，"排序"对话框功能强大，能够指定多达 64 个排序条件。此外，用户还可以根据单元格内的背景颜色、字体颜色以及单元格内显示的图标进行排序，极大地丰富了排序的选项和应用场景。

2.1.1 简单排序

在实际工作中，未经排序的表格数据往往显得杂乱无章，不利于用户查找和分析数据。通过排序，可以使表格数据变得一目了然，更易于理解和使用。

假设我们有一个未经排序的表格，其中包含了一些员工的销售信息。为了更直观地查看员工的销售金额的高低情况，可以对表格按"销售额"字段的金额进行降序排序，如图 2-1 所示。

操作步骤如下：
① 选择数据区域：使用鼠标拖动选择需要排序的数据区域，可以是某一列，也可以是整张表，在该案例中选择"销售额"列。
② 访问排序选项：在"数据"选项卡下，找到并点击"排序和筛选"组中的"排序"按钮。
③ 设置排序条件：在弹出的"排序提醒"对话框中，确认是否需要扩展选定区域。注意：如果需要排序的数据区域周围有其他相关数据，建议选择"扩展选定区域（E）"，以

确保所有相关数据都被包含在排序范围内。

④ 完成排序设置：排序完成后，数据表格将按照"销售额"列的数值从高到低重新排列；检查排序结果，确保数据已按预期排序。

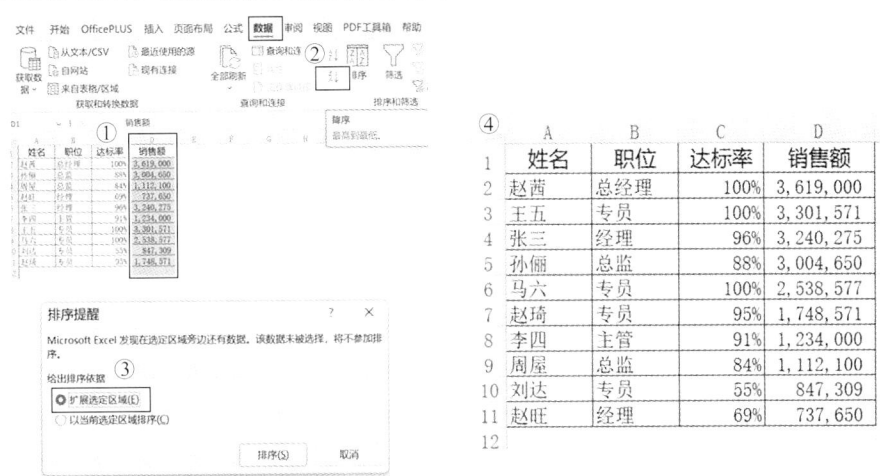

图 2-1　简单排序演示

🛠 边学边练

为了使销售额数据更加直观，我们可以利用条件格式功能进行设计。具体操作如下：
① 选中"销售额"列的数据区域。
② 在"开始"选项卡中，点击"条件格式"，选择"数据条"。
③ 因为要将表头填充为绿色，所以选择绿色数据条，这样配色看起来更加统一协调。最终结果如图 2-2 所示。

姓名	职位	达标率	销售额
赵茜	总经理	100%	3,619,000
王五	专员	100%	3,301,571
张三	经理	96%	3,240,275
孙俪	总监	88%	3,004,650
马六	专员	100%	2,538,577
赵琦	专员	95%	1,748,571
李四	主管	91%	1,234,000
周犀	总监	84%	1,112,100
刘达	专员	55%	847,309
赵旺	经理	69%	737,650

图 2-2　简单排序演示（数据条）

重要提示：

排序时，选择"扩展选定区域"意味着将同一列对应的其他数据一起重排。例如，如果选择"销售额"列进行排序，Excel 会将该列及其对应行的其他数据一起排序。而选择"以当前选定区域排序"则仅对"销售额"列进行排序，其他数据保持不动。通常情况下，默认选择"扩展选定区域"。

2.1.2 多关键字排序

在实际数据处理中，常常需要根据多个字段进行排序，以更清晰地呈现数据的层次关系。例如，在图 2-2 所示的案例表格中，若需同时根据"达标率"和"销售额"两列进行排序，我们会发现"达标率"中存在相同的数据。此时，可以进一步按照"销售额"的大小进行排序，以区分这些相同达标率的数据。具体操作步骤如下（见图 2-3）：

① 选择数据区域：使用鼠标拖动选择需要排序的数据区域。例如，在本案例中，可以将全表进行选择，也可以只选择"达标率"和"销售额"列。

② 访问排序选项：在"数据"选项卡下，找到并点击"排序"按钮。在弹出的"排序"对话框中单击左上角的"添加条件"按钮，添加次要关键字。

③ 设置排序条件：将"主要关键字"设置为"达标率"，"排序依据"默认为"单元格值"，"次序"选择"降序"，将"次要关键字"设置为"销售额"，"排序依据"仍默认为"单元格值"，"次序"选择"降序"。设置完成后，单击"确定"按钮。

④ 完成排序设置：确认所有排序条件设置无误后，点击"确定"按钮完成排序。

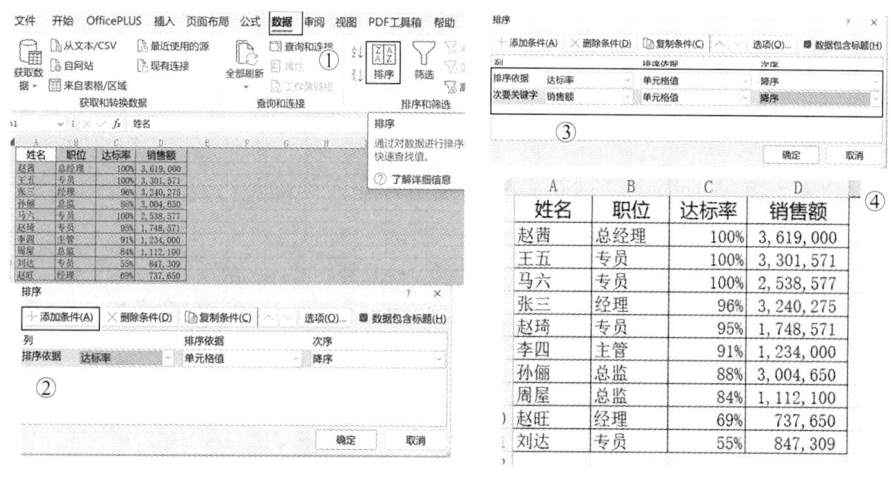

图 2-3 多关键字排序步骤

2.1.3 笔画排序

在实际工作中，我们有时需要根据中文姓名的笔画数进行排序，Excel 提供了强大的笔画排序功能。笔画排序的规则是：首先按照姓名中首字的笔画数进行排序，如果首字笔画数相同，则依次按第二字、第三字的笔画数进行排序。具体操作如下（见图 2-4）：

① 选择数据区域：使用鼠标拖动选择需要排序的数据区域。例如，在本案例中，可以将全表进行选择，也可以只选择"姓名"列。

② 访问排序选项：在"数据"选项卡下，找到并点击"排序"按钮。在弹出的"排序"对话框中单击左上角的"添加条件"按钮，添加排序依据，点击选项，进入排序选项。

③ 访问排序选项：选择笔画排序。

④ 查看排序结果：排序完成后，数据表格将按照"姓名"列的数值从低到高重新排列。

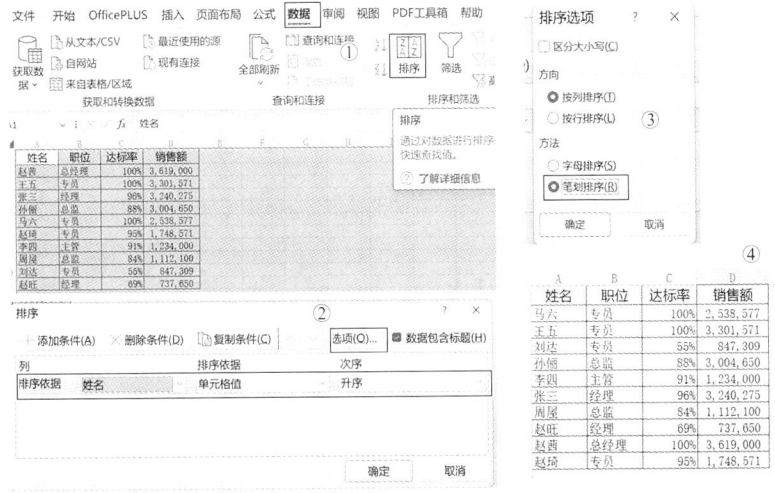

图 2-4 笔画排序步骤

2.1.4 自定义排序

Excel 内置的排序功能虽然强大,但无法涵盖所有特殊场景。例如,按照"总经理、总监、经理、主管、专员"的顺序对职位进行排序时,Excel 无法直接识别这种特定的职级顺序。不过,用户可以通过自定义序列来解决这一问题。具体操作步骤如下(见图 2-5):

① 选择数据区域:使用鼠标拖动选择需要排序的数据区域。例如,在本案例中,可以将全表进行选择,也可以只选择"职位"列。

② 访问排序选项:在"数据"选项卡下,找到并点击"排序"按钮。在"次序"选项选择"自定义序列"。

③ 设置自定义序列:在"输入序列"文本框中,依次输入职位名称,每个职位之间用逗号分隔,例如:"总经理,总监,经理,主管,专员"。

④ 完成排序:返回"排序"对话框,确认所有排序条件设置无误后,点击"确定"按钮完成排序。

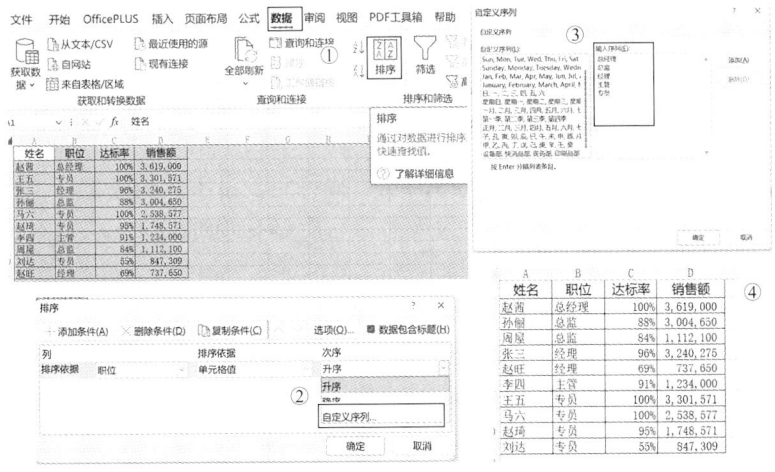

图 2-5 自定义排序步骤

2.1.5 按颜色排序

在实际工作中,用户常常通过为单元格设置背景颜色或字体颜色来标注特殊数据。Excel 支持根据单元格背景颜色和字体颜色进行排序,从而帮助用户更加灵活地整理数据。具体操作步骤如下(见图 2-6):

① 选择数据区域:使用鼠标拖动选择需要排序的数据区域。例如,在本案例中,可以将全表进行选择,也可以只选择"职位"列。

② 访问排序选项:在"数据"选项卡下,找到并点击"排序"按钮。在"次序"选项选择"单元格颜色"。

③ 设置排序条件:在"列"下拉列表中选择"职位";在"排序依据"下拉列表中选择"单元格颜色";在"次序"下拉列表中选择单元格的颜色。

④ 查看排序结果:排序完成后,数据表格将按照"职位"列的单元格颜色从低到高重新排列。

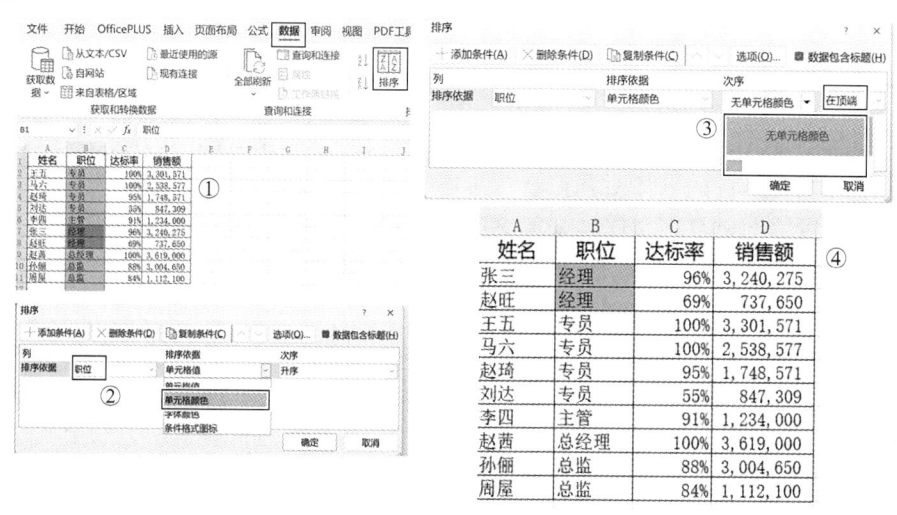

图 2-6 按颜色排序步骤

2.2 筛选妙法:高效数据筛选

在处理包含大量数据的表格时,直接用肉眼查找特定信息不仅效率低下,还可能对视力造成负担。此时,"筛选"功能便显得尤为重要。它能够有效过滤掉无关数据,将所需内容直观呈现,大大提升了数据处理效率。

2.2.1 基础筛选

1. "筛选"功能的调用方式

(1)通过功能区调用:在"开始"选项卡中点击"筛选"按钮,此时表格首行各单元格会出现筛选按钮,点击可选择"升序""降序"或"按颜色排序"等操作。

在"数据"选项卡中,同样可找到"筛选"按钮,点击后可进行数据筛选操作,并可进一步选择"高级"筛选等选项。

(2)通过快捷键调用:按下 Ctrl+Shift+L 组合键,可快速激活或取消"筛选"功能。

2. 按日期筛选

1)按日期时间筛选

以"筛选示例表"为例学习"筛选"的基本功能。

在处理包含日期时间数据的表格时,常常需要根据特定的时间段或日期进行数据筛选。以下是如何按日期时间筛选数据的操作步骤(见图 2-7)。

① 确保表格中包含日期时间数据,并且需要筛选的列已经正确格式化为日期时间格式。

② 单击"数据"选项卡。

③ 在功能区中选择"筛选"命令。此时,表格中的列标题将显示筛选箭头。

④ 在弹出的对话框中,可以设置具体的日期筛选条件。例如,可以选择只显示二月的数据。取消选择"全选"复选框,然后勾选"二月"选项。如需选择更具体的日期,可以单击日期筛选选项中的日期范围,如"二月"前面的"+"号,展开每月的具体日期,选择需要的特定日期(如 2 月 5 日)。

⑤ 设置好筛选条件后,单击"确定"按钮,表格将仅显示符合筛选条件的数据行。

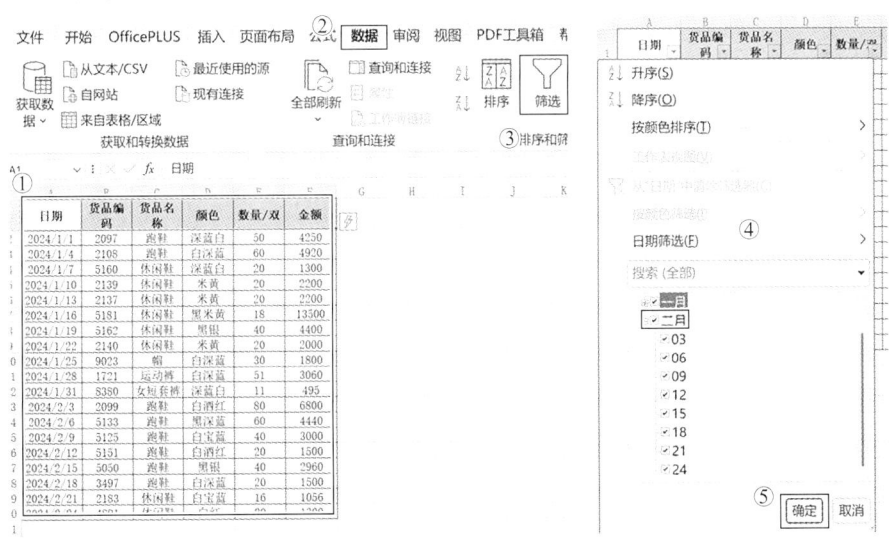

图 2-7 按日期时间筛选

重要提示:

按日期时间筛选时,需要注意以下几点:

① 确保日期时间格式正确无误,否则筛选结果可能不准确。

② 多次使用筛选功能可能导致筛选条件叠加,因此在进行新的筛选之前,建议先取消现有的筛选条件。

③ 如果无法找到所需的筛选选项,可以使用"自定义筛选"功能,输入具体的日期范围或日期条件进行筛选。

2）按日期时间范围筛选

除基本的日期筛选外，还可以通过自定义方式筛选特定日期范围内的数据。操作步骤如下（见图2-8）：

① 单击日期列标题的筛选箭头，展开筛选菜单，选择"日期筛选"。

② 单击"介于"选项，打开日期范围筛选对话框。

③ 在对话框中勾选"与"（表示需同时满足上、下条件）。

单击第一行下拉按钮，选择"在以下日期之后"，并输入开始日期（如"2024/1/16"）。

单击第二行下拉按钮，选择"在以下日期之前"，并输入结束日期（如"2024/2/6"）。

④ 单击"确定"按钮，即可筛选出指定日期范围内的数据。

⑤ 若要恢复原数据，再次单击日期列的筛选箭头，在筛选菜单中选择"从'日期'中清除筛选器"。

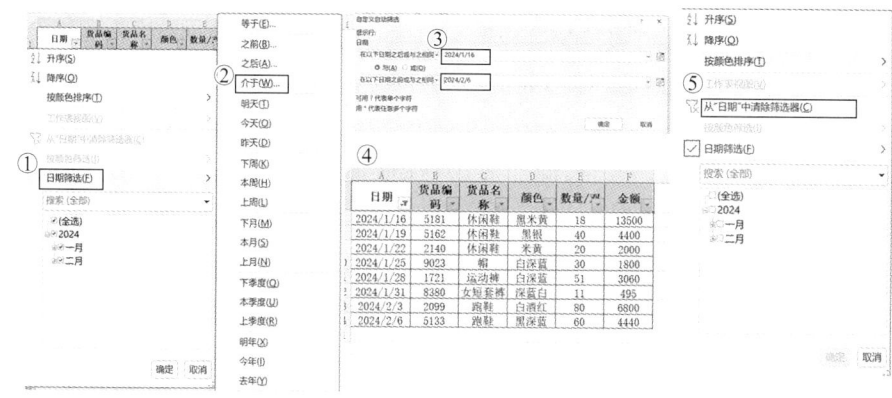

图2-8 按日期时间范围筛选

重要提示：

① 筛选时使用的日期格式须与表格中数据的格式一致，否则筛选可能失败。

② 筛选结果呈现后，需查看该列数据是否符合预期，确保数据筛选准确无误。

3. 按文本特征筛选

在数据分析过程中，常常需要根据文本特征对数据进行筛选。例如，如果需要查看特定类别的销售数据，可以通过文本筛选功能快速实现。以下以鞋类销售数据为例，介绍两种常见的文本筛选方法（见图2-9）。

1）鞋类品种不多时的筛选方法

（1）选中"货品名称"列，单击"数据"选项卡中的"筛选"按钮。

（2）在"货品名称"列的筛选菜单中，取消选择"全选"，然后勾选"跑鞋"和"休闲鞋"选项，单击"确定"按钮，即可只显示鞋类的销售数据。

2）鞋类品种很多时的筛选方法

（1）选中"货品名称"列，单击"数据"选项卡中的"筛选"按钮。

（2）在"货品名称"列的筛选菜单中找到搜索栏，输入关键词"鞋"。

（3）勾选"选择所有搜索结果"，单击"确定"按钮，即可展示所有鞋类的销售数据。

第 1 部分　Excel 智驭：数据分析的全能指南

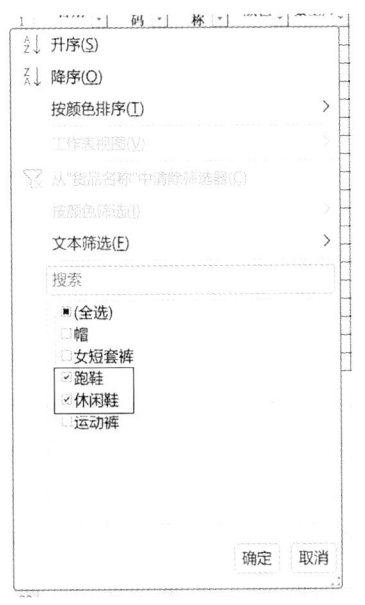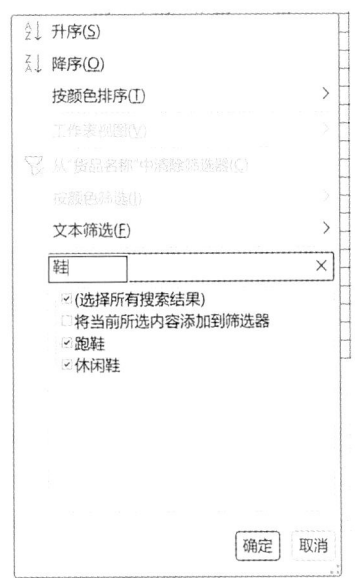

（a）鞋类品种不多时　　　　（b）鞋类品种很多时

图 2-9　按文本特征筛选筛选

3）其他筛选方式

类似于"日期筛选"功能，"文本筛选"功能也提供了多种筛选方式，包括但不限于（见图 2-10）：

（1）按文本开头筛选：可以根据文本的开头字母或字符进行筛选。

（2）按文本结尾筛选：可以根据文本的结尾字母或字符进行筛选。

（3）按文本包含筛选：可以根据文本中包含的特定字符或字符串进行筛选。

（4）按文本不包含筛选：可以根据文本中不包含的特定字符或字符串进行筛选。

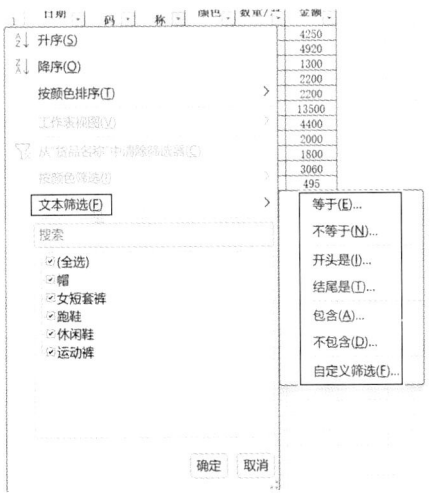

图 2-10　文本筛选的其他方式

4. 按数字进行筛选

数字筛选功能与日期筛选类似，因为日期在计算机中本质上是以数字形式存储的。数字筛选提供了多种方式，以便用户根据具体需求快速筛选出所需数据。以下是两种常见的数字筛选方式：

1) 按排名筛选

如果需要快速找出销售排名前三的数据，可以使用按排名筛选功能，而无须先对数据进行排序。具体操作步骤如下（见图2-11）：

① 单击"金额"列的筛选箭头，展开筛选菜单，选择"数字筛选"。

② 单击"前10项"选项。

③ 在弹出的对话框中选择"最大"，并在输入框中输入数字"3"。

④ 单击"确定"按钮，即可筛选出销售金额排名前三的数据。

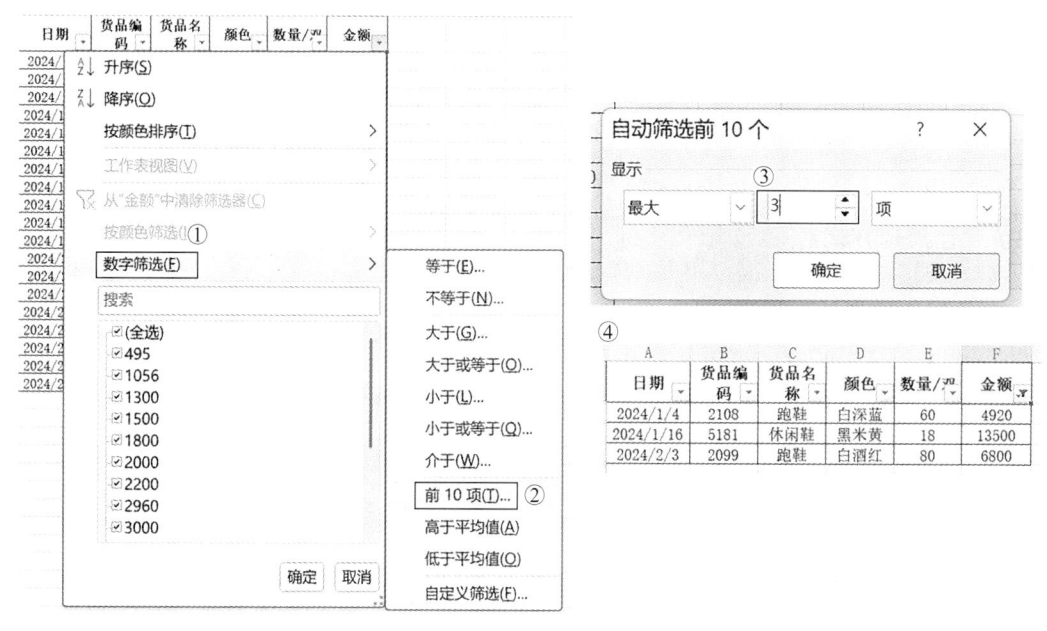

图2-11 按排名筛选

2) 按平均值筛选

如果需要找出高于或低于平均值的数据，通常的做法是先计算出平均值，然后再进行比对。但利用数字筛选功能，可以一步到位完成这一操作。具体操作步骤如下（见图2-12）：

① 单击"金额"列的筛选箭头，展开筛选菜单，选择"数字筛选"。

② 单击"高于平均值"选项。

③ 单击"确定"按钮，即可筛选出销售金额高于平均值的数据。

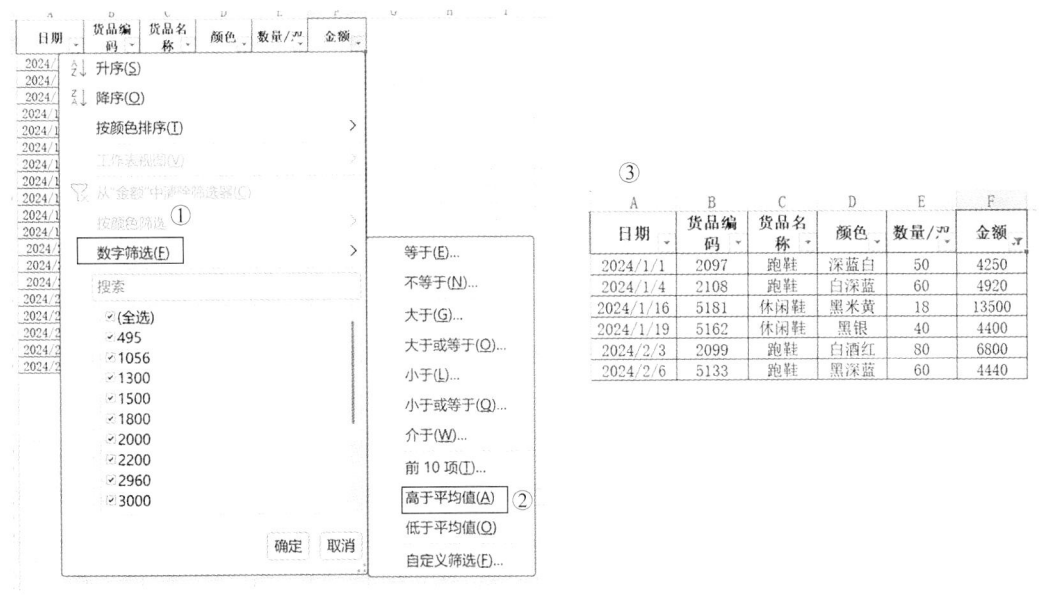

图 2-12 按平均值筛选

5. 快速筛选

如果希望以某个单元格的值作为筛选条件，可使用"快速筛选"功能。此功能操作便捷，适于快速定位特定数据，如图 2-13 所示。

（1）选择目标单元格：在数据表格中，找到并选中包含目标值的单元格，例如包含"深蓝白"的 D2 单元格。

（2）右键点击单元格：在选中的单元格上右键单击，弹出快捷菜单。

（3）选择筛选选项：在快捷菜单中依次选择"筛选"→"按所选单元格的值筛选"，表格将自动筛选出所有与选中单元格值相同的数据行。

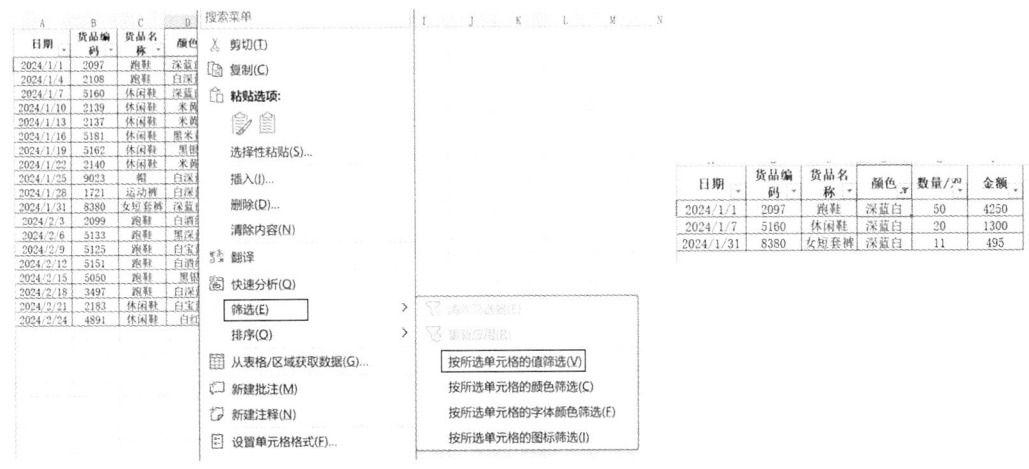

图 2-13 快速筛选

2.2.2 多条件筛选

在实际数据分析中,单条件筛选可能无法满足复杂的需求,因此需要运用多条件筛选功能。多条件筛选主要包括"与"和"或"两种关系,下面将详细介绍这两种条件关系。

1. 多条件筛选中的"与"关系

当需要筛选同时满足多个条件的数据时,即条件之间为"与"关系,按照以下步骤操作(见图2-14):

(1)在表格上方构造条件区域,例如,假设需要筛选出"跑鞋""数量>=40"且"金额>=2000"的数据,条件区域的首行必须是标题,且与表格数据的标题完全一致,之后的行用于设置筛选条件。

(2)选择表格内任意一个单元格。

(3)单击"数据"选项卡,然后选择"排序和筛选"组中的"高级"命令。

(4)在弹出的对话框中,"列表区域"一般选择默认的表格数据区域。

(5)在"条件区域"中用鼠标框选已构造的条件区域。

(6)单击"确定"按钮即可完成筛选。

(7)筛选后的结果将仅包含同时满足所有条件的数据行。如果不需要筛选结果,只需单击筛选箭头,选择取消筛选即可还原数据。

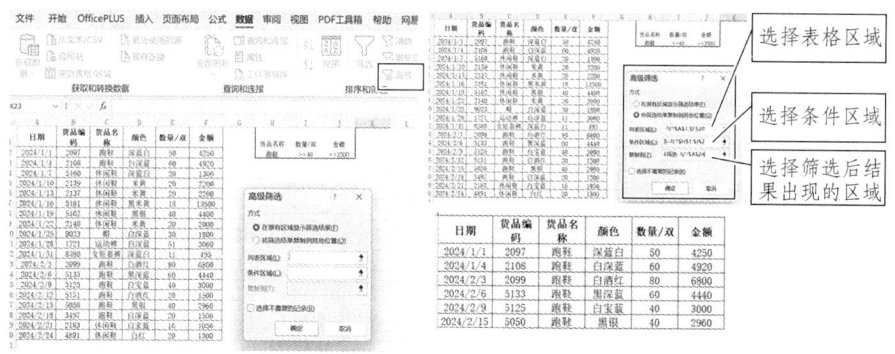

图2-14 多条件筛选中的"与"关系

2. 多条件筛选中的"或"关系

当需要筛选满足多个条件中的任意一个条件的数据时,即条件之间为"或"关系,按照以下步骤操作(见图2-15):

(1)构造条件区域,将不同的条件分别放置在不同的行中。

(2)选择表格内任意一个单元格。

(3)单击"数据"选项卡,选择"排序和筛选"组中的"高级"命令。

(4)在弹出的对话框中,设置"列表区域"和"条件区域"。

(5)单击"确定"按钮进行筛选。

(6)筛选后的结果将包含满足任意一个条件的数据行。

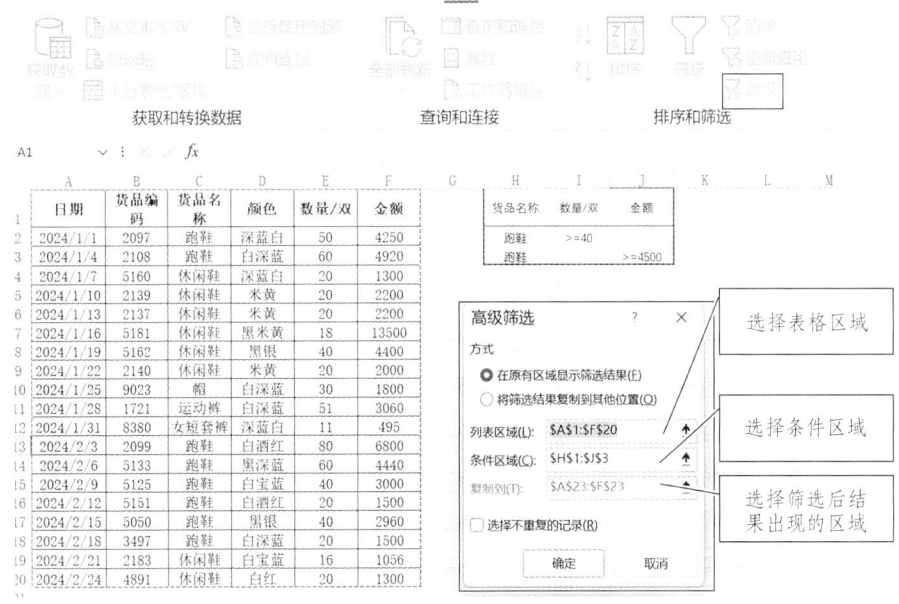

图 2-15 多条件筛选中的"或"关系

重要提示：

条件区域的首行必须是标题，且标题必须与表格数据的标题完全一致。

在条件区域中，"与"条件的多条件应置于同一行，"或"条件的多条件应置于不同行。

通过掌握多条件筛选功能，能够更灵活地对数据进行分析和处理，提高数据分析的效率和准确性。

2.3 透视之眼：数据透视表构建

数据透视表在数据分析领域具有极高的知名度，它不像函数那样需要输入冗长的公式，也不像 VBA（Visual Basic for Applications）那样需要掌握复杂的代码。数据透视表借助简单的鼠标拖拽操作，就能实现大量数据的分析与汇总，因此被赞誉为数据分析的"终极武器"。

2.3.1 创建数据透视表

数据透视表操作简便，能全方位分析数据，使用该功能可同时操控多个函数，创建过程十分简单。

以年度销售数据汇总表为例，包含超过 1 000 行的数据。若使用函数或数组公式，将占用大量系统资源，且过多的公式可能导致运行缓慢和卡顿。相比之下，数据透视表以其简便性和流畅性成为优先选择（见图 2-16）。

（1）在源数据表内任意单元格定位（也可选择表格区域），然后切换至"插入"选项卡，点击"数据透视表"。弹出的"创建数据透视表"对话框中已默认输入源表或区域范围，通常无须改动，直接点击"确定"按钮即可。

（2）此时会在新工作表中生成一张空白的数据透视表，同时右侧会出现"数据透视表字段"对话框。

（3）通过按住鼠标左键拖拽"数据透视表字段"对话框顶部或拖拽对话框边缘可调整其大小。数据透视表的核心区域是该对话框中的"字段列表"。将不同字段分别拖拽到下方的四个区域（筛选、行、列、值），即可获得不同的分析结果。

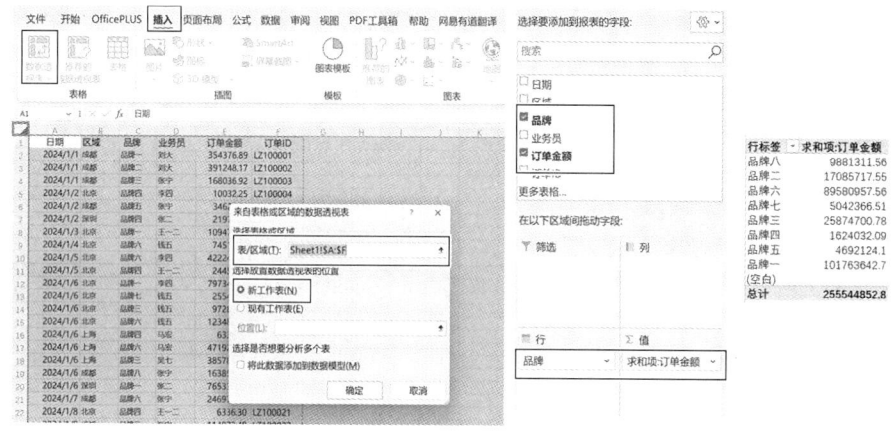

图 2-16　创建数据透视表

2.3.2　规范使用数据透视表

数据透视表虽然操作简单，但遵循以下使用规范可避免常见错误，确保数据准确分析：

（1）标题行完整性：数据透视表依赖准确的标题行来识别字段。若标题行缺失或字段标题不完整，数据透视表将无法正确解析数据。例如，若源表缺少"业务员"字段标题，数据透视表会错误地将源表第二行视为字段标题，导致分析结果严重失真。

（2）表格格式规范：规范的表格格式是数据透视表准确分析的前提。表格应避免合并单元格、文本型数字、不规范日期等问题。合并单元格会导致数据透视表将合并区域的首个单元格视为有效数据，其余为空，从而产生错误分析结果。文本型数字（如以文本形式存储的数字）无法参与计算。不规范日期则无法使用筛选排序功能。因此，必须先将数据格式设置正确，如取消合并单元格、填充空值、更改数据格式等，再创建数据透视表。

（3）如果某一工作簿从未创建过数据透视表，则使用"创建向导"和"插入透视表"两种方法创建数据透视表，其结果是相同的。但若该工作簿之前已创建过数据透视表，则使用"创建向导"创建时，系统会弹出提示，询问是否要覆盖现有数据透视表或在新工作表中创建。

2.3.3　数据透视表的使用技巧

1. 数据透视表字段列表

创建数据透视表后，要开始分析数据，而分析数据的关键就在于右侧弹出的"字段列表"。它位于数据透视表右侧，随鼠标定位在透视表中任意位置时自动弹出。

另外，也可手动调用"字段列表"：通过点击"数据透视表工具"→"分析"选项卡→选择"字段列表"。它包含 4 个区域：筛选、列、行以及值，如图 2-17 所示。

第 1 部分　Excel 智驭：数据分析的全能指南

求和项:销售额	列标签			
行标签	2022	2023	2024	(空白)	总计
福州	47100	38100	64600		149800
龙岩	150300	98100	84900		333300
南平	121200	199900	178800		499900
宁德	59900	72000	50600		182500
莆田	55300	45500	98700		199500
泉州	178700	42600	311500		532800
三明	20900	45300	17100		83300
厦门	81200	53800	51600		186600
漳州	145300	79900	82300		307500
(空白)					
总计	859900	675200	940100		2475200

筛选 — 筛选区域
列 — 年份 — 列区域
行 — 区域 — 行区域
Σ 值 — 求和项:销售额 — 数值区域

图 2-17　数据透视表字段列表

以案例表为例，其"字段列表"顶部显示"年份""区域""订单号""产品规格""销售量""销售额"等字段，对应源表中相应标题。勾选字段后，它们会自动进入行区域、值区域或列区域。要调整字段位置，只需按住鼠标左键拖拽相应字段至目标区域；若要删除字段，则拖拽至"字段列表"外的空白区域即可。

数据透视表操作的关键在于鼠标拖拽，通过点击与拖拽实现行/列组合，展示不同的分析结果。要熟练使用数据透视表，必须首先掌握这几个区域的特点。

1）行区域

行区域是数据透视表中最常用的一个区域，具有以下特点：

（1）字段不能重复：在一个区域中，同一字段只能出现一次。例如，在行区域中添加"产品规格"字段后，无法再次添加相同的"产品规格"字段。这是因为重复字段会导致数据透视表逻辑混乱，无法正确汇总数据。不过，在值区域中，可以添加多个相同字段，并以不同方式汇总数据，如求和、求平均值等。

（2）可加入多个不同字段：可以将多个不同字段同时放入行区域。例如，将"产品规格"和"区域"字段同时拖入行区域，并将"销售额"拖入值区域，这样可以分别按照产品规格和地区对销售额进行汇总，便于分析不同产品在不同地区的销售情况，如图 2-18 所示。

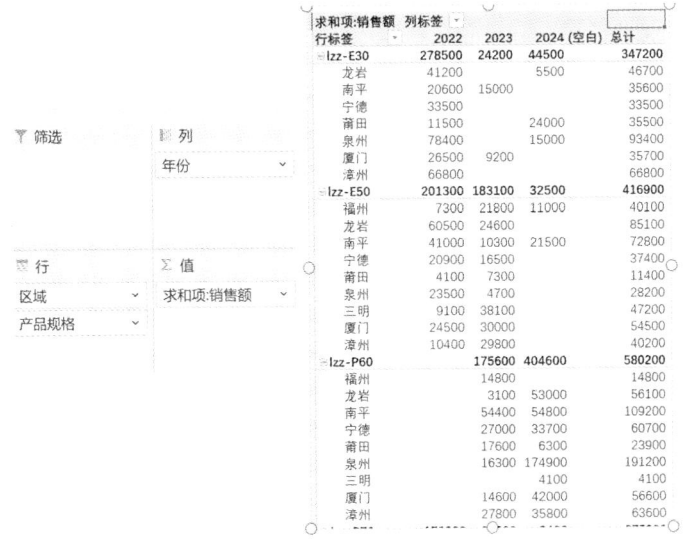

图 2-18　行区域不同字段展示

重要提示：

因空间有限，表格展示只是部分数据。

（3）字段顺序影响表格结构：行区域中字段的排列顺序会直接影响数据透视表的结构。例如，将"产品规格"和"区域"字段的顺序交换，数据透视表的字段级别会发生变化，表格的外观也会随之改变。不同的字段顺序会产生不同的数据报表，进而得到不同的分析结论。因此，应根据实际分析需求调整字段顺序，如图2-19所示。

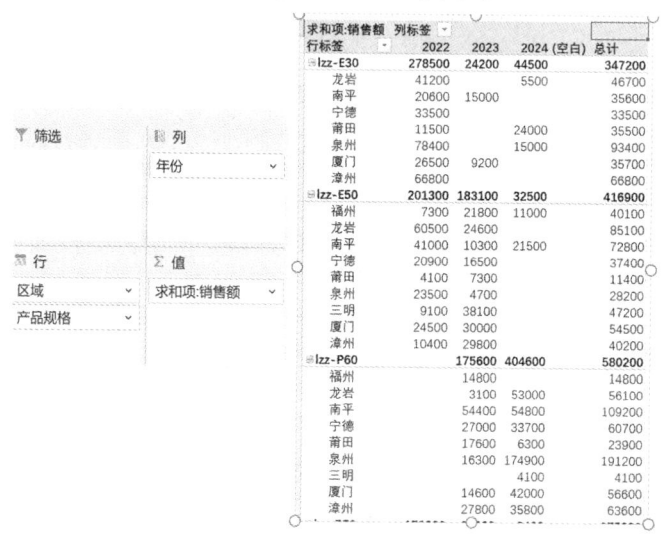

图 2-19 行区域字段转换展示

2）列区域

列区域的使用规则与行区域大致相同，但在实际操作中呈现出不同的呈现效果。例如，将"区域"字段拖至列区域，"产品规格"字段置于行区域，"销售额"字段拖至值区域，得到的汇总表呈现如图2-20所示的样式。这种汇总表相较于仅使用行区域的情况，更合理且直观，使得复杂的源表格能够快速转化为简单易懂的报表。

图 2-20 列区域字段展示

总结列区域的相关说明如下：

（1）列区域字段顺序对表格结构有影响：与行区域相似，列区域中字段的排序同样会影响数据透视表的结构。不同字段顺序产生的报表也会有所不同，进而得出各异的分析结论。因此，在实际使用过程中，需要根据具体的分析需求来调整字段顺序。

（2）行区域与列区域的使用习惯：虽然多数人更习惯将字段置于行区域，因为这样看起来更自然顺眼，但列区域也有其独特的优势。例如，将字段放置在列区域可以更好地进行数据的交叉分析，使表格更具合理性，能够更好地满足数据分析的需求。因此，可以根据实际需求灵活选择将字段放置在行区域或列区域。

（3）不同类型字段的放置规律：通常情况下，文本字段适合放置在行区域和列区域，而数值类字段则应放入值区域。

3）值区域

值区域是用来汇总数据的区域，它与其他区域不同之处在于可以允许重复字段，并且可以改变值的汇总方式和显示方式。

（1）允许重复字段。

在行区域中拖入"产品规格"字段，然后将"销售额"字段两次拖入值区域。此时，数据透视表中会出现两个"销售额"标题，这两个字段虽然重复，但它们可以分别以不同的汇总方式或显示方式呈现数据，从而为数据分析提供更多维度的信息。例如，一个"销售额"字段可以按求和方式汇总，另一个可以按平均值方式呈现，这样可以同时比较不同产品规格的总销售额和平均销售额，更好地满足复杂的分析需求。

（2）改变值的汇总方式。

值区域中的同一字段可以有不同的汇总方式，如求和、计数、平均值等。操作步骤如下（见图2-21）：

① 单击值区域中任意一个"销售额"字段的下拉按钮。

② 选择"值字段设置"。

③ 在弹出的"值字段设置"对话框中，将"计算类型"从默认的"求和"改为"平均值"，并可以将"自定义名称"改为更具描述性的名称，如"平均销售额"。

④ 单击"确定"按钮后，该字段在数据透视表中的汇总方式就变为计算订单的平均值，这对分析订单数量的分布情况非常有用。此外，对于文本字段，默认的"计算类型"通常为"计数"，但也可以根据需要选择其他类型的计算方式，如"计数""最大值""最小值""乘积""标准偏差"等，这些不同的汇总方式使得数据透视表能够替代许多统计函数，大大提高了数据处理的效率。

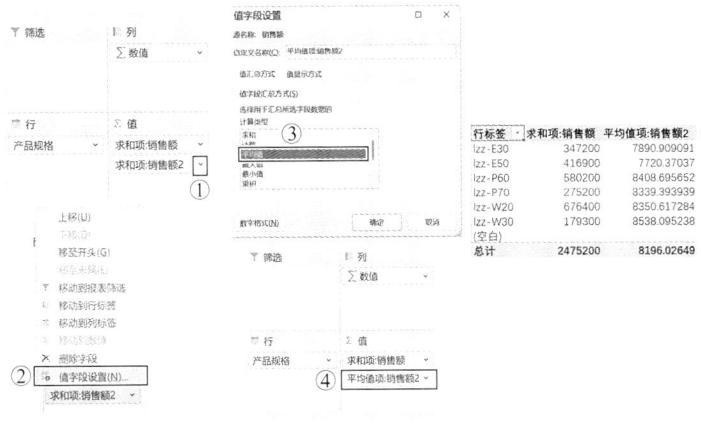

图2-21 值字段的设置：重复字段设置

（3）改变值的显示方式。

如果需要以百分比的形式来呈现数据，例如统计不同产品在总销售中的占比，可以通过改变值的显示方式来实现，操作步骤如下（见图2-22）：

① 选择"值字段设置"，在"值字段设置"对话框中，找到"值显示方式"选项，单击下拉按钮选择"总计的百分比"。

② 单击"确定"按钮后，数据透视表中的该字段就会以百分数的形式呈现，同时显示每个产品的销售额占总销售额的比例，方便进行占比分析，从而更直观地了解各产品在销售中的重要性。

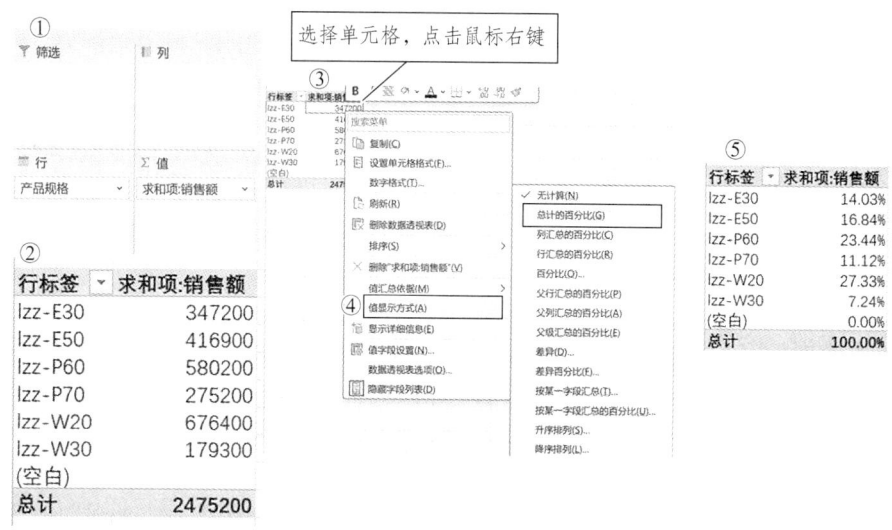

图 2-22　改变值的显示方式

2. 数据透视表美化

数据透视表默认生成的外观较为简朴，以之前章节的源表格为例，将"年份"和"区域"放入行区域，"产品规格"放入列区域，"销售额"放入值区域，生成的原始数据透视表未经任何修饰，显然不够美观，并且表格布局也略显不适。通过以下步骤可对数据透视表进行美化，使其外观更加精致。

1）套用样式

Excel 内置了丰富的数据透视表样式，分为浅色、中等色和深色三大类，共计 121 种。直接套用样式能够快速改变数据透视表的整体外观，操作方法如下（见图 2-23）：

（1）将鼠标置于数据透视表内的任意一个单元格。

（2）单击"数据透视表工具"→"设计"→"数据透视表样式"的下拉按钮。

（3）从弹出的样式库中选择一种样式。建议选用浅色和中等色样式，因为这些样式的标题和数据部分对比明显，颜色柔和，而深色样式颜色较重，不适合长时间观看。例如选择中等色第一行第二个浅蓝色样式，一键即可让表格焕然一新。

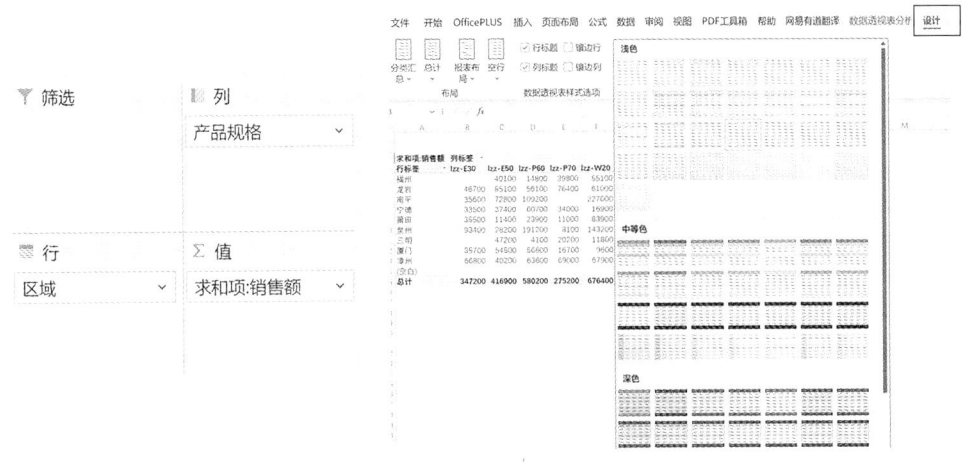

图 2-23　数据透视表美化：套用样式

2）数据透视表布局调整

数据透视表的报表布局也可以进行调整，相关功能均位于"数据透视表工具"下的"设计"选项卡中，主要包含"分类汇总""总计""报表布局""空行"等布局方式。以下是具体的调整方法：

（1）修改分类汇总方式。

在报表顶部，每一年度通常会显示分类汇总。如果不需要分类汇总，可单击"设计"选项卡中的"分类汇总"下拉按钮，选择"在组的底部显示所有分类汇总"，如图 2-24 所示。

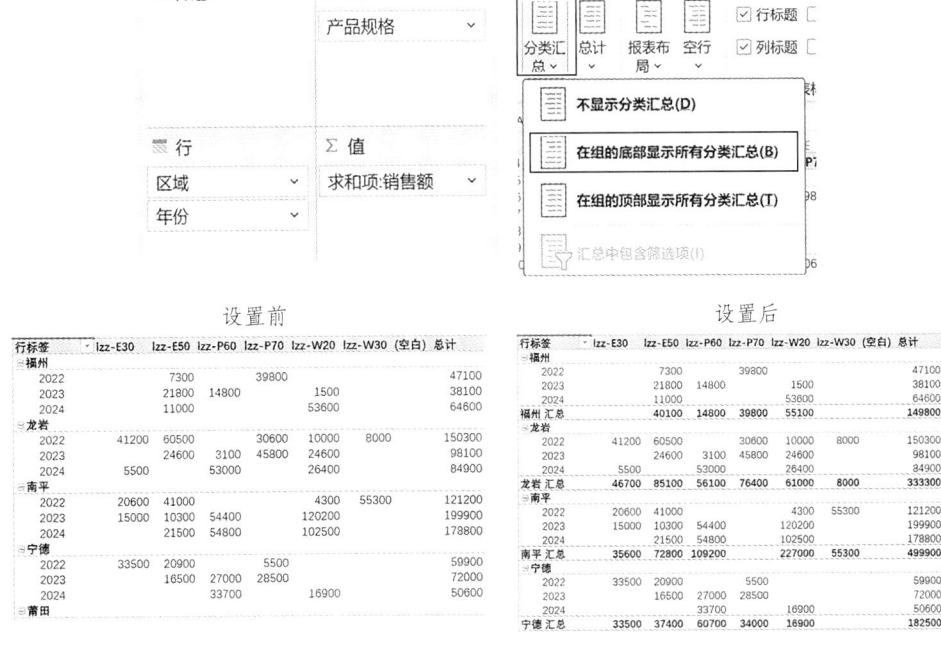

图 2-24　数据透视表布局调整

（2）修改总计设置。

表格的最右方和最下方通常会显示行或列总计。有些总计并非必要，如果希望隐藏列总计，可单击"设计"→"总计"→"仅对列启用"，如图2-25所示。

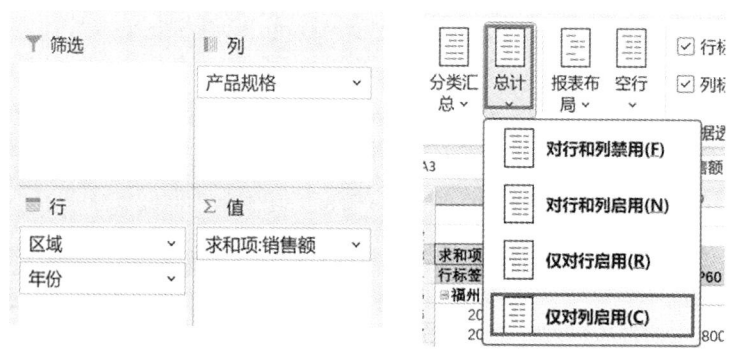

图 2-25　数据透视表布局调整

3）其他设置技巧

经过前面的美化和布局调整，报表已经近乎完美，但在细节方面还可以稍作润色，如存在许多空单元格、字段标题生硬、"+/-"按钮多余等问题。

（1）处理空单元格，如图2-26所示。

在数据透视表中，有时会存在空单元格，这可能影响报表的美观和可读性。在普通表格中，我们可以通过定位空值并批量填充"0"来处理空单元格，但在数据透视表中，这种方法是行不通的。

正确的方法如下：首先，选择数据透视表内的任意一个单元格。然后，右键单击鼠标，选择"数据透视表选项"。在弹出的"数据透视表选项"对话框中，切换到"布局和格式"选项卡。勾选"对于空单元格，显示"复选框，并在旁边的输入框中输入"0"。最后，点击"确定"按钮。这样，数据透视表中的空单元格就会显示为"0"，使报表更加完整。

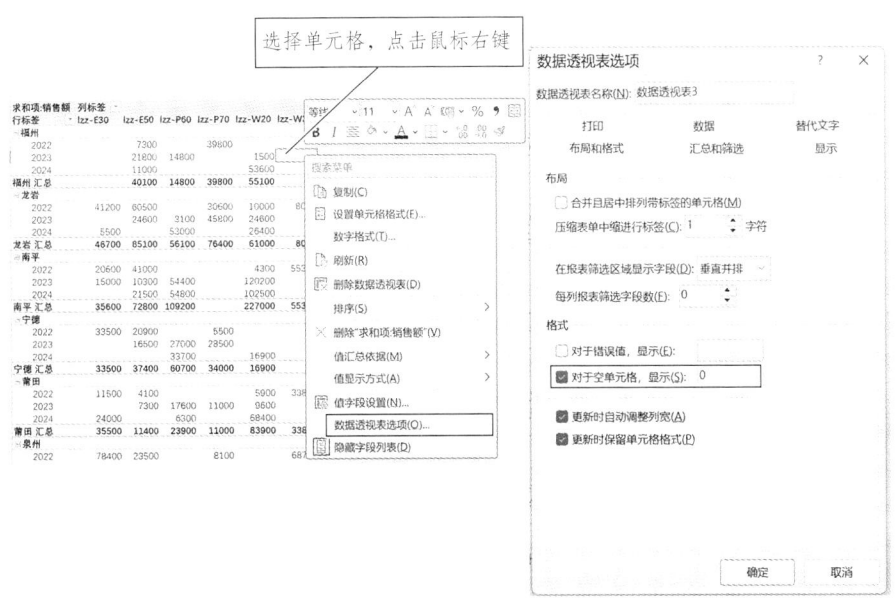

图 2-26 处理空单元格

（2）修改字段标题。

在数据透视表中，某些字段标题可能显得过于生硬或不直观，如"求和项：销售额"。直接修改标题是不允许的，因为数据透视表中的标题与字段名称紧密相关。但是，可以对其进行适当修改，使其更加符合我们的需求。

例如，如果希望将"求和项：销售额"修改为"销售额"，但由于数据透视表中已经存在"销售额"字段，因此不能直接将其作为标题。可以采用以下方法：在"求和项：销售额"前面或后面添加一个空格，或者使用其他描述性的文字，如"年度销售额"或"销售额汇总"。只要新的标题不与现有字段名称重复，就可以实现字段标题的修改，使报表更加易读。

（3）去除"+/-"按钮，如图 2-27 所示。

在数据透视表中，每个年份的第 1 个单元格都有一个"+/-"按钮，也称为折叠按钮。这个按钮可以方便地展开或折叠数据，但在某些情况下可能显得多余。如果需要删除这些折叠按钮，可以采取以下步骤：

单击"数据透视表工具"→"分析"选项卡，然后找到右侧的"+/-"按钮图标，点击它就可以隐藏折叠按钮。需要注意的是，折叠按钮在汇报或演示时是非常实用的，因为它可以轻松地收起或展开每一年度的数据。在删除之前，最好权衡一下是否真的需要隐藏这些按钮，以免影响数据的交互性和可读性。

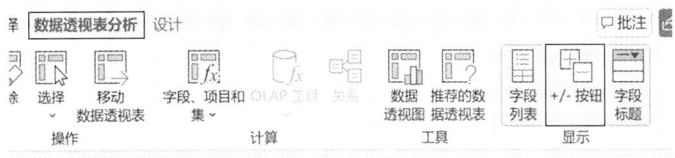

设置前							设置后						
求和项:销售额	列标签						求和项:销售额	列标签					
行标签	lzz-E30	lzz-E50	lzz-P60	lzz-P70	lzz-W20	lzz-W30 (空白)	行标签	lzz-E30	lzz-E50	lzz-P60	lzz-P70	lzz-W20	lzz-W30 (空白)
⊟福州							福州						
2022	0	7300	0	39800	0	0	2022	0	7300	0	39800	0	0
2023	0	21800	14800	0	1500	0	2023	0	21800	14800	0	1500	0
2024	0	11000	0	0	53600	0	2024	0	11000	0	0	53600	0
福州 汇总	0	40100	14800	39800	55100	0	福州 汇总	0	40100	14800	39800	55100	0
⊟龙岩							龙岩						
2022	41200	60500	0	30600	10000	8000	2022	41200	60500	0	30600	10000	8000
2023	0	24600	3100	45800	24600	0	2023	0	24600	3100	45800	24600	0
2024	5500	0	53000	0	26400	0	2024	5500	0	53000	0	26400	0
龙岩 汇总	46700	85100	56100	76400	61000	8000	龙岩 汇总	46700	85100	56100	76400	61000	8000

图 2-27　去除"+/-"按钮

通过以上对数据透视表的美化和布局调整，可以使报表更加美观、易读，并且符合实际的使用需求。

本章小结

本章详细探讨了 Excel 数据透视功能及其在数据分析中的应用，旨在培养学生在数据处理和决策支持中的伦理意识与技术能力。首先，强调了数据透视功能在数据整理和分析中的强大作用，同时指出在使用过程中必须遵循伦理责任，确保数据的真实性和客观性，避免因不当操作误导决策，从而培养学生的职业责任感和使命感。

本章还深入介绍了数据透视与决策透明度的关系，指出数据透视不仅是技术手段，更是促进决策透明度的重要工具。通过合理组织和展示数据，学生可以学会如何为决策提供科学依据，并增强公众对决策过程的理解和信任。

在数据排序方面，本章详细介绍了 Excel 中的多种排序技巧，包括简单排序、多关键字排序、笔画排序、自定义排序和按颜色排序。通过这些方法，学生可以掌握如何根据不同的需求对数据进行高效归类和整理，为后续的数据分析奠定基础。

在数据筛选部分，本章讲解了基础筛选、按日期筛选、按文本特征筛选、按数字筛选、快速筛选和多条件筛选等多种筛选方法。通过这些技巧，学生能够快速定位和提取所需数据，提高了数据的处理效率。

最后，本章重点介绍了数据透视表的创建、规范使用和美化技巧。数据透视表作为一种强大的数据分析工具，能够通过简单的鼠标拖拽操作实现复杂的数据汇总和分析。本章通过实例展示了如何规范使用数据透视表，避免常见错误，并通过美化和布局调整提升报表的可读性和美观性。

通过本章的学习，学生不仅可以掌握 Excel 数据透视功能的技术细节，而且培养了数据伦理意识和决策透明度观念。这些知识和技能将为学生未来的职业发展提供有力支持，帮助他们在数据分析和决策制定中发挥重要作用。

思考题

1. 单选题

（1）数据透视功能在决策透明度中的作用是（　　　）。
A. 增加决策的复杂性　　　　　　B. 隐藏决策依据
C. 提高决策的可追溯性　　　　　D. 减少公众信任

（2）在 Excel 中，简单排序的操作步骤不包括以下哪一项？（　　）
A. 选择数据区域　　　　　　　　B. 访问排序选项
C. 设置排序条件　　　　　　　　D. 插入图表

（3）多关键字排序的主要目的是（　　）。
A. 增加数据的复杂性
B. 模糊数据的层次关系
C. 清晰呈现数据的层次关系
D. 减少数据的可读性

（4）筛选功能的主要目的是（　　）。
A. 增加数据量　　　　　　　　　B. 减少数据量
C. 过滤无关数据　　　　　　　　D. 混淆数据

（5）按日期筛选时，需要注意以下哪一点？（　　）
A. 日期格式正确
B. 日期范围广泛
C. 日期颜色
D. 日期字体

（6）快速筛选的主要优点是（　　）。
A. 操作便捷
B. 增加数据量
C. 减少数据量
D. 增加复杂性

（7）多条件筛选中的"与"关系表示（　　）。
A. 条件之间相互独立
B. 条件之间相互依赖
C. 条件之间相互排斥
D. 条件之间相互包含

（8）创建数据透视表的第一步是（　　）。
A. 选择数据区域　　　　　　　　B. 插入图表
C. 设置筛选条件　　　　　　　　D. 设置排序条件

（9）数据透视表字段列表中不包括以下哪个区域？（　　）
A. 筛选　　　　B. 行　　　　C. 列　　　　D. 图表

（10）数据透视表布局调整的主要目的是（　　）。
A. 增加数据量　　　　　　　　　B. 减少数据量
C. 提高报表的可读性　　　　　　D. 增加复杂性

2. 多选题

（1）在数据处理中，需要根据多个字段进行排序时（　　）。
A. 可以使用多关键字排序来清晰呈现数据的层次关系
B. 需要将数据按主要关键字和次要关键字分别排序

C. 排序只能基于单一字段进行

D. 多关键字排序会增加数据的混乱程度

（2）在使用 Excel 的高级筛选功能进行多条件筛选时，以下描述正确的是（　　）。

A. 条件区域的首行必须是标题

B. 标题必须与表格数据的标题完全一致

C. "与"条件的多条件应置于同一行

D. "或"条件的多条件应置于不同行

（3）关于数据透视表的功能特点，以下说法正确的是（　　）。

A. 无须输入冗长的公式，操作简便

B. 能够同时操控多个函数

C. 使用鼠标拖拽操作，实现大量数据的分析与汇总

D. 无法替代函数或 VBA 代码

（4）在数据透视表字段列表中，同一个字段可以出现在哪些区域？（　　）

A. 筛选区域　　　　　　　　B. 行区域

C. 列区域　　　　　　　　　D. 值区域

（5）关于数据透视表的美化和布局调整，以下描述正确的是（　　）。

A. 可以通过套用样式来快速改变数据透视表的整体外观

B. 可以对报表布局进行调整，如修改分类汇总方式、修改总计设置等

C. 可以处理空单元格，使其显示为"0"或自定义内容

D. 可以修改字段标题，使其更加符合用户的需求

3. 判断题

（1）数据透视表可以完全替代其他数据分析工具。（　　）

（2）多关键字排序可以清晰呈现数据的层次关系。（　　）

（3）笔画排序适用于中文姓名的排序。（　　）

（4）按颜色排序可以基于单元格背景颜色和字体颜色。（　　）

（5）按日期筛选时，日期格式必须正确。（　　）

（6）基础筛选只能通过功能区调用。（　　）

（7）数据透视表的创建需要输入冗长的公式。（　　）

（8）数据透视表的值区域可以允许重复字段。（　　）

（9）数据透视表字段列表中的字段顺序不影响数据透视表的结构。（　　）

（10）数据透视表布局调整可以修改分类汇总方式和总计设置。（　　）

4. 简答题

（1）简述 Excel 中数据排序的多种技巧。

（2）数据筛选功能的主要作用是什么？

（3）数据透视表的使用技巧有哪些？

（4）简述数据透视表在数据分析中的优势。

 **复习提纲**

第2章 透视精析：数据组织与深度探索		
2.1 排序智慧：高效排序应用	2.2 筛选妙法：高效数据筛选	2.3 透视之眼：数据透视表构建
1.简单排序 2.多关键字排序 3.笔画排序 4.自定义排序 5.按颜色排序	1.基础筛选——单条件筛选／按日期筛选／按文本特征筛选／按数字进行筛选／快速筛选 2.多条件筛选——多条件筛选中的"与"关系／多条件筛选中的"或"关系	1.创建数据透视表 2.规范使用数据透视表 3.数据透视表的使用技巧——数据透视表字段列表／数据透视表美化／其他设置技巧

第 3 章　函数宝典：数据操控的四大支柱

学习目标

○ 知识目标

（1）认知单元格、工作表与工作簿在数据管理中的层级关联。
（2）鉴别一维表及二维表特性并识别适用环境。
（3）熟练掌握工作簿和工作表的基础操作流程。
（4）掌握单元格的基本操作技巧。
（5）明确条件格式的类别及其在数据直观呈现中的作用。

○ 技能目标

（1）熟练创建与管理不同格式的工作簿。
（2）能够准确命名、设置工作表颜色并调整其行列标识，同时掌握工作表复制与移动等操作。
（3）根据实际情况精准设置单元格。
（4）充分利用条件格式提升数据的直观性，突显关键信息。

○ 素养目标

（1）深刻领会 Excel 对数据管理的重要性，激发学习热情。
（2）在数据录入与格式化过程中强化逻辑思维并把握细节。
（3）树立严谨细致的工作态度，高度重视数据的精准性及一致性。
（4）通过实践操作强化复杂数据处理任务的应对能力，增强自信心。
（5）鼓励探索 Excel 的高级功能，培养创新思维和自我提升意识。

思政融合：逻辑思维与问题解决的社会价值

1. Excel 函数与逻辑思维培养

Excel 函数的学习不仅是对数据处理技能的提升，更是对逻辑思维能力的锻炼。逻辑思维是分析问题、解决问题的基础，而 Excel 函数的使用正是这一能力的体现。例如，在使用条件函数（如 IF 函数）时，学生需要明确判断条件、设定结果输出，这一过程培养了学生的逻辑推理能力。通过学习函数，学生能够更加清晰地梳理问题的逻辑关系，从而在面对复杂问题时能够迅速找到解决方案。这种逻辑思维能力不仅在数据分析中至关重要，更在日常生活和社会事务中发挥着重要作用。

2. 函数应用与问题解决能力

Excel 函数的强大功能使其成为解决实际问题的重要工具。在社会发展的各个领域，从经济管理到公共服务，从科学研究到环境保护，都需要通过数据分析来发现问题、解决问题。例如，在环保项目中，学生可以利用 SUM、AVERAGE、MAX、MIN 等函数对污染物排放数据进行统计分析，从而为制定减排策略提供数据支持。通过 Excel 函数的学习，学生能够掌握高效的数据处理方法，提升解决问题的能力，为社会的可持续发展贡献智慧和力量。

3. 社会责任与数据伦理

在学习 Excel 函数的过程中，我们不仅要关注技能的提升，更要注重数据伦理和社会责任的培养。数据是现代社会的重要资产，数据的准确性、真实性和安全性直接关系到社会的公平与正义。例如，在处理社会调查数据时，学生必须确保数据的客观性和公正性，避免因数据处理不当而误导社会决策。同时，学生要学会尊重数据隐私，保护个人和组织的信息安全。这种数据伦理意识的培养，有助于学生在未来的职业生涯中树立正确的价值观，为构建诚信、和谐的社会环境贡献力量。

思考与讨论

（1）在使用 Excel 函数进行数据分析时，如何确保数据的准确性和客观性？

（2）作为一名学生，你如何将逻辑思维和问题解决能力应用到日常学习和社会实践中，为社会带来积极变化？

3.1 启程初探：公式函数筑基

在日常办公及各种数据处理场景中，Excel 都有着极为广泛的应用，而函数又是 Excel 功能中极为重要且强大的核心工具之一。学好函数，将使我们在处理数据、分析信息时事半功倍。

在本章前，我们虽未深入讲解函数，不过在实际使用 Excel 的过程中，大家可能已在不经意间与函数有过接触，只是尚未专门探讨。下面我们就来系统学习函数，开启一段充满魅力的探索之旅。

3.1.1 公式：数据驾驭之匙

公式以"="为开端，例如，当我们在单元格中输入"=A1+B1"，则意味着将 A1 与 B1 单元格中的数值相加，并将结果呈现于当前单元格。

公式构成中，运算符号至关重要，宛如指挥运算进程的调度员。Excel 中常用的算术运算符号有：加号"+"，用于数值相加；减号"–"，用于数值相减；星号"*"，用于数值相乘；斜线"/"，用于数值相除；百分号"%"，用于将数值转化为百分比形式。此外，等号"="用于判断数值是否相等，大于号">"、小于号"<"表示数值之间的大小关系，用于比较数值间的大小。

除了运算符号，公式常会引用单元格或单元格区域，这是公式动态性的关键体现。单格引用,即将其他单元格中的数值"引入"公式进行计算,使公式随着单元格数值变化而自动更新结果。例如,SUM 函数常用于对连续单元格区域求和,像"=SUM(A1:A10)"即可迅速得出 A1 到 A10 单元格中所有数值的总和。

3.1.2 函数:智慧的运算精灵

函数,Excel 中的瑰宝,它隐藏着无穷的智慧与能力。如果说公式是搭建数学大厦的砖石,那么函数就是那些功能强大的施工设备,它将复杂的计算规则封装起来,简化了用户的操作流程,只需输入少量的关键信息,即可完成复杂的计算任务。

函数由函数名、括号以及参数构成,这就好比是一句完整的命令句。其中,函数名是动词,表示要进行的操作;括号和参数则是描述操作的对象和方式。例如,SUM 函数用于求和,它的函数名是 SUM,括号内的参数则可以是需要相加的数值、单元格引用或单元格区域等。

函数的参数可以是一个或多个,具体取决于函数的功能设计。有的函数只接受一个参数,如 TODAY 函数,它能返回当前日期,无须任何额外输入;而有些函数则需要多个参数来明确计算的细节。例如 IF 函数,它需要三个参数:逻辑判断条件、当条件为真时的返回值、当条件为假时的返回值,以便进行条件判断和结果输出。

1. 函数的参数

运用函数最基本的要求是掌握参数的使用方法。一个函数通常包含一个到多个参数,也有无参数的函数。例如,=TODAY()返回的是当前日期。有些参数已经设置好固定的几个值,每个值代表了不同的含义。例如,VLOOKUP 函数的第 4 个参数"匹配方式",输入"0"表示精确查找,输入"1"表示模糊匹配。

重要提示:

Excel 的提示功能:

① 在输入函数的过程中,函数下方都会有参数的英文提示,如图 3-1 所示。

② 可按"F1"键查找帮助,如在搜索栏中输入"vlookup",即可找到相应的帮助内容,甚至还有中文教学视频。

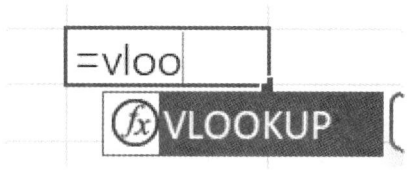

图 3-1 函数输入提示演示

2. 填　充

Excel 为什么可以批量录入数据?这是因为有"填充"的强大功能。同样,函数可以通过"填充"实现批量运算。如图 3-2 所示,在 B2 单元格输入函数=RIGHT(A2,6),可以将 A2 单元格中的外 6 位工号提取出来。接下来只需拖拽填充柄填充,函数公式就会自动变为=RIGHT(A3,6)、=RIGHT(A4,6)等。因此,"填充"是函数高效运用的基础,如果每个单元格都需要重新输入一次函数,那么相信没有人会愿意使用它。此外,还有绝对引用、混合引用等不同类型的引用方式,这些可以让函数的搭配变化更加丰富多样。

图 3-2 填充的展示

3. 运 算

1)常见运算符号

函数可以执行各类运算,表 3-1 是常用运算符及其含义。

表 3-1 常用运算符及其含义

运算符名称	符 号	说 明
加	+	例如,2+3 返回 5
减	−	例如,3-2 返回 1
乘	*	例如,2*3 返回 6
除	/	例如,6/3 返回 2
百分比	%	例如,20%等价于 0.2
负号	−	表示负数。例如,-5
加号	+	表示正数。例如,+5

2)特殊运算符号

(1)文本(连接)运算符&:该运算符的作用是将两个或多个文本连接起来,形成一个完整的文本。例如,在单元格中输入="我"&"爱"&"你",结果就会变成"我爱你"。

(2)引用运算符:该运算符用于定义单元格或单元格区域的组合方式。例如,求和函数=SUM(A1:A10)中的:就是引用运算符,表示计算从 A1 到 A10 的总和;如果改为=SUM(A1,A10),则表示计算 A1 和 A10 这两个单元格之和;如果是=SUM(A1:A5,A3:A10),两个区域之间用逗号分隔,表示对两个区域的所有单元格求和。

(3)比较运算符:该运算符用于比较两个值的大小或是否相等。常用比较运算符及其含义如表 3-2 所示。

表 3-2　常用比较运算符及其含义

运算符	符　号	说　明
等于	=	例如，A=B
不等于	<>	例如，A<>B
大于	>	例如，A>B
小于	<	例如，A<B
大于等于	>=	例如，A>=B
小于等于	<=	例如，A<=B

重要提示：

运算符在函数中的使用有其特定的优先级顺序。运算符优先级的级别决定了公式中各项运算的先后顺序。其优先级顺序如表 3-3 所示。

表 3-3　优先级顺序

级别	运算符类别	排　序
1	引用运算符	冒号>单个空格>逗号
2	算术运算符	负>百分比>乘方>乘、除>加、减
3	文本运算符	&
4	比较运算符	所有比较运算符同级别

3.1.3　函数的引用

前面讲到函数一个很重要的特点就是可以"填充"。填充时参数发生了相对的变化被称为"相对引用"，在 Excel 中有三种引用方式：相对引用、绝对引用、混合引用。理解这三种引用方式是学好函数的基础，而理解"$"符号是学好引用的基础。

在 Excel 中，当进行填充操作时，默认情况下公式与函数会随着单元格的位移而同步改变。例如，如图 3-3 所示，"总计=基本工资+补贴"，在 E2 单元格输入公式=C2+D2，随后按住鼠标向下拖拽进行"填充"，各个员工的工资就能快速计算完成。这种"单元格引用地址随公式的复制而发生相对的移动"，即为相对引用。

	A	B	C	D	E	F
1	姓名	岗位	基本工资	补贴	总计	公式
2	刘大	外勤	4150	550		=C2+D2
3	王二	行政	4450	650	5100	=C3+D3
4	李三	内勤	4150	550	4700	=C4+D4
5	张思	销售	4450	650	5100	=C5+D5
6	前五	内勤	4150	350	4500	=C6+D6
7	赵七	业务	4450	350	4800	=C7+D7
8	杨六	经理	5150	650	5800	=C8+D8

图 3-3　相对引用实例

然而，任何事物都有其两面性，相对引用也不例外。假设工资的计算规则发生了变化，每个员工的补贴变成固定的 500 元（位于 G2 单元格），此时若依照之前的填充方式来计算，会得到什么样的结果呢？最终只有 D2 单元格加上了 500 元补贴，其他单元格则没有加上补贴。这是为什么呢？

观察公式后便可发现，原来公式中的 G 列单元格发生了相对移动，从 G2 一直自动变更到了 G8，而我们的预期是让 G2 固定不变。这时，"$" 符号便可派上用场。如图 3-4 所示，将 "G2" 修改为 "$G$2" 之后，在进行填充操作时，"G2" 就如同被固定住了一般，始终不会发生变化。一个不起眼的 "$" 符号，关乎着员工是否能正确获得补贴，可见这个符号价值连城。

这种保持单元格的固定引用、不随公式的复制而改变的方式，就是绝对引用。为了让函数公式更加灵活高效，需学会在不同情境下运用 "$" 符号。

	A	B	C	D	E	F	G
1	姓名	岗位	基本工资	总计	公式		补贴
2	刘大	外勤	4150		=C2+$G$2		500
3	王二	行政	4450		=C3+$G$2		
4	李三	内勤	4150		=C4+$G$2		
5	张思	销售	4450		=C5+$G$2		
6	前五	内勤	4150		=C6+$G$2		
7	赵七	业务	4450		=C7+$G$2		
8	杨六	经理	5150		=C8+$G$2		

图 3-4 绝对引用实例

重要提示：

在函数公式中输入 "$" 符号有以下两种方法：

① 传统输入法：在英文输入法环境下，按下 Shift+4。

② 快捷切换法：用鼠标选中需要设置为绝对引用的部分后，按 F4 键即可在相对引用和绝对引用之间进行切换。例如，对于公式中的 G2，连续按下 F4 键，可依次在 "G2" "$G$2" "G$2" "$2G" 等不同引用形式间循环切换。

3.2 数术神兵：计算函数揭秘

3.2.1 求和函数

1. 基础求和函数

1）SUM 函数

SUM 函数是 Excel 中最基本且常用的求和函数，它能够对指定的数值或单元格区域进行求和运算，具有丰富而强大的应用功能。例如，SUN 函数可以用于简单的数值相加，也可以结合条件进行条件求和、条件计数等复杂操作。

2）SUM 函数的语法结构

SUN 函数的语法结构如下：

SUM(number1，number2...number_n)

其中，number1，number2...number_n 为需要求和的数值或单元格引用，最多可以包含 255 个参数。SUM 函数的关键特性之一是它能够自动忽略数组或引用中的文本值和逻辑值，只对其中的数值进行统计和求和运算。因此，在处理包含混合数据类型（如数值和文本混排）的区域时，SUM 函数仍能准确地仅对数值部分进行求和。

3）使用 SUM 函数进行多表数据求和

在实际工作中，我们常常需要对多个工作表中的相同位置的数据进行汇总求和。例如，企业中各个部门的月度销售数据可能分布在不同的工作表中，管理人员可能需要在一个汇总表中查看各部门的销售数据总和，如图 3-5 所示。操作步骤如下：

（1）假设一月、二月的销售数据分别位于一个工作簿的两个工作表中（分别是"一月""二月"工作表），现在需要在一个名为"合计"的工作表中对这些数据进行求和统计。

（2）如图 3-5 所示，各分表的姓名排序与"合计"表的排序一致，并且在各分表中姓名对应的列均为 B 列。在"合计"表的 C3 单元格中输入以下公式，可以快速统计各人员在一月至二月的销售总金额：

=SUM('*'!C3)

输入公式后，Excel 会自动将其转换为

=SUM(一月:二月!C3)

图 3-5 多表格求和

2. 条件求和

1）认识 SUMIF 函数和 SUMIFS 函数

在日常工作中，条件求和是一种非常常见的需求，例如按指定的部门汇总工资额、计算某一品牌的销量等。SUMIF 函数和 SUMIFS 函数是 Excel 中最常用于条件求和的函数。

（1）SUMIF 函数

SUMIF 函数用于对单元格引用范围中符合某个指定条件的值求和。其语法如下：

SUMIF(range，criteria，[sum_range])

range：条件判断区域，即需要检查条件的单元格区域。

criteria：求和条件，可以是数字、表达式、文本字符串或单元格引用等。

sum_range：可选参数，需要求和的实际单元格区域。如果省略，则对 range 区域中的数值进行求和。

（2）SUMIFS 函数

SUMIFS 函数适合对区域中同时符合多个条件的单元格求和。其语法如下：

SUMIFS(sum_range，criteria_range1，criteria1，[criteria_range2，criteria2]，...)

sum_range：要求和的区域。

criteria_range1：条件计算的第一个单元格区域。

criteria1：对应 criteria_range1 的求和条件。

criteria_range2，criteria2：可选参数，为其他条件区域和对应的条件。

与 SUMIF 函数相比，SUMIFS 函数的求和区域（sum_range）位于函数的最开始部分，而 SUMIF 函数的求和区域通常位于最后。此外，SUMIFS 函数虽然也可用于单条件求和，但更适合于多条件求和。

2）使用 SUMIF 函数进行单条件求和

SUMIF 函数常用于对单元格引用范围中符合单个指定条件的值求和。

继续利用二月份销售额表为例，来计算业务员"林依依"的销售额，操作步骤如下（见图 3-6）：

为了计算指定业务员"林依依"的销售额，可以在 F3 单元格中输入以下公式：

=SUMIF(B3:B10，F3，D3:D10)

其中，B3:B10 是条件判断区域，用于检查业务员姓名是否与 F3 单元格中的姓名匹配；D3:D10 是求和区域，即需要求和的销售额数据。公式的作用是查找 B3:B10 中与 F3 单元格中姓名相同的记录，并对对应的 D3:D10 中的数值进行求和。

区域	姓名	销量/台	销售额/元		姓名	销售额/元
\multicolumn{4}{c	}{二月销售额}			
西安	林依依	64	40265		林依依	=SUMIF(B3:B10,F3,D3:D10)
兰州	刘叁	16	8105			
西安	张琪琪	28	5753			
兰州	李丽丽	52	2705			
西安	张琪琪	52	11441			
兰州	李丽丽	40	2045			
西安	林依依	40	18461			
兰州	刘叁	28	12329			

最终结果：

姓名	销售额/元
林依依	58726.00

图 3-6　条件求和

边学边练

请试着计算图 3-7 所示的表格中，销售额>10 000 元的销售额总和。

	A	B	C	D	E	F	G
			二月销售额				
	区域	姓名	销量/台	销售额/元		姓名	销售额/元
	西安	林依依	64	40265		林依依	58726.00
	兰州	刘叁	16	8105			
	西安	张琪琪	28	5753			销售额>10000
	兰州	李丽丽	52	2705			82496.00
	西安	张琪琪	52	11441			
	兰州	李丽丽	40	2045			
	西安	林依依	40	18461			
	兰州	刘叁	28	12329			

图 3-7　边学边练

3.2.2　统计函数

1. COUNT 函数

COUNT 函数用于计算包含数字的单元格的个数以及参数列表中数字的个数。

如图 3-8 所示，我们来计算这张表中总共有多少条记录。

A	B	C	D	E	F	G	H	I	J
月	日	凭证号数	部门	科目划分	发生额				
01	29	记-0023	一车间	邮寄费	5.00				
01	29	记-0021	一车间	出租车费	14.80		共有多少条记录		
01	31	记-0031	二车间	邮寄费	20.00		52.00		=count（F:F）
01	29	记-0022	二车间	过桥过路费	50.00				

图 3-8　COUNT 函数

在这个案例中，我们使用 F 列的数据进行统计，所以 COUNT 函数后直接使用 F:F，那么请同学们尝试使用 E 列数据进行统计，看看会得出什么答案？

通过尝试同学们应该发现，使用 E 列数据，统计出的答案为 0，这是为什么呢？

因为 COUNT 函数是对数值进行统计，而 E 列是文本，所以不进行统计。那么文本统计的时候，我们要使用什么函数呢？

2. COUNTA 函数

COUNTA 函数用于计算指定范围中不为空的单元格的个数。

接上一个案例，我们使用 E 列来统计这个表格中有多少条记录，如图 3-9 所示。

A	B	C	D	E	F	G	H	I	J
月	日	凭证号数	部门	科目划分	发生额				
01	29	记-0023	一车间	邮寄费	5.00				
01	29	记-0021	一车间	出租车费	14.80		共有多少条记录		
01	31	记-0031	二车间	邮寄费	20.00		53.00		=COUNTA（E:E）

图 3-9　COUNTA 函数

前面我们提到，使用 E 列数据进行统计时，COUNT 函数无法进行统计，但是 COUNTA 函数可以进行统计，COUNTA 函数不仅可以对数值型数据进行统计，也可以对文本型数值进行统计，只要单元格不是空值。但在这个案例中，使用 COUNTA 函数时，它会将表头内容也进行统计，所以使用 COUNT 函数更加准确。

3. COUNTIF 函数

COUNTIF 函数主要用于统计满足某个条件的单元格的数量，该函数的语法如下：

COUNTIF(range，criteria)

其中，第一参数表示统计数量的单元格范围；第二参数用于指定统计的条件。

下面使用成绩统计表来进行 COUNTIF 函数的演示，如图 3-10 所示。

这个案例中，我们可以看到每个学生的各科成绩记录。现在的任务是统计每个学生成绩及格（>=60）的课程数量。

首先，需要确定统计的单元格范围。在这个案例中，假设每个学生的成绩记录在一行，比如 B2:G2 代表某个学生各科的成绩。然后，需要设定条件，即成绩大于等于 60。

因此，使用的表达式应为

=COUNTIF(B2:G2，">=60")

注意，在这个表达式中，">=60" 必须用半角的英文双引号 """ 括起来。

接下来，当将这个公式应用到某个学生的成绩行时，COUNTIF 函数会在范围 B2:G2 中查找所有满足条件（>=60）的单元格，并返回这些满足条件的单元格的数目。例如，假设某学生在 B2:G2 范围内的成绩有 4 个科目成绩大于等于 60，那么该公式将返回结果 4，表示该学生有 4 门课程成绩及格。

学科\姓名	数学	语文	英语	化学	体育	生物	及格数	
李明	39.0	55.0	90.0	39.0	56.0	60.0	2.0	countif（B2:G2，">60"）
王小二	60.0	64.0	77.0	55.0	71.0	64.0	5.0	
郑准	86.0	79.0	98.0	90.0	99.0	91.0	6.0	
张大民	77.0	85.0	83.0	77.0	83.0	55.0	5.0	
李节	43.0	47.0	54.0	85.0	47.0	71.0	2.0	
阮大	56.0	71.0	0.0	83.0	84.0	77.0	4.0	
孔庙	90.0	89.0	98.0	88.0	85.0	91.0	6.0	
张三	45.0	67.0	88.0	97.0	46.8	55.8	3.0	
吴柳	77.0	88.0	67.0	56.0	76.5	48.9	4.0	
田七	65.0	55.0	44.0	0.0	65.0	88.0	3.0	
刘戡	95.0	96.0	94.0	89.0	98.0	99.0	6.0	
蔡延	78.0	0.0	82.0	83.0	79.0	90.0	5.0	
周阙	44.0	32.0	45.0	67.0	60.0	61.0	3.0	
王启	77.0	98.0	28.0	45.0	70.0	85.0	4.0	

图 3-10 COUNTIF 函数

3.2.3 其他计算函数

1. 求平均值函数：AVERAGE

AVERAGE 函数用于返回参数的算术平均值。该函数的基本语法如下：

AVERAGE(number1, [number2], ...)

其中，number1 是必选参数，为要计算平均值的第一个数字、单元格引用或单元格区域；number2 及后续参数是可选的，最多可以指定 255 个参数。

2. 求最大值和最小值：MAX/MIN

MIN 函数和 MAX 函数在 Excel 中用于查找一组数值中的最小值和最大值。它们是 Excel 中非常基础且实用的函数，广泛应用于数据统计和分析场景中。

（1）认识 MIN 函数。

MIN 函数用于返回一组数值中的最小值。其语法如下：

$$\text{MIN(number1，number2，…number\_n)}$$

参数 number1，number2，…number_n 是要查找最小值的数值或单元格引用，最多可以包含 255 个参数。

（2）认识 MAX 函数。

MAX 函数与 MIN 函数相对应，用于返回一组数值中的最大值。它的语法与 MIN 函数类似：

$$\text{MAX(number1，number2，…number\_n)}$$

参数 number1，number2，…number_n 是要查找最大值的数值或单元格引用，同样最多可以包含 255 个参数。

具体案例可以沿用前面讲过的成绩表进行举例，如图 3-11 所示。

学科 姓名	数学	语文	英语	化学	体育	生物	平均分	最高分	最低分
李明	39.0	55.0	90.0	39.0	56.0	60.0	AVERAGE(B2:G2)	MAX(B2:G2)	MIN(B2:G2)
王小二	60.0	64.0	77.0	55.0	71.0	64.0	65.2	77.0	55.0
郑准	86.0	79.0	98.0	90.0	99.0	91.0	90.5	99.0	79.0
张大民	77.0	85.0	83.0	77.0	83.0	55.0	76.7	85.0	55.0
李节	43.0	47.0	54.0	85.0	47.0	71.0	57.8	85.0	43.0
阮大	56.0	71.0	0.0	83.0	84.0	77.0	61.8	84.0	0.0
孔庙	90.0	89.0	98.0	88.0	85.0	91.0	90.2	98.0	85.0
张三	45.0	67.0	88.0	97.0	46.8	55.8	66.6	97.0	45.0
吴柳	77.0	88.0	67.0	56.0	76.5	48.9	68.9	88.0	48.9
田七	65.0	55.0	44.0	0.0	65.0	88.0	52.8	88.0	0.0
刘戬	95.0	96.0	94.0	89.0	98.0	99.0	95.2	99.0	89.0
蔡延	78.0	0.0	82.0	83.0	79.0	90.0	68.7	90.0	0.0
周阚	44.0	32.0	45.0	67.0	60.0	61.0	51.5	67.0	32.0
王启	77.0	98.0	28.0	45.0	70.0	85.0	67.2	98.0	28.0

图 3-11 求平均分、最高分和最低分

3.3 逻辑迷宫：条件函数梳理

3.3.1 IF 函数

1. 函数概念

逻辑函数是 Excel 中进行条件判断的核心工具，通过对数据真实性检验、多条件复合判断等操作，实现智能化数据处理。作为最常用的逻辑函数，IF 函数既能独立完成基础条件判断，又能与 AND、OR、VLOOKUP 等函数嵌套使用，构建复杂的数据分析模型。

2. 函数语法

=IF（逻辑测试，结果为真时的返回值，结果为假时的返回值）

（1）逻辑测试（必填）：包含比较运算符（如>、<、=）或逻辑表达式（如A1=B1），产生TRUE/FALSE的判断结果。

（2）真值返回（必填）：当测试条件成立时输出的数值、文本或公式。

（3）假值返回（可选）：当测试条件不成立时返回的内容，若省略则默认返回FALSE。

3. 实操案例

如图3-12所示的课程成绩统计案例中，学分判定规则表面包含4个分数区间（<60、≥60、>80、>90），但核心逻辑实为二元条件判断：当成绩≥60分时授予2学分，成绩<60分时标注"补考"。此案例需特别注意表面条件描述与实质判断标准的关系——虽然示例提及80/90分档，但当前执行标准仅以60分为阈值，高阶分段规则实为后续嵌套函数教学预留的扩展接口（参见3.4节）。通过构建公式=IF（C2>=60，2，"补考"），在D2单元格进行逻辑测试（C列成绩数据）、定义真值返回值（数值型学分）与假值返回值（文本型补考提示），使用填充柄向下拖拽即可批量完成判定（案例结果见图3-12）。

需重点防范三个典型错误：将多区间误作多条件、未区分数值与文本的格式规范、相对引用导致的公式错位，同时明确当实际存在多阈值时，应升级为IFS函数或查表法。

学号	姓名	成绩	学分		成绩	学分
		数据分析课程期末成绩表				
LZ454	赵勇	53			>90	2
LZ061	李刚	56			>80	2
LZ500	陈秀珍	61			>=60	2
LZ179	王林	53			<60,>0	补考
LZ201	张玉英	0				
LZ186	陈芳	35				
LZ399	张桂芳	84				
LZ273	刘俊	62				
LZ308	王玉华	0				
LZ418	王兵	42				
LZ311	王桂珍	88				
LZ259	张宁	0				
LZ450	陈玉英	79				
LZ013	王丽	38				
LZ215	刘平	85				

学号	姓名	成绩	学分
LZ454	赵勇	53	IF(C3>=60,2,"补考")
LZ061	李刚	56	补考
LZ500	陈秀珍	61	2
LZ179	王林	53	补考
LZ201	张玉英	0	补考
LZ186	陈芳	35	补考
LZ399	张桂芳	84	2
LZ273	刘俊	62	2
LZ308	王玉华	0	补考
LZ418	王兵	42	补考
LZ311	王桂珍	88	2
LZ259	张宁	0	补考
LZ450	陈玉英	79	2
LZ013	王丽	38	补考
LZ215	刘平	85	2

数据分析课程期末成绩表

成绩	学分
>90	2
>80	2
>=60	2
<60,>0	补考

图 3-12 IF 函数案例数据展示及结果展示

3.3.2 IFS 函数（多重 IF 嵌套）

在上个案例学分判定的基础上，新增等级划分规则（见图 3-13）。

数据分析课程期末成绩表

学号	姓名	成绩	学分	等级
LZ454	赵勇	53		
LZ061	李刚	56		
LZ500	陈秀珍	61		
LZ179	王林	53		
LZ201	张玉英	0		
LZ186	陈芳	35		
LZ399	张桂芳	84		
LZ273	刘俊	62		
LZ308	王玉华	0		
LZ418	王兵	42		
LZ311	王桂珍	88		
LZ259	张宁	0		
LZ450	陈玉英	79		
LZ013	王丽	38		
LZ215	刘平	85		

成绩	学分	等级
>90	2	A 级
>80	2	B 级
>=60	2	C 级
<60,>0	补考	D 级

图 3-13 IFS 函数案例数据展示

首先使用 IF 函数嵌套的方式进行操作,表达式如下:

=IF(C2<60, "D 级", IF(C2>=60, "C 级", IF(C2>80, "B 级", "A 级")))

这种方法的优点是兼容所有 Excel 版本,缺点是嵌套层级多,易出错。
其次使用 IFS 函数的方式进行操作,表达式如下:

=IFS(C2<60, "D 级", C2>=60, "C 级", C2>80, "B 级", C2>=90, "A 级")

这种方法的优点是逻辑直观、易维护,缺点是仅支持 Excel 2019+版本。

重要提示:
① 嵌套层级管理:Excel 2019+版本支持 64 层嵌套,建议超过 3 层时改用 IFS 函数。
② 逻辑顺序优化:多个条件判断时,应按条件严格程度按顺序进行排列。

3.3.3 复合逻辑函数——AND 与 OR 函数

1. AND 与 OR 函数

AND 函数与 OR 函数分别对应逻辑运算中的"与""或"关系。
AND 函数要求所有参数条件同时成立时返回 TRUE,任一条件不满足则返回 FALSE。
OR 函数则在至少一个条件成立时返回 TRUE,仅当全部条件均不成立时返回 FALSE。
两类函数常用于多条件联合判定场景,如数据筛选、分级规则设定等。

2. 实操实验

下面给出两个案例数据分别来展示 AND 函数和 OR 函数的应用,数据如图 3-14 所示。

性别	年龄	奖金
男	63	
女	62	
男	38	
女	32	

条件要求:
对于60岁以上(含)的男性员工给予1000元奖金

性别	年龄	奖金
男	63	
女	62	
男	38	
女	32	
男	50	

条件要求:
对于60岁以上或40岁以下的员工给予1000元奖金

图 3-14 AND 与 OR 函数案例数据展示

在这个案例数据中,第一个案例要求给所有 60 岁以上的男性员工给予 1 000 元的奖金,分析题干条件,给出的两个条件是"男性"和"60 岁以上",当这两个条件全部满足才可以发奖金,所以使用的是 AND 函数,表达式如下:

=IF(AND(B2>60, A2="男"), 1000, 0)

第二个案例要求给 60 岁以上或 40 岁以下的员工给予 1 000 元奖金，这里的两个条件是"60 岁以上"或者"40 岁以下"，所以使用的是 OR 函数，表达式如下：

=IF(OR(B11>60，B11<40)，1000，0)

案例结果如图 3-15 所示。

	A	B	C
	性别	年龄	奖金
	男	63	1000.00
	女	62	0.00
	男	38	0.00
	女	32	0.00

性别	年龄	奖金
男	63	1000.00
女	62	1000.00
男	38	1000.00
女	32	1000.00
男	50	0.00

图 3-15　AND 与 OR 函数案例数据结果

边学边练

在前面的学习中，我们已经掌握了 AND 函数和 OR 函数的基本用法。现在，依然使用前面的案例数据，但条件变为：对于 60 岁以上的男员工或 40 岁以下的女员工给予 1 000 元奖金。具体数据如表 3-4 所示。

表 3-4　案例数据

性别	年龄	奖金
男	63	
女	62	
男	38	
女	32	

首先，需要仔细解析这个条件。这个条件中既包含了 AND 运算，又包含了 OR 运算。因此，必须明确这两个条件之间的层级关系，是 AND 包括了 OR，还是 OR 包括了 AND。

其次在这个条件中，可以将其拆解为两个子条件：

① 60 岁以上的男员工；

② 40 岁以下的女员工。

这两个子条件之间是 OR 的关系，即满足其中一个条件即可。而每个子条件内部又包含了 AND 的关系，例如"60 岁以上的男员工"这个子条件中，员工必须同时满足"年龄大于等于 60"和"性别为男"这两个条件。

因此，整个条件的层级关系是：OR 包括了 AND。也就是说，需要先分别判断每个子条件中的 AND 关系是否成立，然后再将这两个子条件的结果用 OR 运算进行合并。

最后根据上述解析，可以构建如下公式来判断员工是否符合奖金发放条件：

=IF(OR(AND（年龄>=60，性别="男"），AND（年龄<40，性别="女"）），1000，"0")

通过这个案例，我们深入理解了 AND 函数和 OR 函数在复杂条件判断中的综合运用。在面对包含多个条件的实际情况时，需要仔细分析条件之间的关系，明确 AND 和 OR 的层级关系，然后合理地构建公式，以实现准确的数据判断和处理。函数只是工具，最重要的是要理顺思维。只有清晰地理解问题的本质和条件之间的逻辑关系，才能正确地运用函数来解决问题。这种综合运用逻辑函数的能力，对我们在 Excel 中进行高效的数据分析和决策具有重要意义。

3.4 多元妙用：其他函数精选

3.4.1 文本函数——如何提取字符

日常工作中，字符串提取的应用非常广泛。例如，从身份证号码中提取出生日期、从产品编号中提取字符来判断产品的类别等。常用于字符提取的函数主要包括 LEFT、RIGHT、MID 函数，下面我们将详细介绍这三个函数的应用。

1. LEFT 函数的应用

1）LEFT 函数

LEFT 函数可根据所指定的字符数，返回文本字符串中第一个字符或前几个字符，其基本语法如下：

LEFT(text，[num_chars])

其中，text 是包含要提取字符的文本字符串，为必选参数；num_chars 是指定要提取的字符的数量，为可选参数。如果不指定 num_chars，则默认提取 text 最左侧的第一个字符。

2）实操案例

本案例中，我们给出几个简单的学生花名册，包括学生的姓名、性别、家庭住址和身份证号码，现在需要从具体的家庭地址来提取学生所在的省份。案例数据如表 3-5 所示。

表 3-5 学生花名册

姓名	性别	家庭地址	身份证号码	提取地区
张三	女	甘肃省兰州市畅家巷	000000199001015020	
李四	男	陕西省咸阳市中山林	000000198703146010	
王五	男	山东省威海市王家庄	000000199508195076	

根据表中家庭地址字段，可以观察到省份名称位于地址的最前端，且每个省份名称由三个汉字组成。因此，可以使用 LEFT 函数来提取家庭地址中的省份。

在"提取地区"列对应的单元格中输入以下公式：

=LEFT(C2，3)

其中，C2 是对应学生家庭地址所在的单元格，数字 3 表示提取前三个字符。通过应用该公式，可以快速获取学生所在省份的信息。

2. MID 函数的应用

1）MID 函数

MID 函数用于在字符串任意位置上返回指定数量的字符，函数语法如下：

$$\text{MID(text, start\_num, num\_chars)}$$

其中，第一参数是包含要提取字符的文本字符串，第二参数用于指定文本中要提取的第一个字符的位置，第三参数指定返回字符的个数。无论是单字节还是双字节字符，MID 函数始终将每个字符按 1 计数。

2）实操案例

接上个案例，可以从身份证号码中提取生日，案例数据如表 3-6 所示。

表 3-6 学生花名册

姓名	性别	家庭地址	身份证号码	提取生日
张三	女	甘肃省兰州市畅家巷	000000199001015020	
李四	男	陕西省咸阳市中山林	000000198703146010	
王五	男	山东省威海市王家庄	000000199508195076	

通常情况下，身份证号码的第 7 到 14 位代表个人的出生日期，格式为 yyyymmdd。例如，张三的身份证号码为 000000199001015020，第 7 到 14 位是 19900101，表示出生日期为 1990 年 1 月 1 日。要从身份证号码中提取出生日期，就要使用 MID 函数。

在"提取生日"列对应的单元格中输入以下公式：

$$=\text{MID(D2，7，8)}$$

其中，D2 是对应学生身份证号码所在的单元格。数字 7 表示起始位置，数字 8 表示提取 8 个字符。通过应用该公式，可以快速获取学生的出生日期信息。

3. RIGHT 函数的应用

1）RIGHT 函数

RIGHT 函数根据所指定的字符数，返回文本字符串中最后一个或多个字符，函数语法与 LEFT 函数类似。

2）实操案例

沿用前面的案例数据，现在要从家庭地址中提取最后三位的具体地址，数据如表 3-7 所示。

表 3-7 学生花名册

姓名	性别	家庭地址	身份证号码	提取地址
张三	女	甘肃省兰州市畅家巷	000000199001015020	
李四	男	陕西省咸阳市中山林	000000198703146010	
王五	男	山东省威海市王家庄	000000199508195076	

在"提取地址"列对应的单元格中输入以下公式：

=RIGHT(C2，3)

其中，C2 是对应学生家庭地址所在的单元格，数字 3 表示提取后三个字符。通过应用该公式，可以快速获取学生所在地址信息。

重要提示：
① 提取长度应根据实际数据格式预先核实，避免因提取长度错误而遗漏或多余信息。
② 当与其他函数嵌套使用，如与 TEXT、CONCATENATE 函数结合时，应提前整理逻辑，增强准确性。
③ 注意文本是否存在空格、特殊符号，避免干扰。

3.4.2 认识 MOD 函数

1. MOD 函数

在数学概念中，余数是被除数与除数进行整除运算后剩余的数值，其绝对值必定小于除数的绝对值。例如，13 除以 5，余数为 3。

MOD 函数用于返回两数相除后的余数，其结果的正负号与除数相同，函数的语法结构如下：

MOD(number, divisor)

其中，第一参数 number 表示被除数，第二参数 divisor 表示除数。

2. 实操案例

继续沿用前文案例数据，如表 3-8 所示。在身份证号码中，第 17 位数字可以用来判断性别，奇数表示男性，偶数表示女性。因此，可以利用 MOD 函数来实现这一判断。

表 3-8 学生花名册

姓名	家庭地址	身份证号码	提取性别
张三	甘肃省兰州市畅家巷	0000000199001015020	
李四	陕西省咸阳市中山林	000000198703146010	
王五	山东省威海市王家庄	000000199508195076	

在"提取性别"列对应的单元格中输入以下公式：

=IF(MOD(MID(D2，17，1)，2)=1,"男","女")

其中，D2 是对应学生身份证号码所在的单元格。首先使用 MID（D2，17，1）提取身份证号码的第 17 位数字，然后用 MOD 函数计算该数字除以 2 的余数。如果余数为 1，则表示为男性；如果余数为 0，则表示为女性。

3.4.3 四舍五入 ROUND 函数

1. ROUND 函数

ROUND 函数是最常用的四舍五入函数之一，用于将数字四舍五入到指定的位数。该函数对需要保留位数的右边 1 位数值进行判断，若小于 5 则舍弃，若大于等于 5 则进位。函数的语法结构如下：

ROUND(number，num_digits)

其中，ROUND 函数第一参数是需要修约的数值，第二参数用于指定小数位数。若为正数，则对小数部分进行四舍五入；若为负数，则对整数部分进行四舍五入。

2. 实操案例

如表 3-9 所示是某公司的销售数据，提成比例为 13.3%。现在需要根据 C 列的销售额计算销售提成，计算结果四舍五入到整数。

表 3-9 销售数据

区域	姓名	销售额/元	提成额/元
西安	林依依	40 265	
兰州	刘叁	8 105	
西安	张琪琪	5 753	
兰州	李丽丽	2 705	
西安	张琪琪	11 441	
兰州	李丽丽	2 045	
西安	林依依	18 461	
兰州	刘叁	12 329	

在"提成额/元"列对应的单元格中输入以下公式：

=ROUND(C2 * 0.133, 0)

其中，C2 是对应销售人员的销售额所在的单元格。0.133 是提成比例，0 表示将结果四舍五入到整数位。通过应用该公式，可以根据销售人员的销售额计算出相应的提成金额，并确保提成金额为整数。

3.4.4 认识 DATEDIF 函数

1. DATEDIF 函数

DATEDIF 函数用于计算两个日期之间的天数、月数或年数。Excel 的函数列表中没有显示此函数，帮助文件中也没有相关说明。DATEDIF 是一个隐藏的、但是功能十分强大的日期函数。

该函数的基本语法如下：

DATEDIF(start_date，end_date，unit)

其中，第一参数表示时间段内的起始日期，可以写成带引号的日期文本串（例如"2014/1/30"）或是单元格引用，第二参数代表时间段内的结束日期，第三参数为所需信息的返回类型，该参数区分大小写。不同的第三参数返回的结果如表 3-10 所示。

表 3-10 函数返回结果

unit 参数	函数返回结果
Y	整年数
M	整月数
D	天数

2. 实操案例

继续沿用前文的案例，前面已经从身份证号码中提取了出生年月，现在可以利用 DATEDIF 函数来计算截至目前的年龄。案例数据表 3-11 所示。

表 3-11 学生花名册

姓名	性别	身份证号码	出生日期	计算年龄
张三	女	000000199001015020	1990/1/1	
李四	男	000000198703146010	1987/3/14	
王五	男	000000199508195076	1995/8/19	

在"计算年龄"列对应的单元格中输入以下公式：

=DATEDIF(E2，TODAY()，"Y")

其中，E2 是对应学生出生日期所在的单元格。TODAY()函数用于返回当前日期。"Y"参数表示计算整年数，即年龄。通过应用该公式，可以快速计算出学生当前的年龄，为学籍管理等提供准确的年龄信息。

3.4.5 认识 RANK 函数

1. RANK 函数

在数据分析和排名统计中，RANK 函数是一个非常实用的工具，可以帮助我们快速确定某一数值在数据集中的位置。

RANK 函数用于返回一列数字中某一数字的排位。函数的基本语法如下：

RANK(number，ref，[order])

其中，number 是要对其排位的数字，为必选参数。ref 是对数字列表的引用，可以是单元格区域或数字数组，为必选参数。order 是一个可选参数，用于指定数字排位的方式。如果为零或省略，表示按照从大到小的顺序（降序）进行排序；如果为非零值，则表示按照从小到大的顺序（升序）进行排序。

2. 实操案例：计算销售排名

继续使用前文中的销售数据，如表 3-12 所示。现在需要根据 C 列的销售额计算销售排名。

表 3-12　销售数据

区域	姓名	销售额/元	销售额排名
西安	林依依	40 265	
兰州	刘叁	8 105	
西安	张琪琪	5 753	
兰州	李丽丽	2 705	
西安	张琪琪	11 441	
兰州	李丽丽	2 045	
西安	林依依	18 461	
兰州	刘叁	12 329	

在"销售排名"列对应的单元格中输入以下公式：
=RANK(C2，$C$2:$C$9，0)

其中，C2 是对应销售人员销售额所在的单元格。$C$2:$C$9 是对销售额区域的绝对引用，确保在拖动公式时引用的范围不变。0 表示按照从大到小的顺序进行排序。通过应用该公式，可以快速准确地计算出每个销售人员的销售额排名。

3.4.6　查找匹配函数——VLOOKUP 函数的应用

1. VLOOKUP 函数

在数据处理和分析过程中，经常需要在数据表中查找满足特定条件的数据所在位置或者将其所对应的其他字段信息匹配提取出来。使用查找、引用类函数构建公式，可以很方便地进行此类查询或匹配操作。

VLOOKUP 函数是使用频率非常高的查询函数之一，其基本语法如下：
VLOOKUP(lookup_value, table_array, col_index_num, [range_lookup])

各参数的含义如下：

lookup_value：要查询的值，为必选参数。

table_array：需要查询的单元格区域，这个区域中的首列必须包含查询值，否则公式将返回错误值。

col_index_num：指定返回查询区域中第几列的值，为必选参数。

range_lookup：决定函数的查找方式，是一个可选参数。如果为 0 或 FALSE，表示使用精确匹配方式；如果为 TRUE 或被省略，则表示使用近似匹配方式，同时要求查询区域的首列按升序排序。

该函数的语法可以理解为：从 table_array 的首列查找 lookup_value，并返回 table_array 中同一行对应第 col_index_num 列的值。其中，range_lookup 参数用于指定是精确匹配还是近似匹配。

2. 实操案例：查找特定员工的销售额

沿用前文案例的销售表来展示 VLOOKUP 函数的使用，如表 3-13 所示。

表 3-13　销售数据

区域	姓名	销售额/元
西安	林依依	40265
兰州	刘叁	8105
西安	张琪琪	5753
兰州	李丽丽	2705

现在，想要通过销售员的姓名来查询他们的销售额。例如，查找李丽丽的销售额。在相应的单元格中输入以下公式：

=VLOOKUP("李丽丽", A2:C5, 3, FALSE)

公式解析：

lookup_value："李丽丽"是要查找的值。

table_array：A2:C5 是包含数据的区域，首列（即 A 列）包含了要查找的姓名。

col_index_num：3 表示要返回的是查询区域中第 3 列（即销售额列）的值。

range_lookup：FALSE 表示使用精确匹配方式。

通过应用该公式，可以快速准确地找到李丽丽的销售额，为数据查询和分析提供了便利。

本章小结

本章系统学习了 Excel 中各类函数的应用，旨在提升学生在数据处理和分析中的技术能力与思维素养。

首先，阐述了函数与公式的基本概念，包括公式的构成要素、运算符的种类与优先级、单元格引用方式等，为后续学习奠定基础。

接着，详细介绍了文本函数（LEFT、RIGHT、MID）、逻辑函数（IF、AND、OR）、计算函数（SUM、SUMIF、SUMIFS、AVERAGE、MAX、MIN、COUNT、COUNTA、COUNTIF）、日期函数（DATEDIF）以及排序函数（RANK）等的语法和应用场景，通过实例展示如何运用这些函数进行数据提取、条件判断、数值计算、日期差计算以及数据排序等操作，帮助学生掌握不同函数的特点和使用方法。

在数据引用方面，强调了相对引用、绝对引用和混合引用的概念及应用，通过实例说明如何在函数中正确使用"$"符号来固定单元格引用，确保数据计算的准确性。

最后，介绍了 VLOOKUP 函数的语法和应用，通过实例展示如何在数据表中查找满足特定条件的数据，实现数据的快速匹配和提取，提高数据的查询效率。

通过本章的学习，学生不仅可以掌握 Excel 中各类函数的技术细节，还培养了数据处理和分析的思维能力，为今后在学习和工作中高效运用 Excel 解决实际问题提供了有力支持。

思考题

1. 单选题

（1）以下哪个函数用于返回文本字符串中第一个字符或前几个字符？（　　　）

A. RIGHT　　　　　B. MID　　　　　C. LEFT　　　　　D. FIND

（2）在 Excel 中，哪个函数用于计算两个日期之间的天数、月数或年数？（　　）

A. DATEDIF　　　B. DATE　　　C. NOW　　　D. TODAY

（3）以下哪个函数用于返回一列数字中某一数字的排位？（　　）

A. RANK　　　B. LARGE　　　C. SMALL　　　D. PERCENTRANK

（4）在 VLOOKUP 函数中，第四个参数决定函数的查找方式，如果为 0 或 FALSE，表示使用什么匹配方式？（　　）

A. 近似匹配　　　B. 精确匹配　　　C. 模糊匹配　　　D. 范围匹配

（5）以下哪个函数用于对单元格引用范围中符合某个指定条件的值求和？（　　）

A. SUMIF　　　B. COUNTIF　　　C. AVERAGEIF　　　D. MAXIF

（6）在 Excel 中，哪个函数用于返回一组数值中的最小值？（　　）

A. MIN　　　B. MAX　　　C. LARGE　　　D. SMALL

（7）在 Excel 中，哪个函数用于返回参数的算术平均值？（　　）

A. AVERAGE　　　B. MEAN　　　C. MEDIAN　　　D. MODE

（8）以下哪个函数用于将数字四舍五入到指定的位数？（　　）

A. ROUND　　　B. TRUNC　　　C. INT　　　D. CEILING

（9）在 Excel 中，哪个函数用于计算两个数相除后的余数？（　　）

A. QUOTIENT　　　B. REM　　　C. DIV　　　D. MOD

（10）在 Excel 中，哪个函数用于返回指定区域中非空单元格的数量？（　　）

A. COUNT

B. COUNTA

C. COUNTBLANK

D. COUNTIF

2. 多选题

（1）以下哪些函数可以用于文本提取？（　　）

A. LEFT　　　B. RIGHT　　　C. MID　　　D. SUM

（2）以下哪些函数可以用于数值计算？（　　）

A. SUM　　　B. AVERAGE　　　C. MAX　　　D. MIN

（3）以下哪些函数可以用于日期计算？（　　）

A. DATEDIF　　　B. DATE　　　C. NOW　　　D. TODAY

（4）以下哪些函数可以用于查找匹配？（　　）

A. VLOOKUP　　　B. HLOOKUP　　　C. MATCH　　　D. INDEX

（5）以下哪些函数可以用于数据验证？（　　）

A. IF　　　B. AND　　　C. OR　　　D. COUNT

3. 简答题

（1）说明 Excel 中 VLOOKUP 函数的基本功能及主要参数。

（2）简述 Excel 中 RANK 函数的功能及语法。

（3）Excel 中的 DATEDIF 函数有何用途？请写出其基本语法。

复习提纲

第3章 函数宝典：数据操控的四大支柱			
3.1 启程初探：公式函数筑基	3.2 数术神兵：计算函数揭秘	3.3 逻辑迷宫：条件函数梳理	3.4 多元妙用：其他函数精选
1.公式：数据驾驭之匙 2.函数：智慧的运算精灵 ─ 函数的参数／填充／运算	1.求和函数 ─ SUM函数／SUMIF函数 2.统计函数 ─ COUNT函数／COUNYIF函数 3.其他计算函数 ─ AVERAGE函数（求平均值）／MAX函数（求最大值）／MIN函数（求最小值）	1.IF函数 2.IFS函数（多重IF嵌套） 3.复合逻辑函数——AND与OR函数	1.文本函数——如何提取字符 ─ LEFT函数的应用／MID函数的应用／RIGHT函数 2.认识MOD函数 3.四舍五入ROUND函数 4.认识DATEDIF函数 5.认识RANK函数 6.查找匹配函数——VLOOKUP函数的应用

第 4 章　视觉叙事：Excel 图表的魔法

学习目标

○ 知识目标

（1）了解基础图表的特点与适用场景，明确不同图表在数据可视化中的作用。
（2）熟悉图表的构成元素，如图表区、绘图区、坐标轴等，理解各元素的功能。
（3）认识组合图表的概念，掌握常见组合图表的类型及其适用情况。

○ 技能目标

（1）能够根据实际数据需求，熟练创建并美化柱形图、折线图、饼图等基础图表。
（2）熟练运用 Excel 制作组合图表，合理搭配数据系列，进行图表美化与优化。
（3）独立完成数据可视化任务，从数据整理到图表制作与优化，有效展示数据信息。

○ 素养目标

（1）培养对数据的敏感度和洞察力，从数据中提取关键信息，通过图表直观呈现。
（2）强化图表审美意识，注重图表美观性与实用性结合，提升图表布局和色彩搭配能力。
（3）培养严谨细致的态度，确保数据处理和图表制作的准确性与规范性。
（4）提升团队协作能力，通过小组合作完成图表制作项目，学会分工协作和沟通交流。

思政融合：数据可视化与信息传达的责任感

在数字化浪潮席卷各领域的当下，Excel 作为常用的数据处理工具，其图表功能为我们呈现数据背后的故事提供了强大功能。然而，数据可视化并非简单的图形展示，它承载着信息传达的重要使命，关乎着个人、企业乃至社会的诸多方面。本章将聚焦于 Excel 图表，探索如何将思政元素融入其中，培养学生的责任感。

1. 数据真实性与 Excel 图表制作

当我们在 Excel 中制作图表用于展示某产品的销售数据时，必须确保数据来源真实可靠。例如，某学生小组受商家委托制作产品销售趋势图，若为迎合商家期望而虚增销售数据，会导致商家做出错误的市场判断，如过度生产、盲目扩张销售渠道等，最终可能造成资源浪费、资金链断裂等问题。这要求我们在数据录入阶段就严谨对待，如实反映产品在各时间段、各地区的销售情况，培养学生诚实守信的品质。

2. 信息传达的客观性与图表设计

Excel 图表的设计元素，如颜色、坐标轴刻度等，都会影响信息传达的效果。以展示某地区不同年龄段人口分布的饼图为例，若为突出某个年龄段而故意放大其所占扇形区域或使用过于鲜艳的颜色，会使观看者产生误解，认为该年龄段人口占主导地位。这可能误导当地政府在资源分配、政策制定上出现偏差，如过度向某一年龄段倾斜教育资源或医疗资源。因此，在设计图表时，要遵循客观公正的原则，合理设置图表元素，准确传达信息，让学生明白客观准确地呈现数据是信息传达者的责任。

3. 数据可视化与社会责任

我们可以利用 Excel 图表关注社会热点问题，如环境污染。通过收集某城市不同区域的空气质量数据，在 Excel 中制作柱状图或折线图，直观展示各区域空气质量的差异及变化趋势。学生可以分析图表，找出污染较严重的区域，思考可能的污染源，并提出改善建议，如加强工业废气排放监管、推广绿色出行等。这不仅提升了学生的数据分析能力，更激发了他们关注社会、改善环境的社会责任感。

思考与讨论

（1）在制作 Excel 图表时，你认为如何平衡数据的吸引力与真实性？在追求图表美观的同时，怎样确保不歪曲数据？

（2）作为一名 Excel 用户，在利用图表传达信息时，你将如何考虑受众的需求和利益，避免因图表误导给受众带来不良影响？

4.1 初探图表：基础图表的类型与选用

图表是数据可视化的有力工具，它赋予数据以图形的形式，生动且直观地展现数据间的内在规律和相互联系，将纷繁复杂的数据简洁地呈现。在制作图表之前，首要任务就是准确选择图表类型，倘若走入误区，选取不合适的图表类型，那效果将适得其反。

在 Excel 中，其内置了丰富的图表类型，涵盖了柱形图、折线图、条形图、饼图、面积图、散点图等多种基本选择。

尽管 Excel 提供了数量可观的图表类型供用户甄选，然而在日常实践中，使用频率较高的仍是折线图、饼图等常见的几种。这些基础图表虽然构造简单，但其优势也在于此——简约不烦琐，便于读者迅速抓住核心要点。明白易懂的图表，才是"数据可视化"的本质目标，这正是我们制作图表的核心追求。接下来，将详细阐述一些常见的基础图表类型。

4.1.1 柱形图

1. 柱形图简介

柱形图，又称为"簇状柱形图"，在众多图表类型中，它凭借极易理解的特性以及广泛的适用性，稳居最受欢迎图表榜单前列。它仿佛是数据可视化的"万金油"，各类数据似乎都能往其框架里套用。然而，事物都具有两面性，过于全面的适用性也意味着它在特定场景下缺乏独一无二、令人眼前一亮的突出特点，这在某种程度上也成为它的短板。

2. 柱形图的特点

在实际操作中，可以通过以下步骤创建柱形图：

首先，将鼠标光标定位到表格内的任意一个单元格中，接着点击鼠标右键，在弹出的菜单中选择"插入"选项，随后在子菜单中点击"推荐的图表"，在图表类型列表中选择默认的簇状柱形图，即可快速生成反映成绩数据的柱形图，具体效果如图4-1所示。

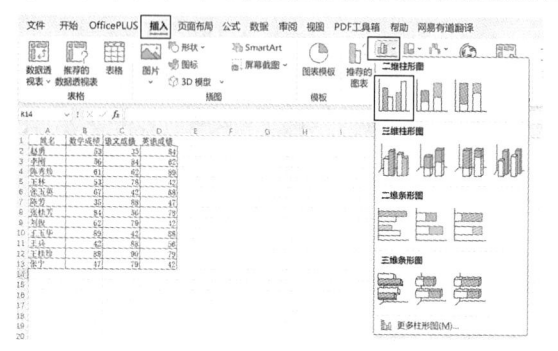
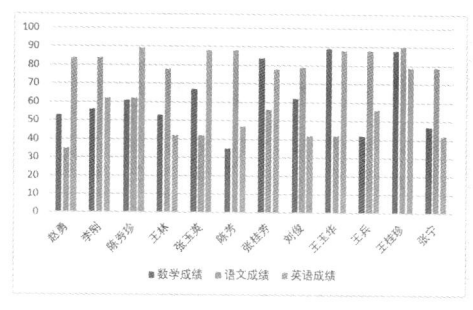

图4-1 成绩柱状图

从视觉效果来看，人眼对柱子高度的差异具有敏锐的感知能力，因此柱形图的辨识效果较为出色。不过，当 X 轴的数据量持续增加时，图表会不断向右侧延伸，此时辨识效果将大打折扣。究其原因，在人们的日常阅读习惯中，从上往下的顺序更为自然（这也是大多数人习惯使用竖表的原因之一）。一旦图表中的柱子数量过多，视觉上就会给人一种密密麻麻、杂乱无章的感觉，让人难以迅速聚焦关键信息，出现"无从下眼"的情况。例如，图4-1中呈现了几十根"柱子"，在阅读时就会让人稍感费劲。假设我们仅对学生的总成绩制作柱形图，对比如图4-2所示。

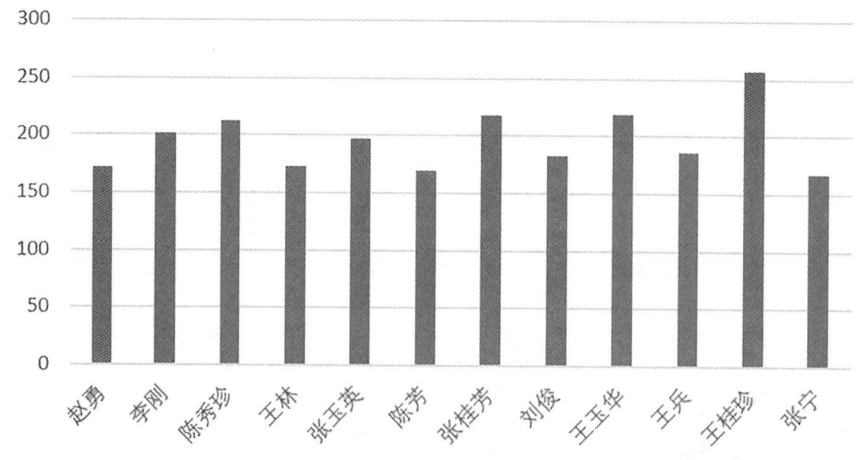

图4-2 汇总成绩柱状图

通过对比可以明显看出，减少"柱子"数量后，图表的视觉负担显著减轻，用户能够轻松地抓住图表所要传达的重点信息。

但是我们发现图中的数据依然显得杂乱，此时，可以对汇总成绩进行排序后，再制作柱状图，如图 4-3 所示。

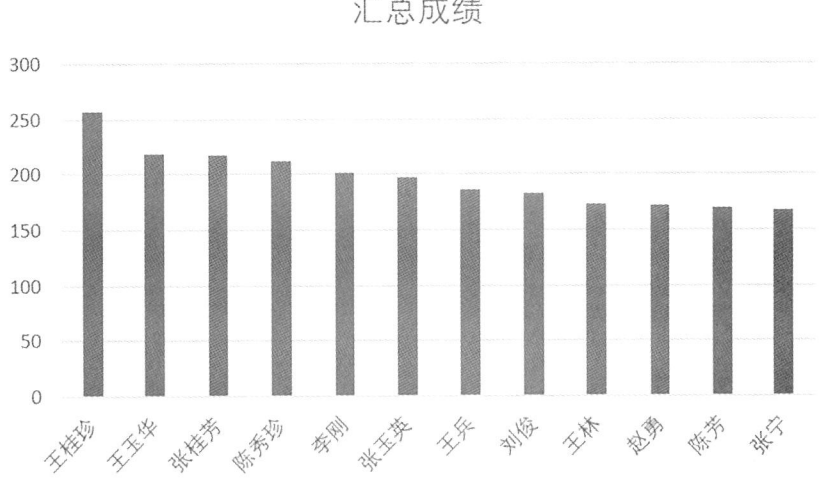

图 4-3　排序成绩柱状图

通过对比可以发现，数据进行排序后，柱状图显得清晰明了，更加具有可读性。

4.1.2　条形图

将柱形图顺时针旋转 90°，便可得到条形图。从本质上而言，条形图可视为柱形图的另一种表现形式。在采用条形图呈现数据时，用户并不会感觉阅读困难。究其原因，在数字化阅读与日常文本阅读的长期影响下，人们已经习惯了由左至右的阅读方式，这与条形图的布局特点相契合。

沿用上一案例，进行条形图的展示，如图 4-4 所示。

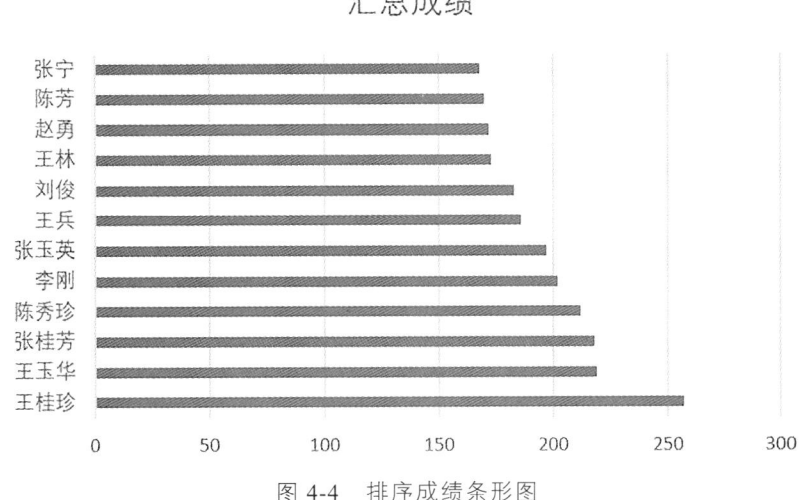

图 4-4　排序成绩条形图

4.1.3 折线图

折线图是一种以折线连接数据点的图表类型，主要用于展示数据随时间或其他连续变量的变化趋势。通过折线图，可以清晰地观察到数据的上升、下降、波动等情况，从而更好地理解数据的变化规律。

以图 4-5 为例，该图展示了三位员工（西安林依依、兰州刘叁、西安张琪琪）在上半年各个月份的销售额变化趋势。

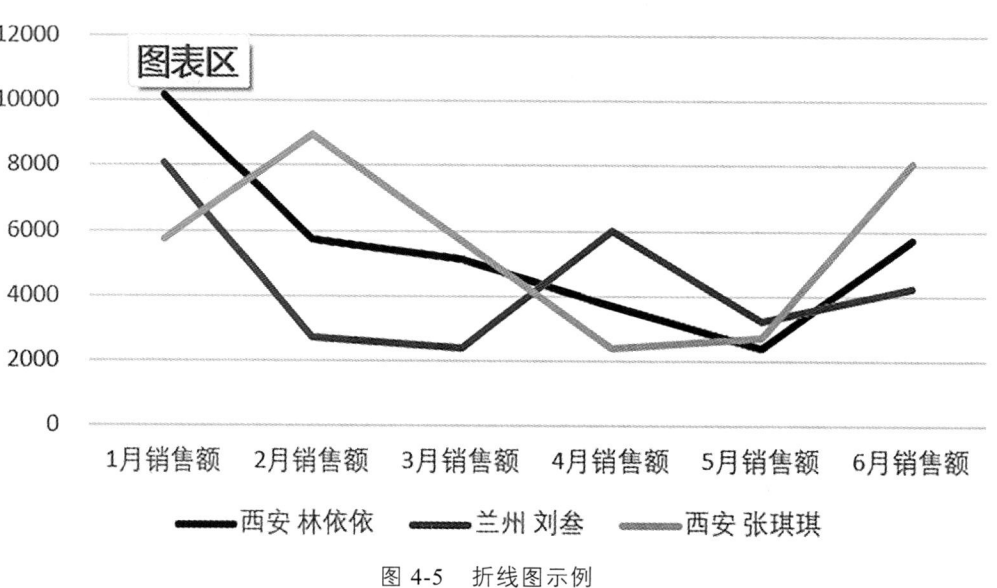

图 4-5 折线图示例

通过折线图，我们可以清晰地看到三位员工的销售额在上半年的变化趋势。西安林依依的销售额在 6 月有明显的增长，说明其在销售策略或市场拓展方面可能取得了较好的效果；兰州刘叁的销售额波动较大，需要进一步分析其原因，可能是市场环境变化或个人销售技巧的波动；西安张琪琪的销售额在 5 月到 6 月有大幅上升，表明其在销售方面有较大的潜力。

折线图在数据分析中具有广泛的应用，可以用于展示股票价格、气温变化、销售业绩等多种数据的变化趋势。通过折线图，可以更好地理解数据的变化规律，为决策提供有力的支持。

4.1.4 面积图

面积图是折线图的一种变形，它在折线图的基础上填充了折线下方的区域，可以更直观地展示数据的大小和变化趋势。面积图不仅可以反映数据的趋势变化，还可以反映部分与整体的占比关系。在使用面积图时，如果底层的趋势被上层遮挡，可以通过设置形状填充的透明度来解决，使图表更加清晰明了。

依然用前文案例数据进行面积图的展示，如图 4-6 所示。

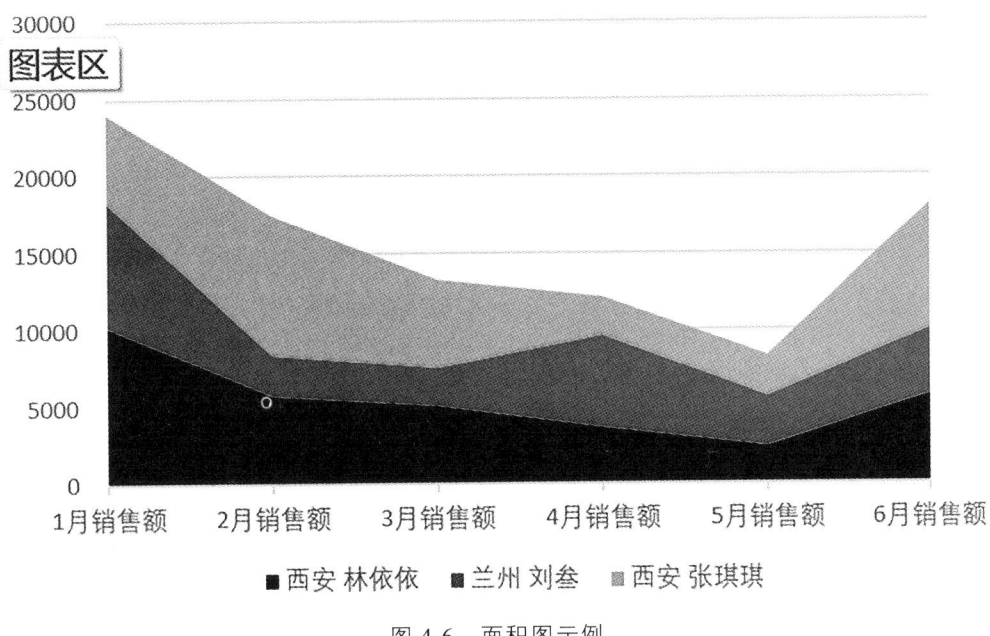

图 4-6 面积图示例

4.1.5 饼图

饼图与柱形图在数据可视化领域中堪称"双雄",饼图的使用频率极高,其最突出的优势在于直观展现数据的占比关系。例如,将"林依依"6个月的销售数据以饼图形式呈现,效果如图 4-7 所示。

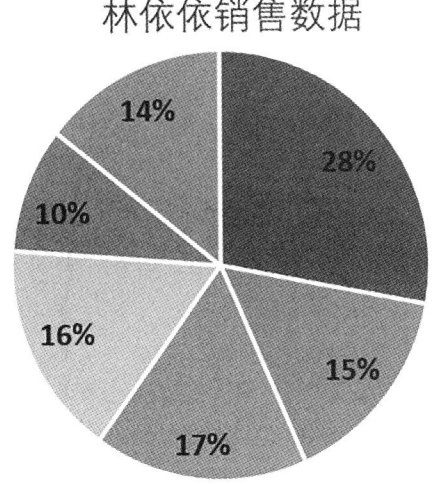

图 4-7 饼图示例

然而,饼图的每个扇区并不需要过大的面积,此时可以采用环形图来替代饼图。环形图中色块面积的减少,能使图表整体风格更为简约,如图 4-8 所示。

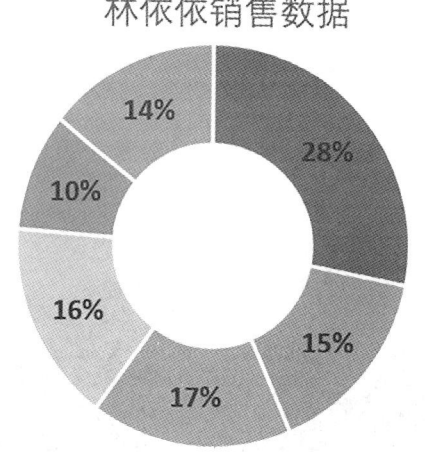

图 4-8　环形图示例

在运用饼图时,有以下几点需要特别注意:

① 饼图中通常不显示具体数字,仅展示百分比,尤其是当数字较长时,若置于饼图中,不仅会影响美观,还会降低阅读效率。

② 人眼对面积的感知不够敏感,如在图 4-7 中,很难准确区分 16%和 17%所对应的面积差异,感觉上二者相差无几。在这种情况下,使用柱状图来展示数据对比会更为清晰明显。

③ 饼图中色块的数量以 6 个以内为宜。如果色块数量过多,但又必须使用饼图,可以考虑采用复合饼图,如图 4-9 所示。

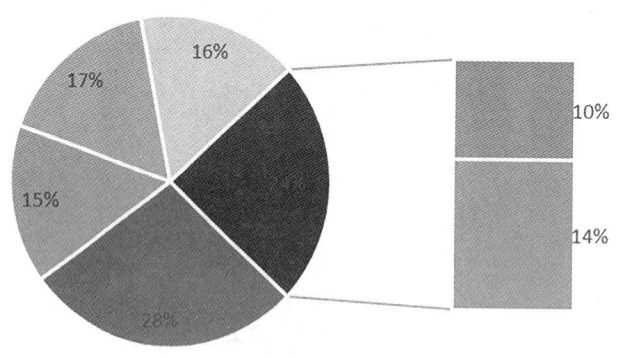

图 4-9　复合饼图示例

4.2 图表元素：图表基础元素设计

一张完整的图表通常由一系列固定的元素构成，这些元素包括图表区、绘图区、水平轴（垂直轴）、图表标题、数据系列、数据标签、图例以及网格线等，如图4-10所示。这些元素在图表中发挥着视觉引导或辅助理解的重要作用，精心雕琢这些细节元素，是设计出赏心悦目图表的关键所在。

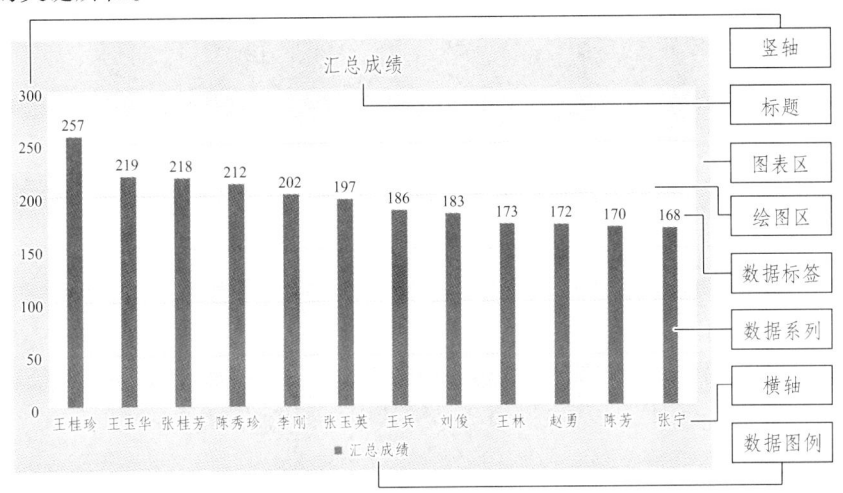

图 4-10　图表元素

面对图表中众多的元素，有些人可能感到焦虑，认为需要记住多个复杂的操作按钮。实际上，只需掌握一个便捷的操作方法：右击图表中的某个特定元素，然后选择"设置某某格式"选项，即可快速调出对应的设置菜单。在该菜单中，形状填充、文本等通用设置都集中在右上角的"格式"选项卡内，方便用户进行统一设置与调整。

4.2.1　图表区与绘图区

1. 图表区

图表区是整个图表的"容纳空间"，它包含了图表的所有构成元素。用户可以通过选择并拖拽图表右上角的空白区域来移动整个图表的位置。Excel内置了多种"图表样式"，其中不乏美观且实用的样式，用户可根据实际需求和图表风格选择不同样式的图表。

例如，选择图表后，点击"图表设计"选项卡，再单击图表样式下拉按钮，选择第二排第五个样式，即可得到一张具有酷炫黑色背景、充满科技感的图表，如图4-11所示。

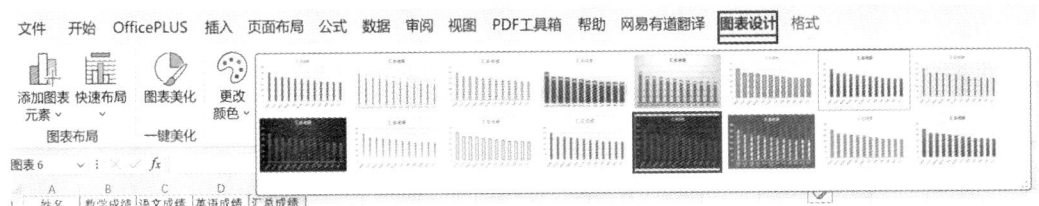

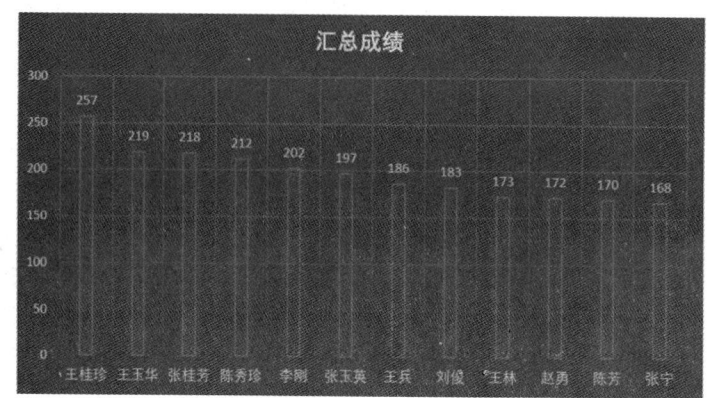

图 4-11 图表区设计

2. 绘图区

绘图区是图表中用于展示数据系列、数据标签、网格线等关键信息的区域。用户可以通过左键单击来选择绘图区，若要选择绘图区中的网格线，可对准绘图区中的横线再次单击，此时网格线两端会出现小圆点，表示网格线已被选中，如图 4-12 所示。

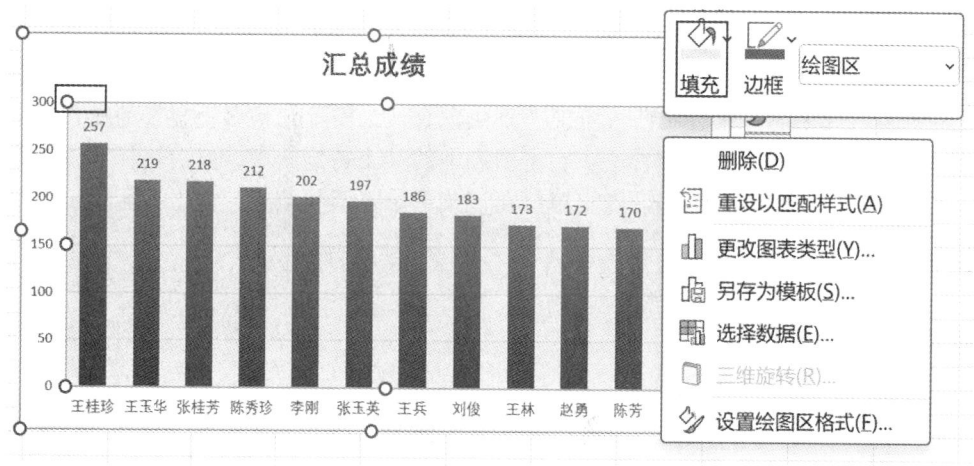

图 4-12 绘图区设计

为了增强图表的可读性和视觉效果，绘图区通常可填充浅色背景，使其与图表的白色背景区分开来。这样既营造了图表的层次感，又能使视线迅速聚焦到绘图区，图 4-12 中的绘图区填充了浅灰色。网格线一般会被填充为更浅的颜色，或者直接删除。

4.2.2 横轴和竖轴

"横轴"和"竖轴"通常被通俗地称作"X 轴"和"Y 轴"，它们确定了图表的两个维度。坐标轴一般包含刻度以及最大、最小值，这些元素可以根据实际需求进行修改。例如，在图 4-13 所示的成绩汇总图表中，将"Y 轴"的最小刻度改为"150"。

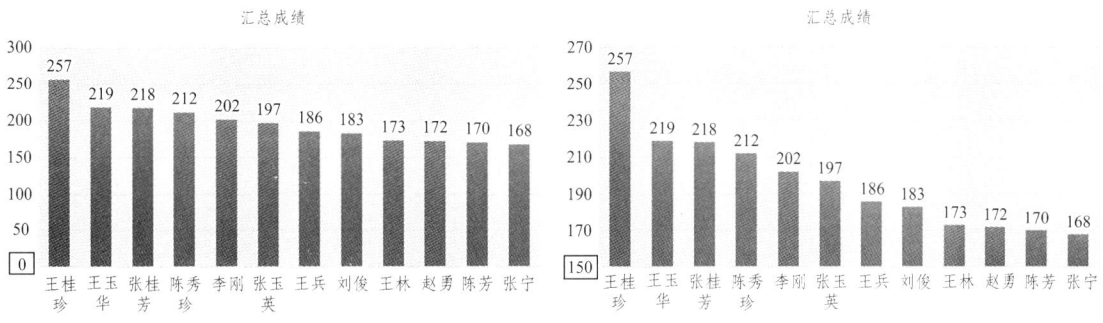

图 4-13 竖轴最小值修改对比图

原始图表：在原始图表中，Y 轴的最小刻度为 0，各学生的成绩柱状图能够直观地展示其实际得分情况，不会对读者造成误导。

修改后的图表：若将 Y 轴的最小刻度改为"150"，如图 4-13 所示，对于成绩较低的学生，如张宁，其成绩柱状图在视觉上会显得非常矮，几乎接近消失，给人一种成绩很差的错觉。但实际上，张宁的成绩为 168 分，并非如此糟糕。这种修改会在视觉上影响人们对数据的判断，因此在设置坐标轴时，需要合理调整，避免产生误导。

修改刻度、最大值和最小值的方法如下：

选择垂直轴（Y 轴）→右击→"设置坐标轴格式"，在 Excel 表格右侧就会弹出相应的设置界面，在该界面中可以对坐标轴的刻度、最大值和最小值等参数进行修改，如图 4-14 所示。

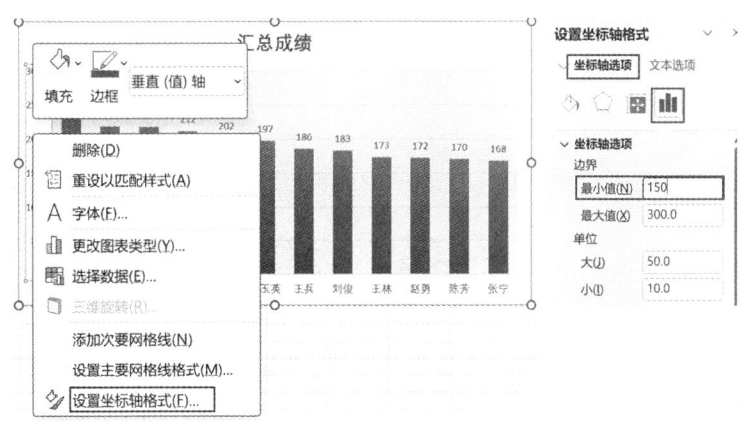

图 4-14 竖轴最小值设置步骤

4.2.3 图表标题和图例

1. 图表标题

图表标题通常位于图表区顶部正中位置，起到引导和说明图表内容的作用。其字号应突出醒目，以便读者能够快速了解图表的主题。例如，在展示"销售人员销售额汇总表"时，图表标题应清晰地呈现这一主题，如图 4-15 所示。

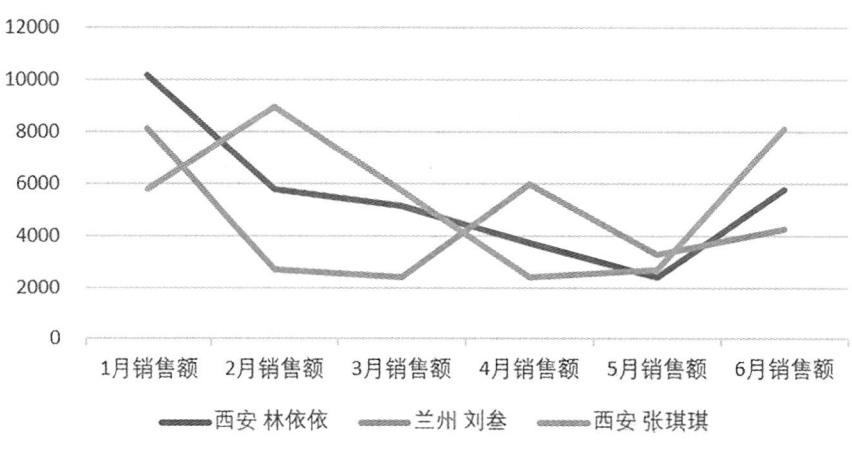

图 4-15 图表标题展示

在一些专业的报纸杂志中，图表标题的作用和形式得到了充分发挥。例如，图表的标题采用左对齐方式，而非传统的居中对齐，使标题更加醒目。在大标题下方还有一行副标题，用于对图表内容进行注释说明，且字号大小与主标题形成主次关系，进一步增强了标题的引导作用，如图 4-16 所示。

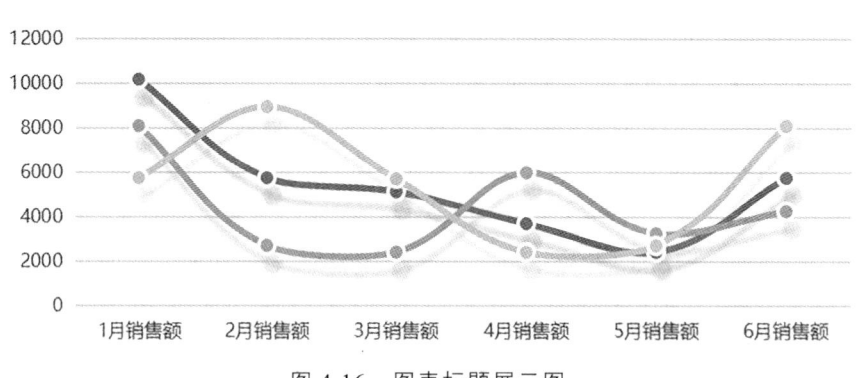

图 4-16 图表标题展示图

2. 图 例

图例用于标识图表中的数据系列，其设置方法如下：

选择图表后，图表区右上角会出现一个绿色的十字（几乎所有的图表元素都可以在这里进行快速设置）。点开绿色十字，勾选"图例"选项，即可设置图例在图表中的位置，如图 4-17 所示。通常来说，图例需要保留，特别是对于包含多个数据系列的图表，图例能够帮助读者清晰地区分不同的数据系列。

第 1 部分　Excel 智驭：数据分析的全能指南

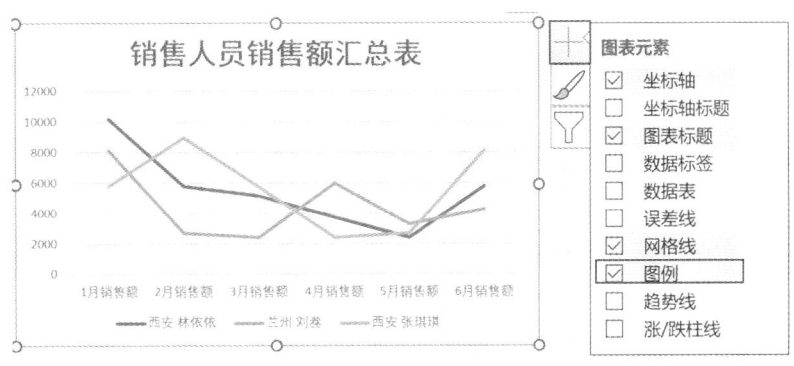

图 4-17　如何设置图例

（1）图表标题：位于图表顶部正中，清晰地说明了图表的主题，即"销售人员销售额汇总表"。

（2）图例：在图表中，图例标识了不同的数据系列，如蓝色线条代表"西安林依依"，橙色线条代表"兰州刘叁"，灰色线条代表"西安张琪琪"。通过图例，读者可以轻松区分各数据系列所对应的销售额变化趋势。

4.2.4　数据系列的应用

1. 数据系列

图表中的柱形、扇形、折线等元素被称为数据系列。数据系列最醒目的属性是颜色，建议采用清爽的配色方案。例如，可以选择同色渐变或彩色与灰度搭配的方式，如图 4-18 所示。对于重点数据，可以用醒目的彩色标出，以便突出显示。如果用户不是专业的设计高手，建议谨慎使用"大红""大绿"等过于鲜艳的颜色，以免影响图表的整体美观。

对于大多数人来说，配色是一个较为棘手的问题。不过，Excel 内置了一些不错的配色方案，用户可以直接选用。如图 4-18 所示，单击"图表设计"选项卡下的"更改颜色"下拉按钮，即可在弹出菜单中选择合适的配色方案，从而快速为图表设置美观的颜色搭配。

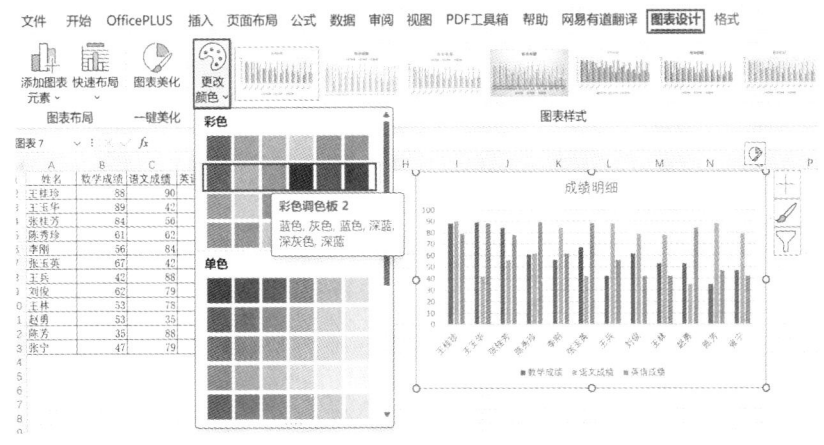

图 4-18　数据系列颜色设置

2. 数据系列的可视化修饰

数据系列还可以进行一些可视化的修饰,以增强图表的视觉效果和吸引力。例如,可以将数据系列填充为爱心形状,具体操作步骤如下:

(1)单击"插入"选项卡,选择"形状"中的爱心图标。在插入和拉伸爱心图标时,需要按住 Shift 键,以确保爱心图标不变形。然后,切换到"形状格式"选项卡,将爱心图标的"形状填充"设置为红色,"形状轮廓"设置为无色,此时的效果如图 4-19 所示。

(2)选择爱心图标,按快捷键 Ctrl+C 进行复制。接着,选择某个柱形数据系列,按快捷键 Ctrl+V 进行粘贴。此时,填充的爱心图标可能出现变形的情况,如图 4-19 所示,需要进一步设置。

(3)选择填充了爱心图标的数据系列,右击并选择"设置数据系列格式"。在弹出的对话框中,选择"填充"选项,将填充方式改为"层叠",如图 4-19 所示。经过上述设置后,数据系列将以爱心形状进行填充,使图表呈现出更加独特和美观的效果。

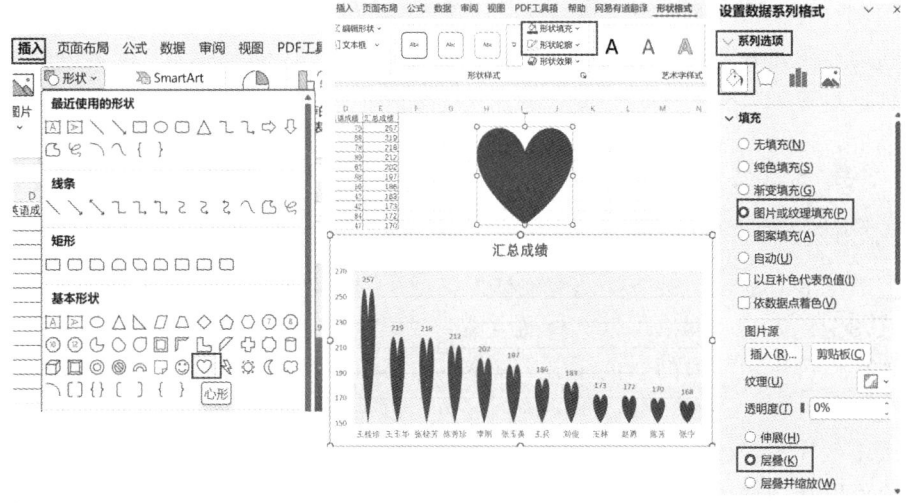

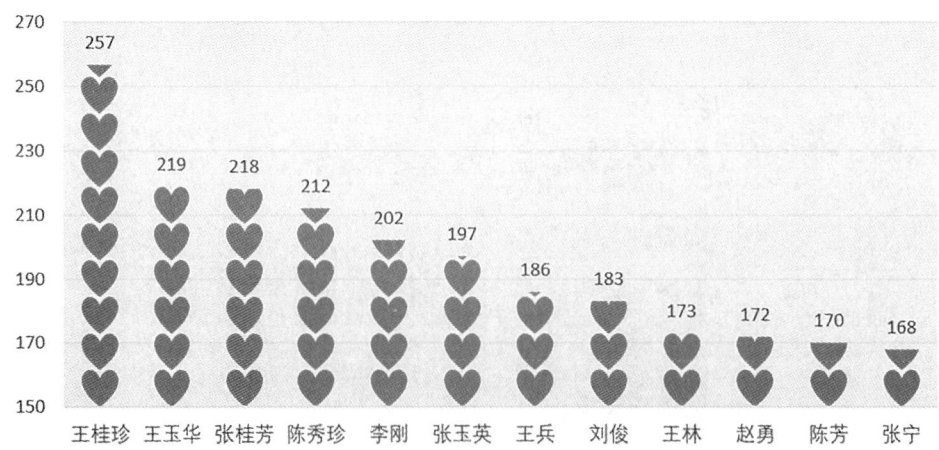

图 4-19 数据系列设置

4.3 组合图表：多维数据呈现

单一的图表制作相对简单，只需在制作过程中选择正确的图表类型，套用合适的图表样式，并注意一些细节问题，即可轻松完成。然而，由于数据的多样性和复杂性，单一图表往往无法满足所有数据的展现需求。因此，在实际应用中，组合图表得到了广泛应用，下面将重点介绍组合图表的制作方法。

4.3.1 组合图表

组合图表是指在一张图表中，同时包含两种或两种以上不同类型的图表，如柱形图、折线图等。这样的图表能够容纳更多的信息，充分利用空间，使数据传达更为高效。例如，如图 4-20 所示的数学成绩分析图，既展示了每个学生的具体成绩（柱形图），又呈现了平均成绩（折线图），通过组合图表的形式，可以更直观地对比各个学生的成绩与平均成绩之间的关系。

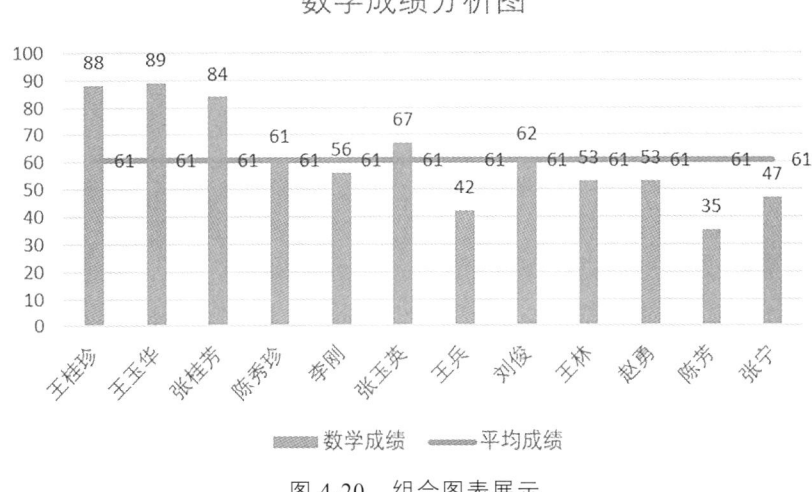

图 4-20　组合图表展示

4.3.2 簇状柱形图-折线图组合图表的制作

1. 制作需求分析

以某班级学生的数学成绩为例，我们希望在图表中同时体现每个学生的具体成绩以及与班级平均成绩的对比。正常情况下，可能需要分别制作柱形图和折线图来展示这两部分信息，但通过组合图表，可以将两者巧妙结合，实现更直观的对比效果。

2. 制作步骤

（1）在 Excel 工作表中，首先计算出班级的平均成绩。在 C 列增加一个辅助列，输入函数=AVERAGE(B$2:B$13)（假设成绩数据在 B 列，从 B2 到 B13），然后按住鼠标下拉填充，即可计算出每个学生的成绩与平均成绩的对比数据，如图 4-21 所示。

（2）选中数据区域（包括学生姓名、具体成绩和平均成绩），单击"插入"选项卡，选择"推荐的图表",在弹出的图表类型中选择"所有图表"→"组合",默认选择"簇状柱形图-折线图"组合方式,单击"确定"按钮,即插入了一张组合图表,如图4-21所示。此时的图表还比较粗糙,需要进一步美化和调整。

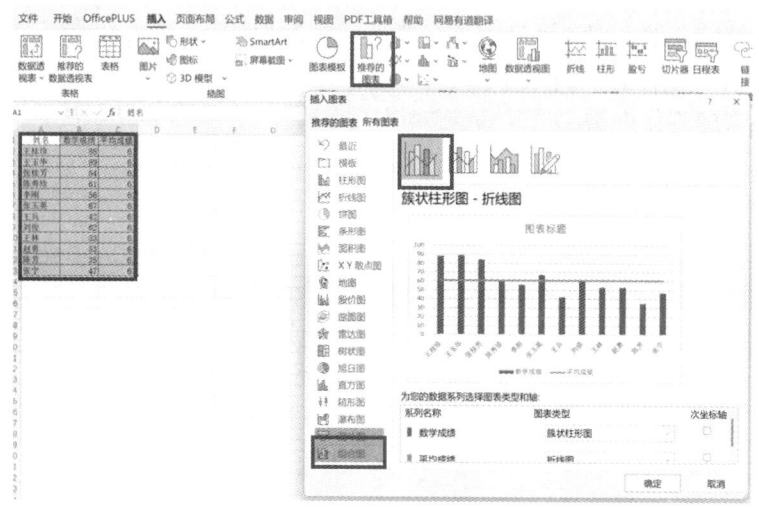

图 4-21　组合图表设置步骤

3. 美化细节

套用内置图表样式:选择图表,单击"图表工具"下的"图表设计"选项卡,从"图表样式"组中选择一种合适的内置图表样式,使图表的整体外观更加美观。

修改图表标题:双击图表标题,将其修改为"数学成绩分析图",并根据需要调整标题的字体、字号和颜色,使其更加醒目。

添加数据标签:为了更清晰地展示每个学生的具体成绩和平均成绩,可以为图表添加数据标签。右击图表中的柱形或折线,选择"添加数据标签",然后根据需要调整数据标签的位置和格式,完成后的效果如图4-22所示。

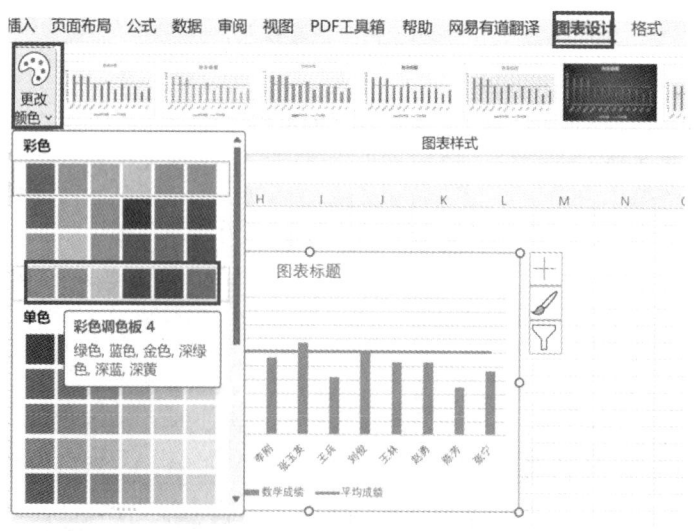

图 4-22　组合图美化设置步骤

4. 组合图表自定义设置

组合图表默认包含了"簇状柱形图-折线图""簇状柱形图-次坐标轴上的折线图""堆积面积图-簇状柱形图"这三种组合方式,如图4-23所示。

然而,仅有这三种组合图表还远远不能满足用户的多样化需求,因此Excel还提供了"自定义组合"功能。在组合图表对话框的下方,用户可以自由选择和搭配不同的图表类型,以满足各种复杂的数据展示需求。

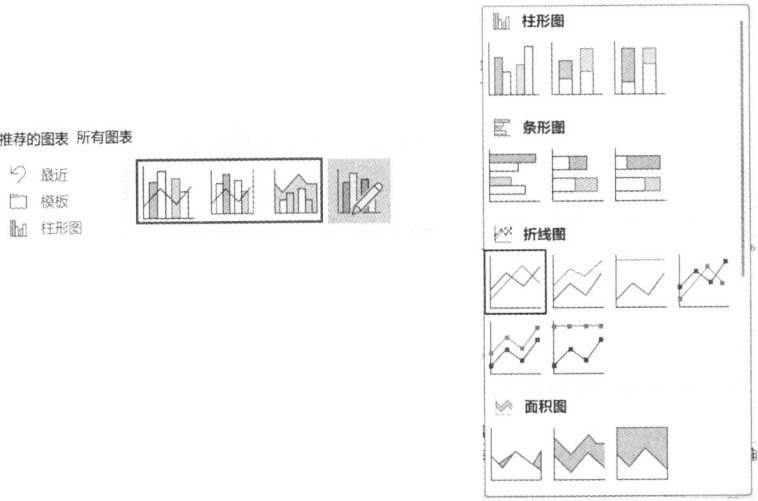

图 4-23 组合图自定义组合

4.3.3 簇状柱形图-次坐标轴上的折线图

组合图表的类型选择需依据实际数据展现需求而定。例如,当表格数据需要同时呈现销售收入和同比增长率时,要求图表能够清晰展示这两个关键指标。

初看之下,大家或许会认为这与之前的案例类似,不就是简单的销售收入柱形图搭配同比增长率折线图吗?然而,实际操作后却发现问题重重,按照常规步骤制作出的图表效果并不理想,尤其折线图和柱状图数据差距太大的时候,折线图几乎无法看出变化趋势,如图4-24所示。

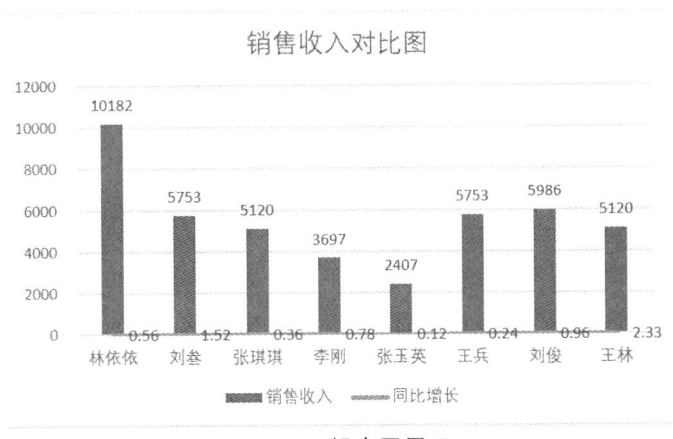

图 4-24 组合图展示

解决这一问题的方法在于，在插入组合图表时，类型选择"簇状柱形图-次坐标轴上的折线图"。其原理是通过使用主次两条 Y 轴，使次坐标轴上的单位刻度与主坐标轴不同，从而能够完美地呈现不同刻度的两条曲线。具体操作步骤与之前案例相似，最终效果如图 4-25 所示。

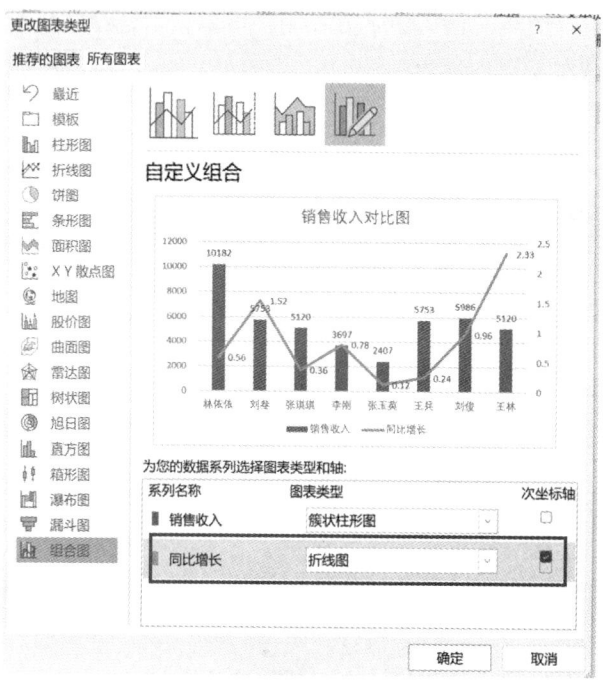

图 4-25　组合图次坐标轴设置

由于每张表格的数据特点和展现要求各异，图表的细节设置并无固定标准。例如，生成图表后，部分数据标签重叠。此时，可选择单个标签，手动调整其位置，以避免重叠。

此外，数据标签的颜色也可以进行巧妙设计，将其改为对应数据系列的颜色，这样在视觉上更容易逐一对应和区分，如图 4-26 所示。

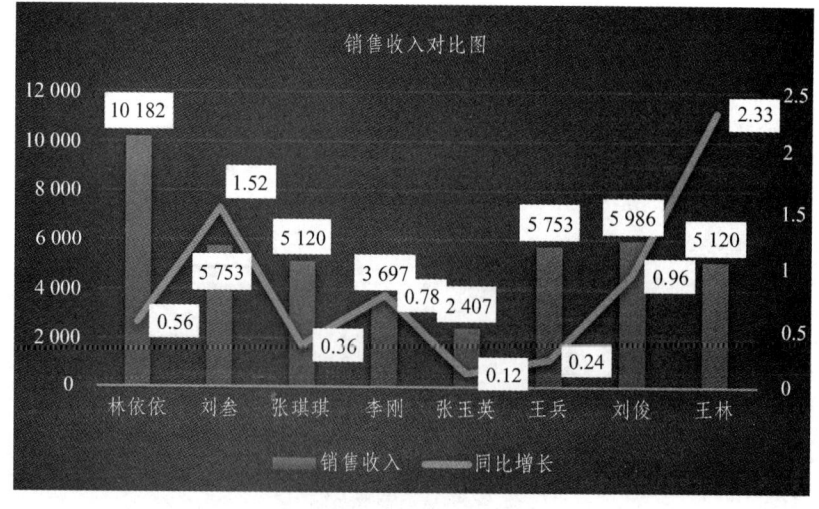

图 4-26　组合图细化设置

重要提示：

① 数据准确性：在制作组合图表时，务必确保所使用的数据准确无误。无论是计算平均成绩还是其他数据处理，都需仔细核对，避免因数据错误导致图表信息失真，影响决策和分析。

② 图表简洁性：虽然组合图表能够容纳更多信息，但也要注意保持图表的简洁性，避免在图表中堆砌过多的元素，以免使图表显得杂乱无章，影响读者对关键信息的获取。

③ 图表类型选择：根据实际数据特点和展现需求选择合适的组合图表类型。如数据差距较大时，可选择簇状柱形图-次坐标轴上的折线图，以更好地呈现不同刻度的数据变化趋势。同时，灵活运用 Excel 的自定义组合功能，满足多样化的数据展示需求。

本章小结

本章系统介绍了 Excel 中基础图表与组合图表的制作方法，旨在提升学生在数据可视化方面的技术能力与思维素养。首先，阐述了基础图表的类型与选用，包括柱形图、折线图、饼图等，分析了各图表的特点与适用场景，为后续图表制作奠定基础。

接着，详细介绍了图表元素的构成与设计，如图表区、绘图区、坐标轴、图表标题、图例、数据系列等，通过实例展示如何对这些元素进行设置与美化，提升图表的可读性与美观性。

随后，重点讲解了组合图表的制作，包括簇状柱形图-折线图、簇状柱形图-次坐标轴上的折线图等常见组合图表类型。通过实例演示了组合图表的制作步骤、美化细节以及自定义设置，帮助学生掌握如何根据实际数据需求选择合适的组合图表类型，有效展示多维数据信息。

通过本章的学习，学生不仅掌握了基础图表与组合图表的制作技术，还培养了数据可视化的思维能力，能够根据数据特点选择合适的图表类型，合理设计图表元素，制作出清晰、美观、有效的图表，为今后在学习和工作中高效运用 Excel 进行数据可视化分析提供了有力支持。

思考题

1. 单选题

（1）柱形图的辨识效果主要依赖于人眼对（　　　）的感知。

A. 颜色差异　　　　B. 高度差异　　　　C. 形状差异　　　　D. 大小差异

（2）以下哪种图表类型适合展示数据的占比关系？（　　　）

A. 柱形图　　　　　B. 折线图　　　　　C. 饼图　　　　　　D. 面积图

（3）条形图可以看作是柱形图的哪种变形？（　　　）

A. 顺时针旋转 90°

B. 逆时针旋转 90°

C. 水平翻转

D. 垂直翻转

（4）折线图主要用于展示（　　　）。

A. 数据的高低对比　　　　　　　　B. 数据的趋势变化

C. 数据的分类　　　　　　　　　　D. 数据的分布

（5）面积图在反映数据的哪方面更侧重？（　　）

A. 趋势变化

B. 部分与整体的占比关系

C. 数据的精确值

D. 数据的波动情况

（6）修改坐标轴的刻度、最大值和最小值的方法是（　　）。

A. 双击坐标轴

B. 右击坐标轴，选择"设置坐标轴格式"

C. 在图表工具中直接修改

D. 无法修改

（7）组合图表是指在一张图表中包含几种或几种以上的不同类型的图表？（　　）

A. 一种　　　　B. 两种　　　　C. 三种　　　　D. 四种

（8）图表标题的作用是（　　）。

A. 美化图表

B. 引导和说明图表内容

C. 显示数据来源

D. 显示作者信息

2. 多选题

（1）以下哪些图表类型适合展示数据的对比？（　　）

A. 柱形图　　　B. 折线图　　　C. 饼图　　　D. 条形图

（2）以下哪些图表类型可以用于展示数据的趋势变化？（　　）

A. 折线图　　　B. 面积图　　　C. 柱形图　　　D. 饼图

（3）图表区包含哪些元素？（　　）

A. 图表标题　　B. 数据系列　　C. 坐标轴　　　D. 图例

（4）组合图表的制作步骤包括（　　）。

A. 计算辅助数据

B. 选择数据区域

C. 插入组合图表

D. 美化图表

（5）以下哪些组合图表类型是Excel默认提供的？（　　）

A. 簇状柱形图-折线图

B. 簇状柱形图-次坐标轴上的折线图

C. 堆积面积图-簇状柱形图

D. 饼图-折线图

3. 简答题

（1）折线图的主要用途是什么？

（2）图表标题和图例的作用分别是什么？

（3）简述制作组合图表的步骤。

 复习提纲

第4章 视觉叙事：Excel图表的魔法		
4.1 初探图表： 基础图表的类型与选用	4.2 图表元素： 图表基础元素设计	4.3 组合图表： 多维数据呈现
1.柱形图 —— 柱形图简介 / 柱形图的特点 2.条形图 3.折线图 —— 什么是折线图 / 折线图示例 4.面积图 5.饼图 —— 饼图简介 / 饼图的特点	1.图表区与绘图区 —— 图表区 / 绘图区 2.横轴和竖轴 3.图表标题和图例 —— 图表标题 / 图例 4.数据系列 —— 什么是数据系列 / 数据系列的可视化修饰	1.什么是组合图表 2.设置表格样式 —— 制作需求分析 / 制作步骤 / 美化细节 / 组合图自定义设置 3.簇状柱形图——次坐标轴上的折线图

第 2 部分　Power BI 探秘：数据宇宙的视觉盛宴

当我们的数据处理技能达到一定水平后，就会寻求更高级的分析工具来满足日益增长的业务需求。Power BI 作为 Excel 的自然延伸，能够提供更强大的数据处理和可视化功能。在本部分中，将探索 Power BI 的深度功能，学习如何构建复杂的分析模型和交互式仪表板。通过学习，学生将解锁数据的潜能，发现数据背后的故事，从而做出更加明智的决策。与 Excel 不同，Power BI 能够处理更复杂的数据结构，生成更动态的可视化图形，并且可以与其他数据源集成。现在，让我们开始这段全新的数据探索之旅，揭开 Power BI 神秘的面纱。

引言：数据探索与智慧决策的未来展望

在当今数字化时代，数据已成为推动世界发展的核心动力。无论是社交媒体上的用户互动，还是企业决策中的关键指标，数据的足迹遍布每个角落。它们不仅塑造了我们的日常生活，更在商业策略和社会治理中发挥着深远的作用。面对数据量的指数级增长，如何高效地收集、整理并运用这些数据，已成为企业和组织亟须解决的关键问题。

1. 数据驱动决策的重要性

在信息爆炸的当下，数据已成为企业和组织不可或缺的宝贵资源。通过深入分析数据，企业能够捕捉市场动态、优化业务流程、提升客户体验，并实现更精准的业务决策。数据驱动的决策模式，通过减少主观偏见，为决策者提供了基于量化分析的客观支撑。

2. Power BI 的多维作用

Power BI 作为一款集成数据连接、建模、分析及可视化的商业智能工具，为个人和企业带来了全面的解决方案。用户仅需简单地拖拽操作，即可将多源数据整合，并利用其智能功能进行高效计算与建模。更进一步，Power BI 支持创建动态、交互式的报告和仪表板，使得即便是非技术用户也能轻松洞悉数据背后的深层含义。

3. 未来发展趋势

随着人工智能和机器学习技术的持续进步，数据分析领域正经历着革命性的变化。未来的 Power BI 预计将更加智能化，能够自动辨识数据模式和异常，甚至预测未来趋势。同时，增强现实（AR）和虚拟现实（VR）等创新技术也将融入数据可视化中，为用户带来沉浸式的数据体验。

技术的不断演进预示着我们正步入一个数据探索与智慧决策相融合的新时代。作为这一进程中的关键工具，Power BI 不仅助力企业实现数字化转型，也为个人职业发展开辟了广阔天地。本书旨在引导读者从 Excel 基础出发，逐步深入探索 Power BI 的丰富功能，开启一段数据探索之旅，共同探索数据如何塑造我们的未来世界。

第 5 章　启航 BI：Power BI 基础

学习目标

○ 知识目标

（1）掌握 Excel 与 Power BI 之间的差异，并了解为何需要从 Excel 转型到 Power BI。
（2）了解 Power BI 的系统架构，包括其核心组件和功能模块。
（3）对 Power BI 的基本界面、功能和术语有一个初步的认识和理解。
（4）熟悉 Power BI 的基本操作流程，包括数据导入、报告创建和发布等。

○ 技能目标

（1）能够熟练使用 Power BI 进行数据可视化和报告生成。
（2）通过 Power BI 工具，能够对数据进行有效分析，并得出有意义的结论。
（3）在遇到 Power BI 使用过程中的问题时，能够独立寻找解决方案。
（4）能够将 Power BI 应用于不同的业务场景，创造性地解决实际问题。

○ 素养目标

（1）培养学生对数据的敏感度，能够识别和利用数据中的价值。
（2）提高学生对新技术的适应能力，鼓励他们不断学习和掌握新的工具和技术。
（3）强化学生在数据处理和分析过程中的伦理意识，特别是关于数据安全和隐私保护的重要性。
（4）通过小组项目和讨论，培养学生的团队协作能力和沟通技巧。
（5）激发学生对知识的好奇心和探索欲，培养他们终身学习的习惯。

思政融合：科技发展与个人成长的相互促进

在当今这个迅猛发展的数字时代，科技的飞跃不仅重塑了我们的生活方式，更开辟了前所未有的学习与成长机遇。Power BI，作为一款前沿的数据分析工具，其影响力远不止于助力企业实现数字化转型，更在于激发个人潜能，推动社会的整体进步。本章将深入探讨如何将思政教育融入 Power BI 的学习和应用之中，以实现科技发展与个人成长的和谐共进。

1. 数据伦理与 Power BI 的实践

在使用 Power BI 进行数据分析的过程中，我们应严格遵循数据伦理原则，确保数据的采集、处理和应用均符合法律法规和道德规范。以某高校学生会成员的身份为例，当使用 Power BI 分析学生参与校园活动的模式时，必须确保所有数据经过匿名化处理，以保护参与者的个人隐私。这样的实践不仅教会了我们如何正确地运用 Power BI，更培养了我们的责任意识和数据使用意识。

2. 数据分析与社会责任

同时，我们应思考如何将数据分析能力转化为社会贡献。例如，面对社区水资源短缺的挑战，我们可以利用 Power BI 分析用水数据，识别节约用水的潜在途径，并向社区提出切实可行的改进建议。此类实践活动不仅提升了我们的数据分析技能，更强化了我们的社会责任感。

思考与讨论

（1）在使用 Power BI 进行数据分析时，你认为最关键的因素是什么？是数据的准确性、分析方法的科学性，还是对数据伦理的坚守？

（2）作为一名数据分析专业人员，你如何确保自己的工作不仅促进技术发展，同时也为社会的福祉做出积极贡献？

5.1 转型动力：Excel 至 Power BI 的升级之旅

Power BI 被广泛认为是 Excel 在过去 20 多年中最重要的创新。Power BI 不仅继承了 Excel 在数据处理方面的优势，还引入了令人印象深刻的新特性。

（1）炫酷的可视化功能：提供丰富的图表类型和定制选项，使数据展示更加生动和直观，如图 5-1 所示。

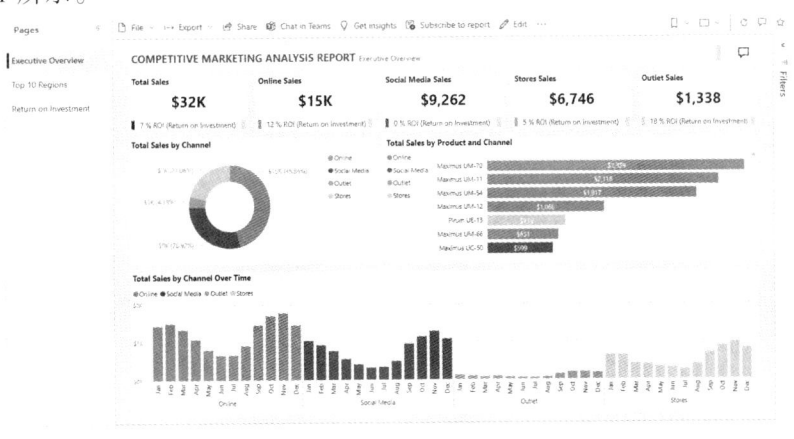

图 5-1　Power BI 示例展示

（2）空前丰富的数据源：支持连接多种数据源，包括云服务、本地数据库和实时数据流。

（3）亿级运算能力：具备处理大规模数据集的能力，确保分析的深度和广度。

这些特性使得 Power BI 成为数据分析领域的佼佼者，但更值得我们关注的是，它与 Excel 中的 Power 插件（如 Power Pivot 和 Power Query）之间的差异。

1. Power BI 与 Excel Power 插件的五大差异点

对于初学者而言，可能对使用 Excel 中的 Power 插件和转向 Power BI 感到犹豫。以下是

五个强有力的理由,说明为什么 Power BI 是一个值得学习的选择:

(1)成本效益:Power BI 提供免费版本,降低了入门门槛,而 Excel 的高级功能可能需要购买更昂贵的 Office 套件。

(2)功能更新:Power BI 更新频繁,不断引入创新功能,而 Excel 的更新周期较长,功能更新有限。

(3)用户体验:Power BI 提供了现代化的界面和流畅的交互设计,提升了用户的操作体验。

(4)高级分析能力:Power BI 的 DAX(数据分析表达式)语言为复杂的数据分析和模型构建提供了强大的支持。

(5)集成与共享:Power BI 允许用户轻松地与他人共享仪表板和报告,并支持多种发布和订阅选项,如图 5-2 所示。

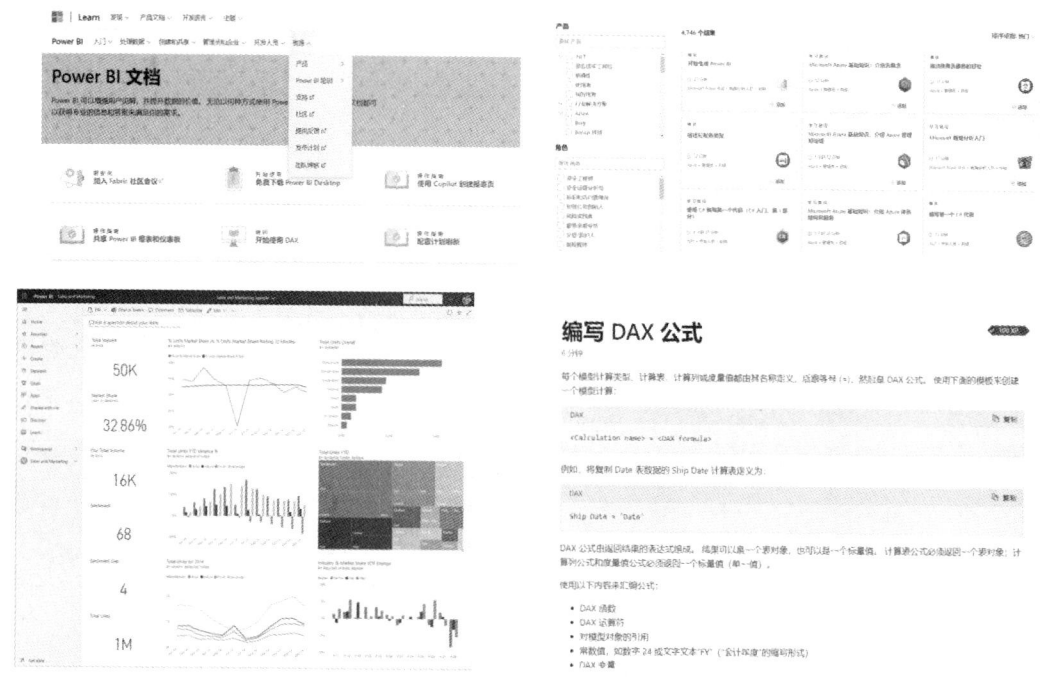

图 5-2　Power BI 功能及培训资源展示

2. 从 Excel 到 Power BI 平滑过渡的策略

对于那些已经熟悉 Excel 的用户,转向 Power BI 并不意味着放弃已知的技能。实际上,Power BI 在很多方面与 Excel 的 Power 插件相似,这为平滑过渡提供了便利:

(1)利用现有知识:Excel 中的数据处理和分析技能可以直接应用到 Power BI 中。

(2)逐步学习:可以先从 Power BI 的基本功能开始,逐步探索更高级的特性。

(3)社区支持:加入 Power BI 社区,与其他用户交流心得,获取学习资源和技术支持。

3. Power BI 作为数据分析的未来

通过上述讨论,我们可以看到 Power BI 不仅仅是一个工具,它还代表了数据分析的新方向。随着数据量的不断增长和分析需求的日益复杂,Power BI 以其强大的功能和灵活性,成为企业和个人在数据分析领域的重要资产。投资于 Power BI 的学习，将为个人职业发展和企业决策提供强有力的支持。

5.2 架构蓝图：Power BI 的系统框架概览

在深入学习 Power BI 之前，需要对其知识架构有一个清晰的认识，以区分和理解 Power BI 的核心概念。Power BI 是由微软公司推出的一套自助商业智能分析工具，它不仅是安装在计算机中的软件，更是一系列协同工作的软件服务和应用。这些工具和服务能够无缝连接各种数据源，无论是简单的 Excel 工作簿，还是复杂的云数据仓库或本地混合数据仓库，Power BI 都能轻松地将它们转化为数据模型，并形成可交互的可视化报告，实现与目标受众的共享。

如图 5-3 所示，Power BI 的数据流动过程从各种数据源开始，经过处理和分析，最终转化为直观的可视化展示。

图 5-3　Power BI 从数据源到可视化

Power BI 主要由 Power BI Desktop、Power BI 服务以及在移动终端上也可用的 Power BI 移动版组成，如图 5-4 所示。

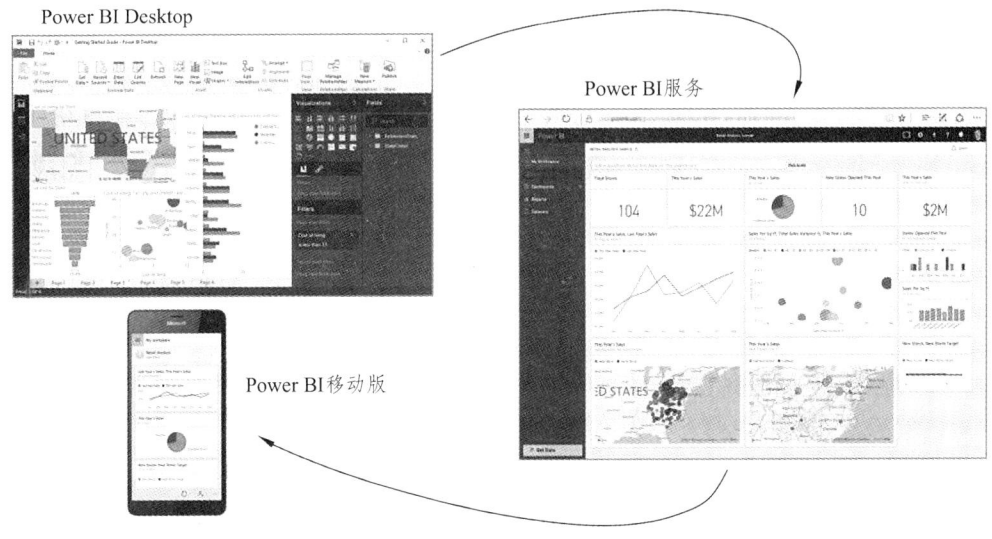

图 5-4　Power BI 的框架

1. Power BI Desktop

Power BI Desktop 是 Power BI 的桌面应用程序，专为分析师设计，提供了丰富的交互式可视化效果和先进的数据查询及建模功能。

Power BI 是我们学习和使用 Power BI 的主要工具，数据分析的大部分工作都在此完成。Power BI Desktop 完全免费，使得数据分析更加易于接触。

Power BI Desktop 包括数据准备、建模分析以及可视化展示。数据准备通过 Power Query 编辑器进行，而 DAX（数据分析表达式）是 Power BI 数据分析的核心，将在第 7 章中详细讲解。

Power BI Desktop 支持多种图表类型和交互方式，使得数据可视化既直观，又富有洞察力，相关内容将在第 8 章中介绍。

使用 Power BI Desktop 制作的报告可以保存为.pbix 格式的文件，并可上传至 Power BI 服务中进行共享和发布。

2. Power BI 服务

Power BI 服务是一个在线平台，用户可以在浏览器中查看、分享和发布 Power BI 报表。

发布到 Power BI 服务的报告可以设置数据刷新计划，管理数据的安全性，并进行进一步的协作和共享。

3. Power BI 移动版

Power BI 移动版适用于 iOS 和 Android 设备，为用户提供了在移动设备上查看和交互数据报表的能力。

移动版的用户可以随时随地访问 Power BI 服务中的报表，保持数据的实时更新和跟踪。

4. Power BI 的工作流程

一个典型的 Power BI 工作流程通常从 Power BI Desktop 开始，分析师在其中创建报表。完成的报表随后发布到 Power BI 服务，实现在线共享和协作。最终，Power BI 移动版的用户可以在移动设备上访问这些报表，确保关键数据的可访问性和实时性。

通过这样的工作流程，Power BI 确保了数据分析的灵活性和可访问性，无论是在办公室的桌面上，还是在路上的移动设备上，用户都能获得所需的数据分析。

5.3　探索之门：Power BI 的初步接触与理解

本节主要介绍 Power BI Desktop 的下载和安装过程，并简要介绍其界面和基本操作步骤。

1. 如何安装 Power BI Desktop

为了确保每位用户都能顺利安装 Power BI Desktop，我们提供了两种安装方法：

（1）通过 Microsoft Store 安装。

对于使用 Windows 10 操作系统的用户，可以通过 Microsoft Store 进行快速安装。打开 Microsoft Store，搜索"Power BI Desktop"，然后点击安装按钮，如图 5-5 所示。

第 2 部分　Power BI 探秘：数据宇宙的视觉盛宴

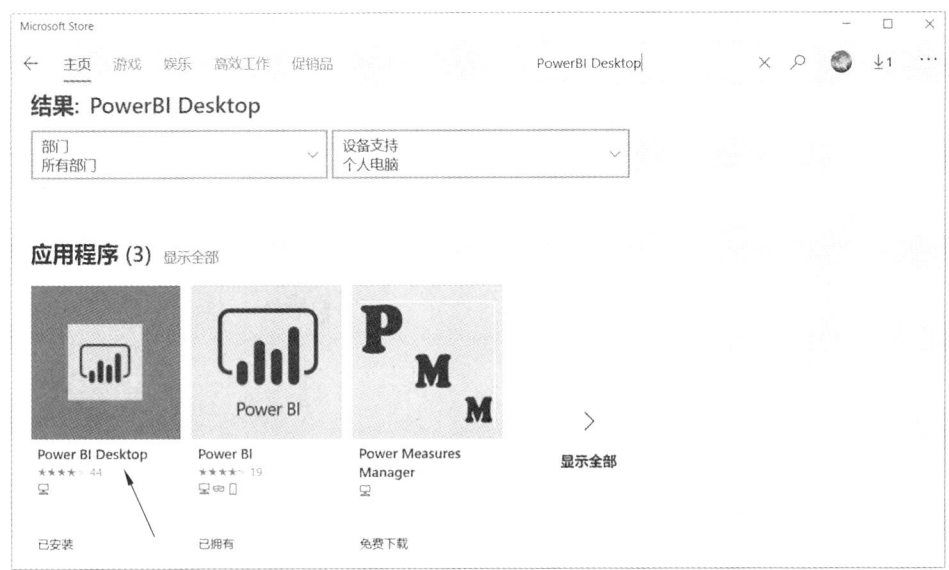

图 5-5　从 Microsoft Store 中安装 Power BI Desktop

通过 Microsoft Store 安装的优势在于，软件更新将自动进行，无须用户手动操作。

（2）从微软网站下载安装。

如果你的计算机操作系统不是 Windows 10，可以访问微软的 Power BI 网站。在产品部分选择"Power BI Desktop"，点击下载按钮，如图 5-6 所示。

图 5-6　微软网站下载 Power BI Desktop

在下载页面，根据计算机的操作系统选择 32 位或 64 位的安装包。

（3）安装后的注册与自动更新。

安装完成后，首次启动 Power BI Desktop 时，可能被提示进行注册。注册可以使用企业邮箱或学校邮箱，这有助于个性化使用体验和接收相关更新信息。

如果选择跳过注册，大部分功能仍然可以正常使用，但请注意，通过网站下载的版本不会自动更新。

2. 认识 Power BI Desktop 界面

Power BI Desktop 界面如图 5-7 所示，它提供了一个直观且功能丰富的工作环境，旨在引导用户完成从数据获取到可视化的整个流程。

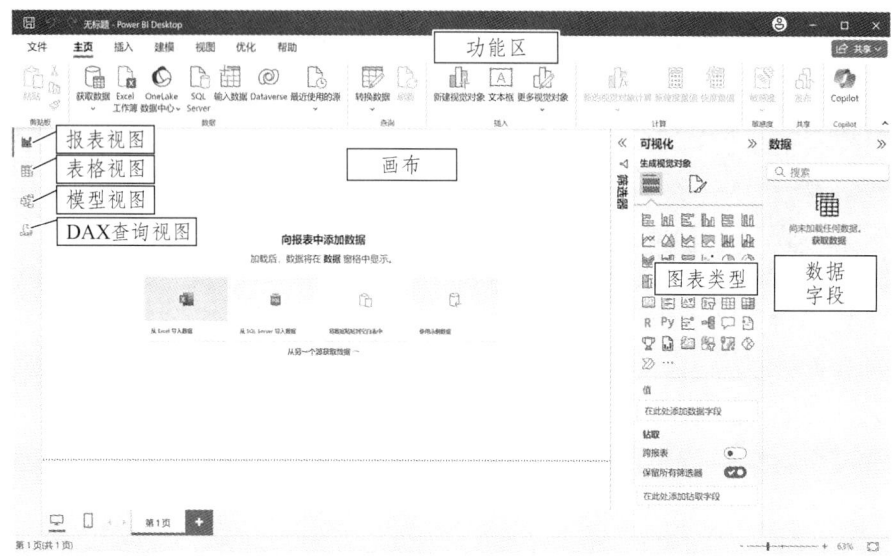

图 5-7　Power BI Desktop 界面

数据处理的第一步是获取外部数据。如图 5-8 所示，Power BI Desktop 支持多种数据来源，包括但不限于 Excel、SQL Server、文本/CSV 文件以及网页数据。这些常用的数据来源可以在"获取数据"下找到。

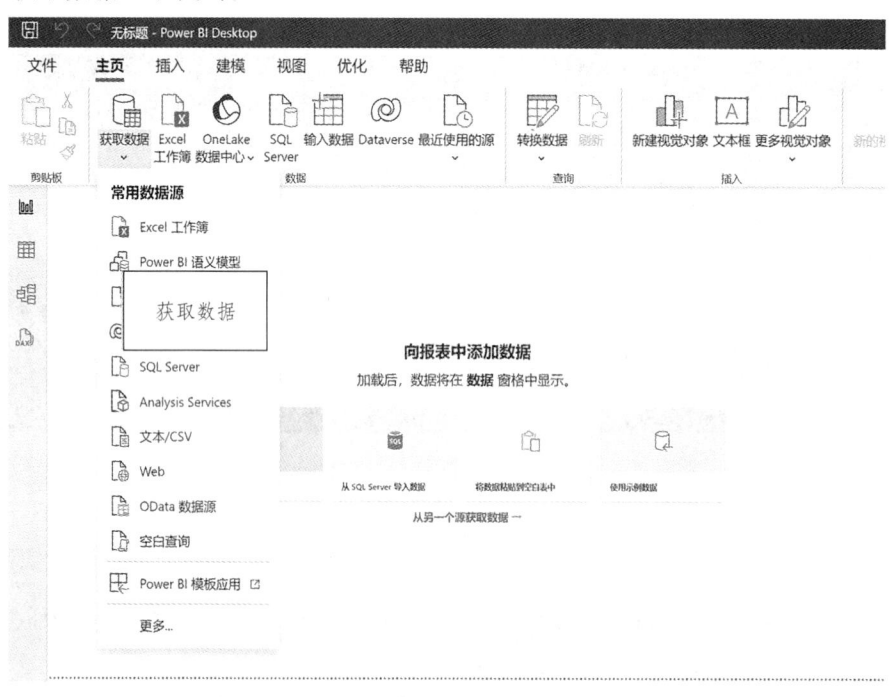

图 5-8　获取数据

如果需要导入其他格式的数据，可以点击"更多"选项，Power BI Desktop 支持绝大多数数据格式的直接导入。以 Excel 文件为例，导入后将进入内嵌的 Power Query 编辑器，如图 5-9 所示。

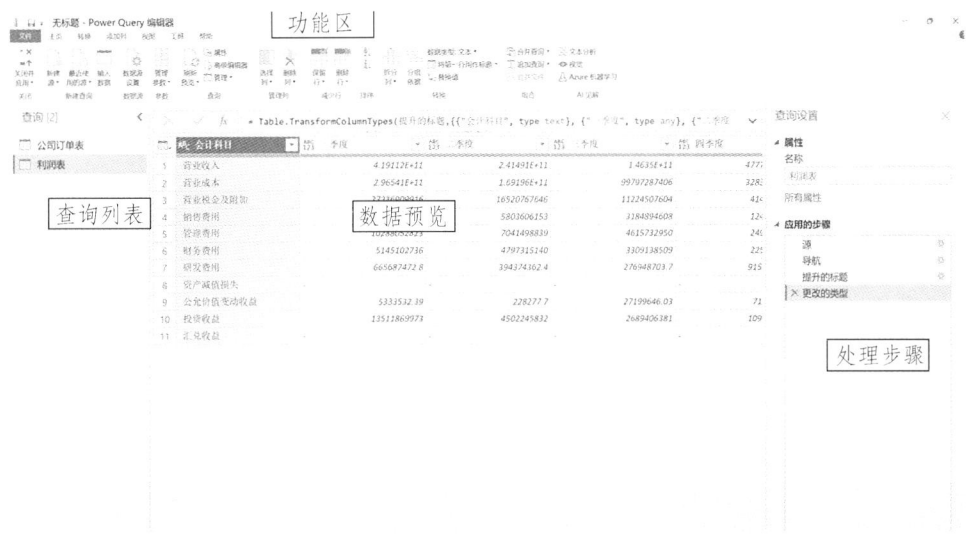

图 5-9　Power Query 编辑器

Power Query 编辑器是 Power BI 的核心模块之一，所有的数据整理工作都在这里完成。整理后的数据将被上传到 Power BI 的数据模型中。在数据视图（见图 5-10）中，用户可以查看和管理这些数据。数据建模听起来可能有些复杂，但实际上它主要涉及在表格之间建立关联，为下一步的数据可视化打下基础。在模型视图（见图 5-11）中，用户可以查看和编辑数据模型，确保数据之间的关系正确无误。

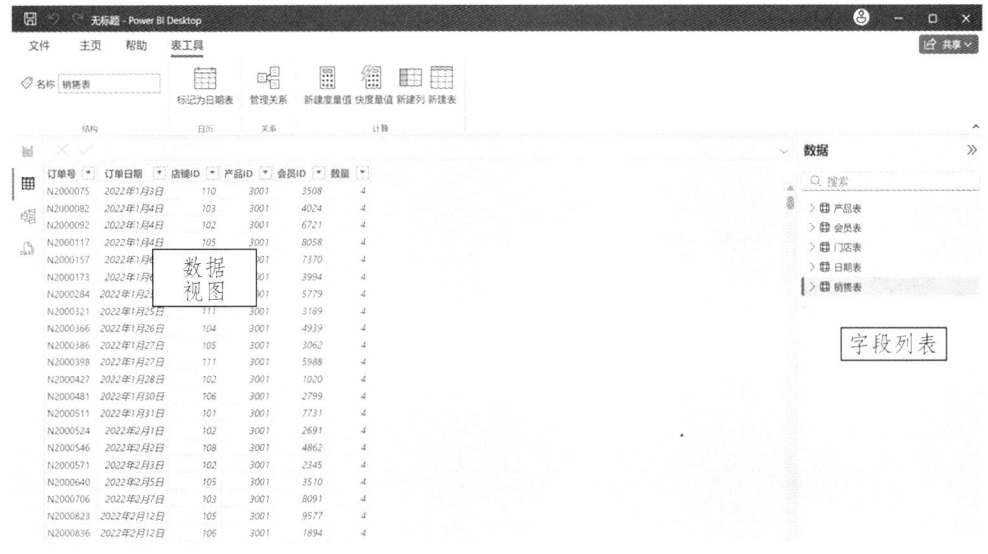

图 5-10　数据视图

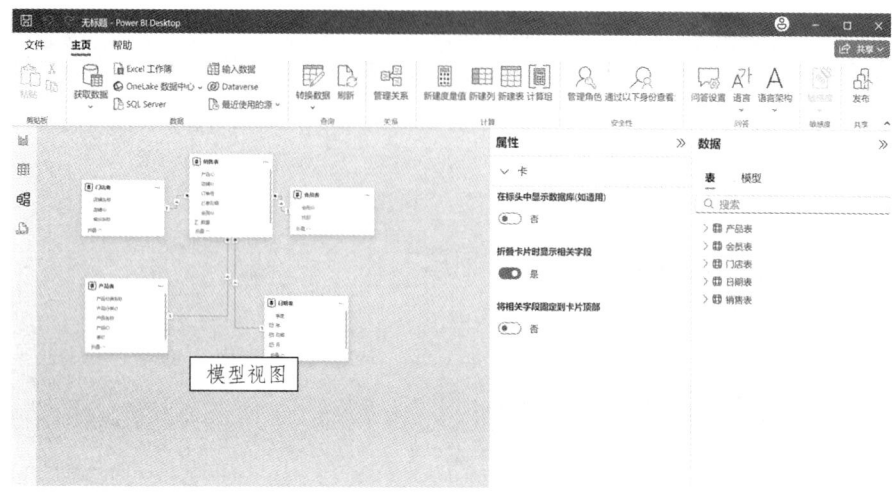

图 5-11　模型视图

接下来，用户可以开始进行数据可视化工作。Power BI Desktop 的主界面默认显示了一些常用的图表类型，这些图表类型覆盖了大多数的数据分析需求。此外，Power BI 的一个显著优势是其丰富的自定义可视化包，用户可以根据需要加载更多独特的图表类型，如图 5-12 所示。

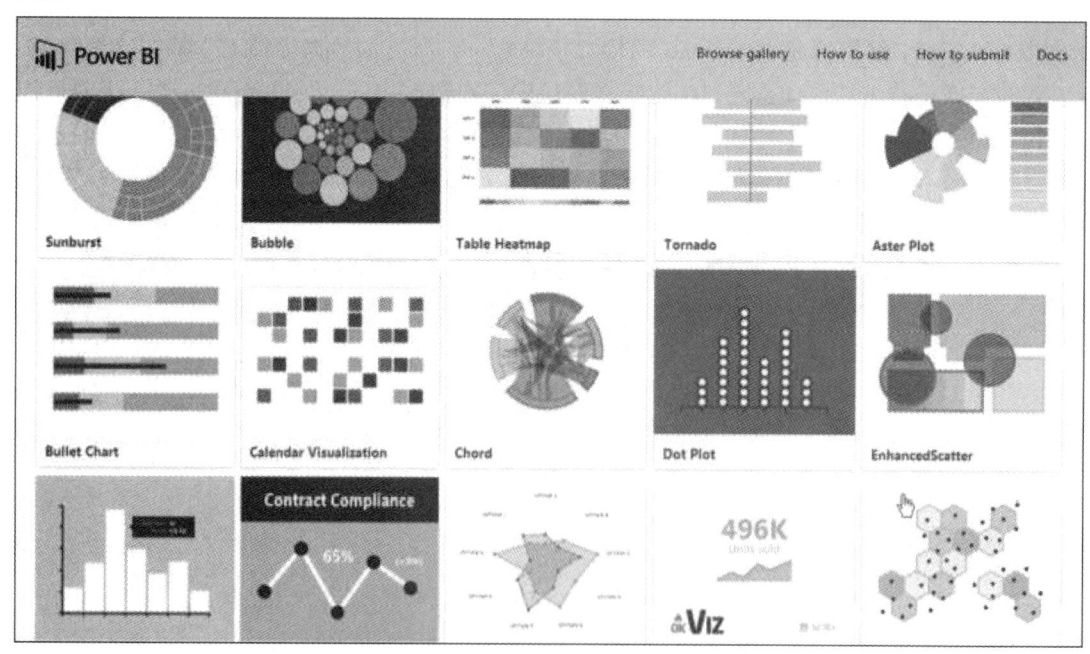

图 5-12　Power BI 部分自定义视觉对象

目前，已有 200 多种自定义图表可供免费下载使用，且数量仍在不断增加。

通过上述介绍，读者应该对 Power BI Desktop 的界面和基本功能有了初步的了解。在后续章节中，我们将通过具体的示例，展示如何使用 Power BI 将数据快速转化为动态的可视化报告，进一步探索 Power BI 的强大功能。

5.4 实践速览：Power BI 的快速体验与应用入门

本节主要介绍使用 Power BI Desktop，将原始数据表迅速转换成一个精美、可交互的可视化报告，如图 5-13 所示。源数据为 1999 年至 2020 年全国部分省（自治区、直辖市）的生产总值数据，以 Excel 格式呈现，如图 5-14 所示。

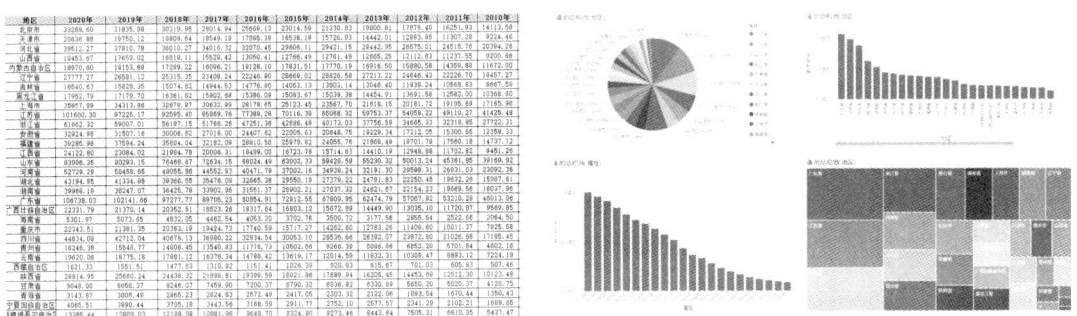

图 5-13 从 Excel 数据到 Power BI 报表

地区	2020年	2019年	2018年	2017年	2016年	2015年	2014年	2013年	2012年	2011年	2010年
北京市	33268.60	31835.98	30319.98	28014.94	25669.13	23014.59	21330.83	19800.81	17879.40	16251.93	14113.58
天津市	20638.88	19750.12	18809.64	18549.19	17885.39	16538.19	15726.93	14442.01	12893.88	11307.28	9224.46
河北省	39512.27	37810.78	36010.27	34016.32	32070.45	29806.11	29421.15	28442.95	26575.01	24515.76	20394.26
山西省	18453.67	17659.02	16818.11	15528.42	13050.41	12766.49	12761.49	12665.25	12112.83	11237.55	9200.86
内蒙古自治区	18970.60	18153.68	17289.22	16096.21	18128.10	17831.51	17770.19	16916.50	15880.58	14359.88	11672.00
辽宁省	27777.27	26581.12	25315.35	23409.24	22246.90	28669.02	28626.58	27213.22	24846.43	22226.70	18457.27
吉林省	16540.63	15828.35	15074.62	14944.53	14776.80	14063.13	13803.14	13046.40	11939.24	10568.83	8667.58
黑龙江省	17952.79	17179.70	16361.62	15902.68	15386.09	15083.67	15039.38	14454.91	13691.58	12582.00	10368.60
上海市	35857.99	34313.86	32679.87	30632.99	28178.65	25123.45	23567.70	21818.15	20181.72	19195.69	17165.98
江苏省	101600.30	97225.17	92595.40	85869.76	77388.28	70116.38	65088.32	59753.37	54058.22	49110.27	41425.48
浙江省	61662.32	59007.01	56197.15	51768.26	47251.36	42886.49	40173.03	37756.59	34665.33	32318.85	27722.31
安徽省	32924.98	31507.16	30006.82	27018.00	24407.62	22005.63	20848.75	19229.34	17212.05	15300.65	12359.33
福建省	39285.98	37594.24	35804.04	32182.09	28810.58	25979.82	24055.76	21868.49	19701.78	17560.18	14737.12
江西省	24122.80	23084.02	21984.78	20006.31	18499.00	16723.78	15714.63	14410.19	12948.88	11702.82	9451.26
山东省	83906.35	80293.15	76469.67	72634.15	68024.49	63002.33	59426.59	55230.32	50013.24	45361.85	39169.92
河南省	52729.29	50458.65	48055.86	44552.83	40471.79	37002.16	34938.24	32191.30	29599.31	26931.03	23092.36
湖北省	43194.95	41334.88	39366.55	35478.09	32665.38	29550.19	27379.22	24791.83	22250.45	19632.26	15967.61
湖南省	39968.19	38247.07	36425.78	33902.96	31551.37	28902.21	27037.32	24621.67	22154.23	19669.56	16037.96
广东省	106738.03	102141.66	97277.77	89705.23	80854.91	72812.55	67809.85	62474.79	57067.92	53210.28	46013.06
广西壮族自治区	22331.79	21370.14	20352.51	18523.26	18317.64	16803.12	15672.89	14449.90	13035.10	11720.87	9569.85
海南省	5301.97	5073.65	4832.05	4462.54	4053.20	3702.76	3500.72	3177.56	2855.54	2522.66	2064.50
重庆市	22343.51	21381.35	20363.19	19424.73	17740.59	15717.27	14262.60	12783.26	11409.60	10011.37	7925.58
四川省	44634.08	42712.04	40678.13	36980.22	32934.54	30053.10	28536.66	26392.07	23872.80	21026.68	17185.48
贵州省	16246.38	15546.77	14806.45	13540.83	11770.70	10502.56	9086.86	8086.86	6852.20	5701.84	4602.16
云南省	19620.06	18775.18	17881.12	16376.34	14788.42	13619.17	12814.59	11832.31	10309.47	8893.12	7224.18
西藏自治区	1621.33	1551.51	1477.63	1310.92	1151.41	1026.39	920.83	815.67	701.03	605.83	507.46
陕西省	26814.95	25660.24	24438.32	21898.81	19399.59	18021.86	17689.94	16205.45	14453.68	12512.30	10123.48
甘肃省	9048.00	8658.37	8246.07	7459.90	7200.37	6790.32	6836.82	6330.69	5650.20	5020.37	4120.75
青海省	3143.87	3008.49	2865.23	2624.83	2572.49	2417.05	2303.32	2122.06	1893.54	1670.44	1350.43
宁夏回族自治区	4065.51	3890.44	3705.18	3443.56	3168.59	2911.77	2752.10	2577.57	2341.29	2102.21	1689.65
新疆维吾尔自治区	13385.44	12809.03	12199.08	10881.96	9649.70	9324.80	9273.46	8443.84	7505.31	6610.05	5437.47

图 5-14 Excel 源数据

下面介绍 Power BI 的操作流程。

1. 数据导入

首先，打开 Power BI Desktop，在"数据"组中单击"Excel"，将看到三处可以进行 Excel 的导入，如图 5-15 所示。

从 Excel 到 Power BI：数据分析实战教程

图 5-15 获取 Excel 格式数据

接下来，从本地路径中选择 Excel 文件，在弹出的"导航器"窗口中选择"转换数据"，如图 5-16 所示。

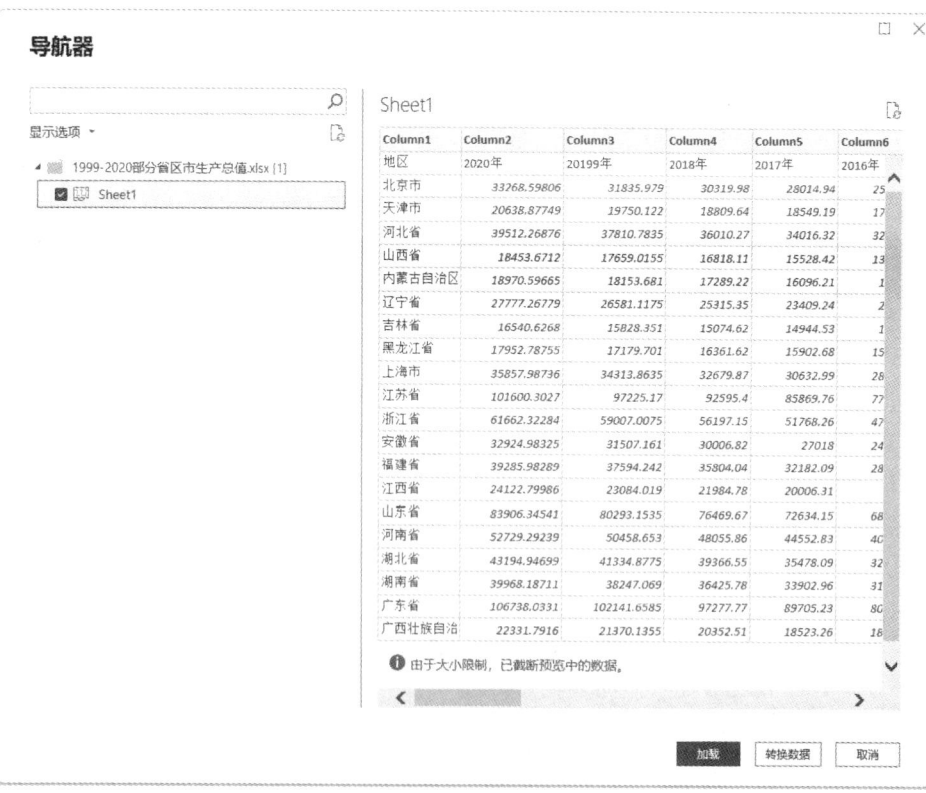

图 5-16 转换数据

数据随后将被导入 Power BI 的 Power Query 编辑器中，如图 5-17 所示。

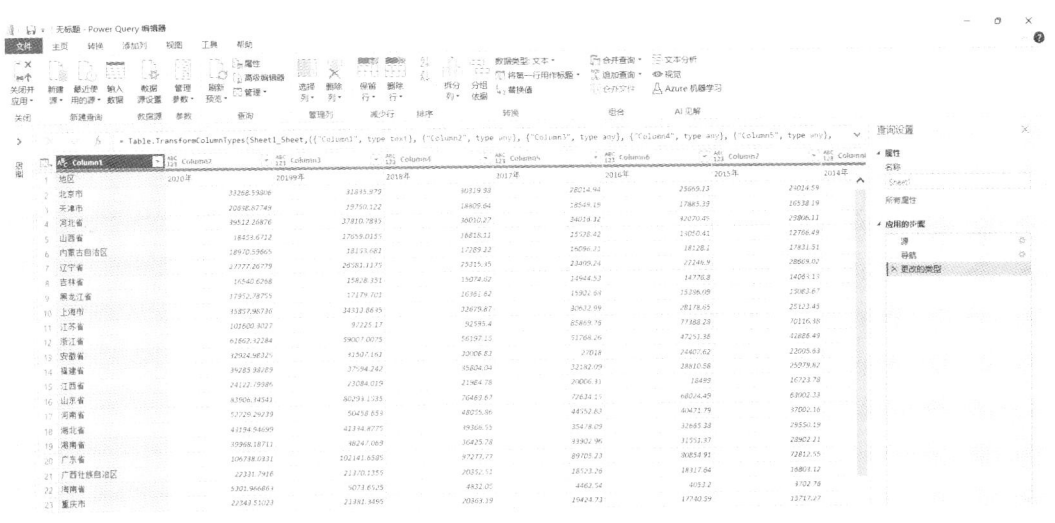

图 5-17 导入 Power Query 中的数据

2. 数据清洗

接下来，使用 Power Query 进行数据清洗。Power Query 是 Power BI 的数据清洗模块，可以帮助用户快速整理数据。

数据清洗步骤如下：

（1）将第一行用作标题。

在 Power Query 中第一行就是数据行，如果标题在第一行，可以单击功能栏上的"将第一行用作标题"，如图 5-18 所示。

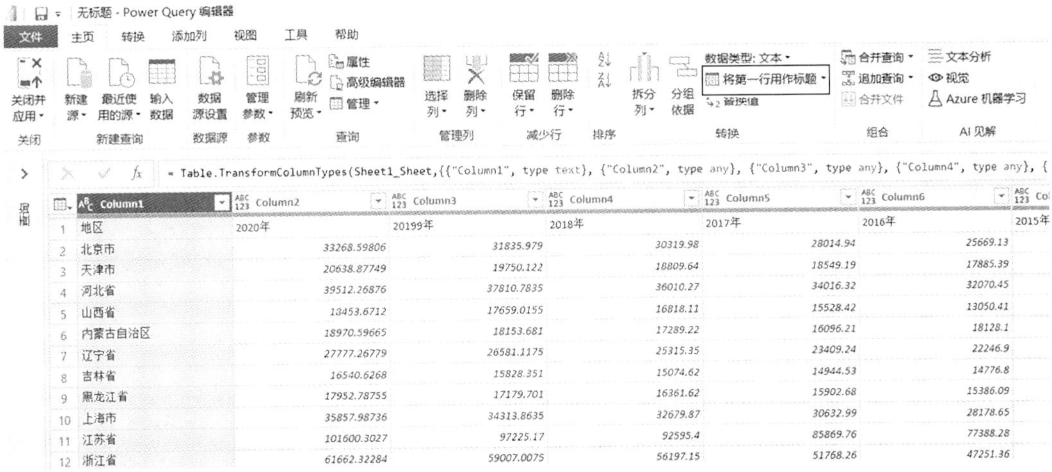

图 5-18 将第一行用作标题

（2）二维表转一维表。

源数据是一个二维表，为了便于分析，需要转为一维表。在 Power Query 中进行这样的转换很简单，选中"地区"列，单击"逆透视其他列"，这样就变了一维表，如图 5-19 所示。

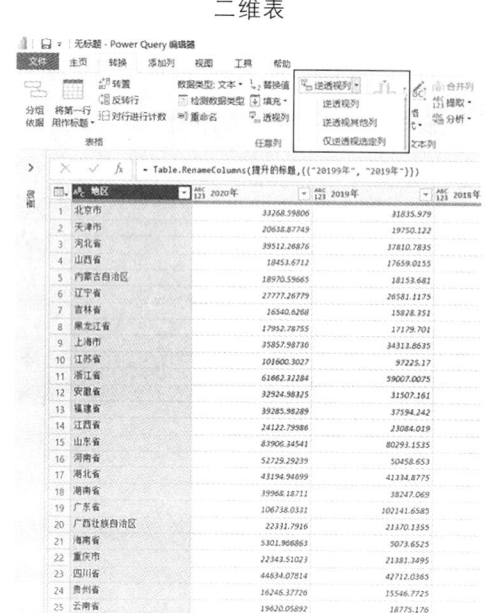

图 5-19　二维表转一维表

（3）完成整理。

修改标题，并将"年度"字段中的"年"去掉，数据整理完成，然后可以在字段区看到这个表的 3 个字段，如图 5-20 所示。

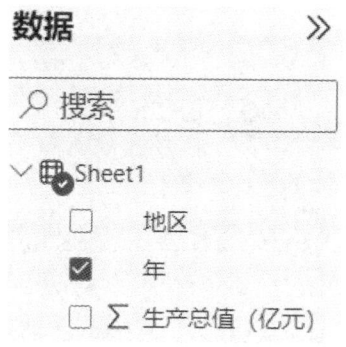

图 5-20　该表的 3 个字段

3. 制作可视化报告

在 Power BI 中，只需要选择一个图表类型，然后拖拽字段到图表中，就可以生成一个可视化图表。

（1）制作生产总值年度走势图。

选择柱形图，然后将"地区"字段放到"轴"中，"生产总值"字段放到"值"中，如图 5-21 所示。

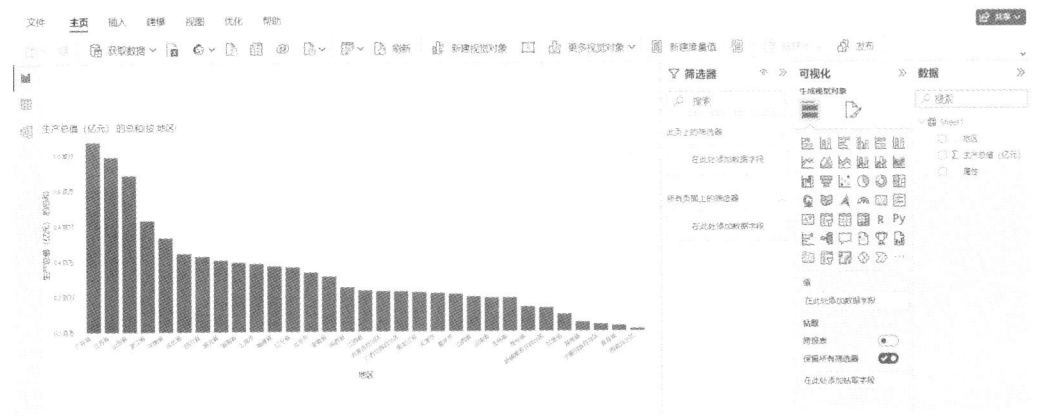

图 5-21 地区走势图

（2）用同样的方式再生成三个图表。

卡片图：用来展示生产总值的数据。

条形图：用来展示各省份的生产总值排名。

树形图：用来直观展示生产总值的分布情况。

主要的图表制作完成，如图 5-22 所示。

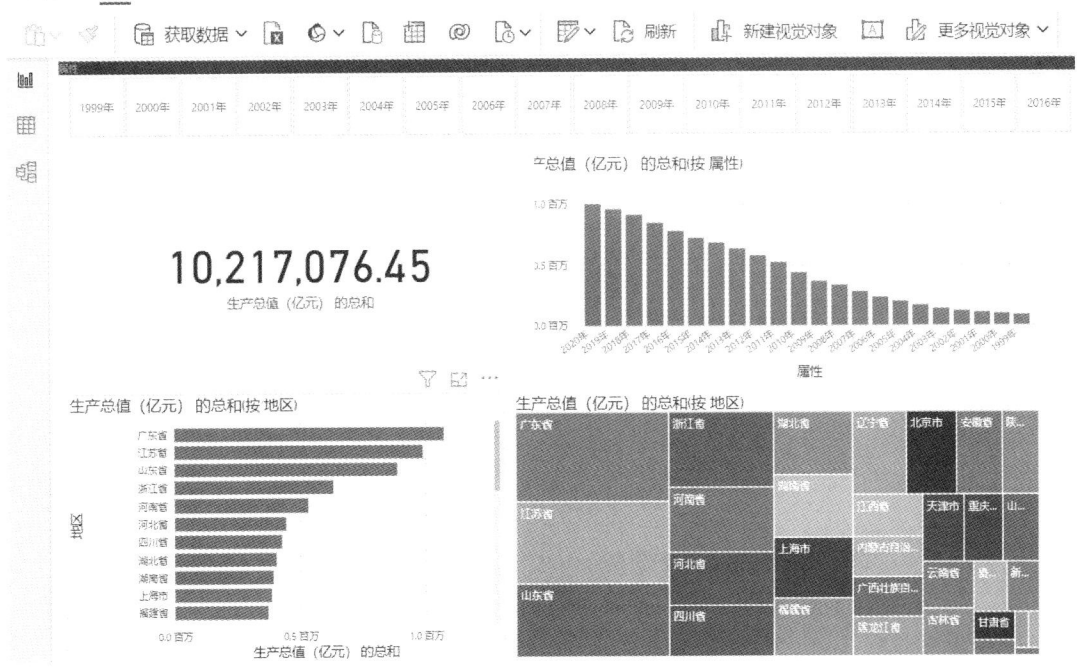

图 5-22 Power BI 图表

（3）添加年度切片器。

上面这几个图表显示的地区数据是所有年度的生产总值之和，如果想查看每个年度的数据，添加一个切片器就可以了，如图 5-23 所示。

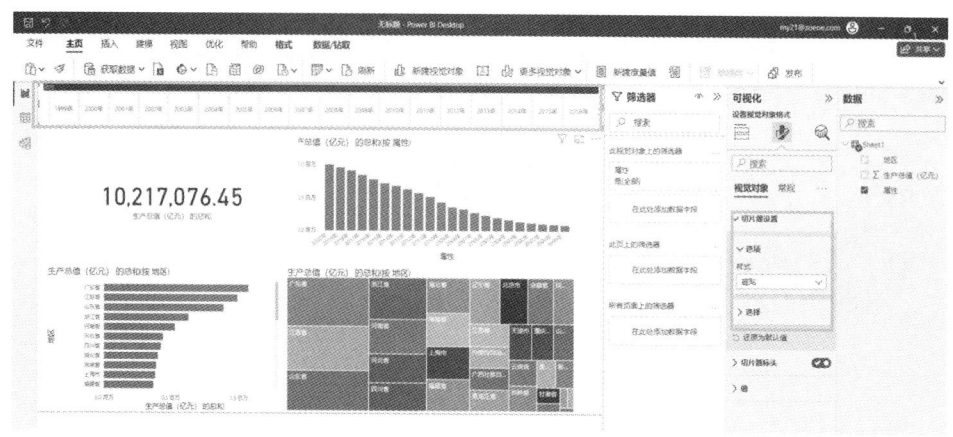

图 5-23 添加切片器

重要提示：

关于切片器，在"格式"→"常规"→"样式"中，设置为"磁贴"，就可以显示如图 5-23 所示的样式。然后在上方添加一个文本框作为报告标题，Power BI 可视化报告就制作完成了。当对 Power BI 的操作变得熟练后，仅需几分钟，便能迅速生成如此直观的可视化图表。虽然初看之下，这些报表可能并不显得与众不同，但它们的真正魅力在于 Power BI 所独有的动态交互性。这种交互性意味着每个图表都不是静止的，而是活跃的、可操作的，能够实时响应用户的查询和选择。单击年度切片器，其他图表会动态切换为该年度的数据；如果单击条形图的某个省份，其他图表也显示为该省份的数据，如单击条形图的"广东省"，切片器选为 2018，效果如图 5-24 所示。

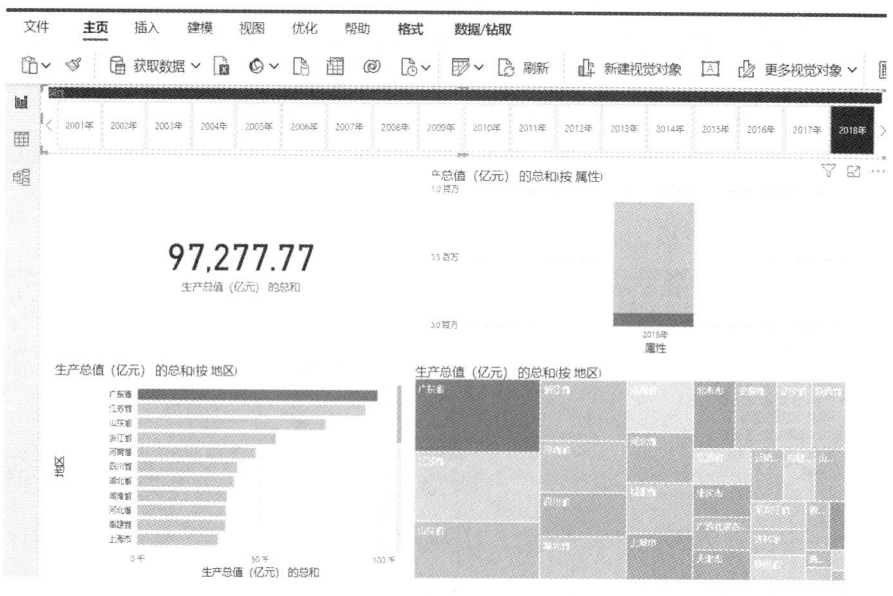

图 5-24 广东省 2018 年数据

单击树状图中的某个省份，比如单击"广东省"，其他图表同样会动态响应，效果如图 5-25 所示。

第 2 部分　Power BI 探秘：数据宇宙的视觉盛宴

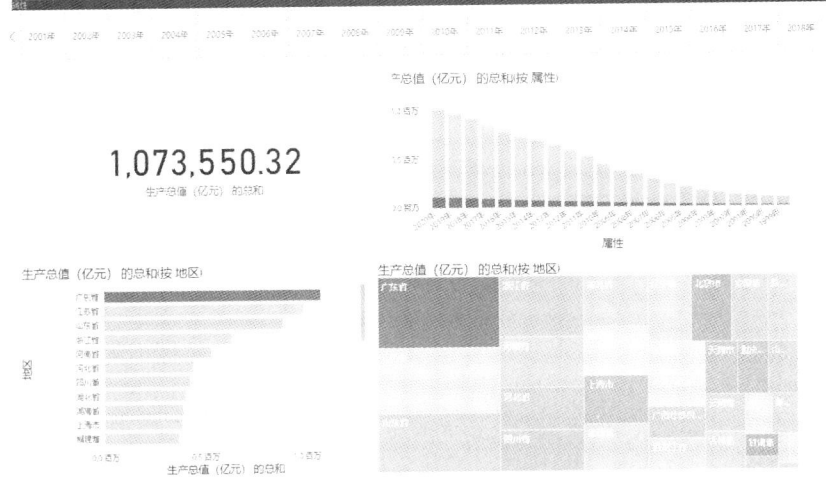

图 5-25　广东省数据

以上只是基本的交互形式，在 Power BI 中还有更丰富、更高级的交互方式，在以后章节重点介绍。

重要提示：

关于上面介绍的交互，可能读者单击某个数据，其他图表变成只有一个数据了，这涉及编辑交互的技巧，具体操作可参考本书后面的章节。

以上报表布局是适应计算机端的，Power BI 还支持移动端布局，以满足移动端查看报表的需要。单击"视图"→"移动布局"，前面制作好的各个图表已存放在右侧的可视化栏，分别将其拖到画布上即可，如图 5-26 所示。

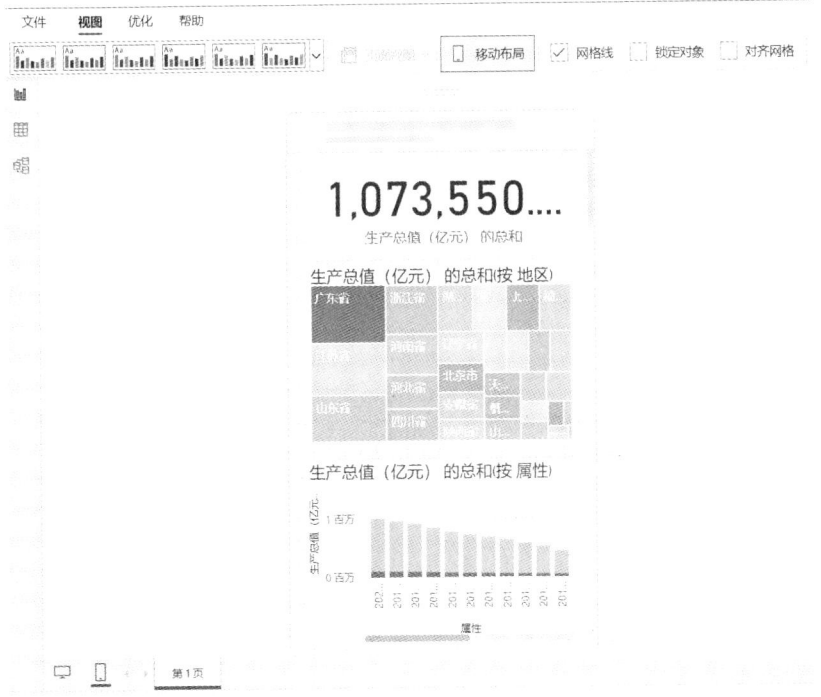

图 5-26　移动布局

将此报表发布以后，就可以在 Power BI App 上按照移动布局来查看了。

4. 发布分享

除了在 Power BI Desktop 中查看这张报表，还可以发布报表，其他人可以随时随地查看。如果读者已经注册账号，登录以后，单击"发布"按钮即可发布报表，如图 5-27 所示。

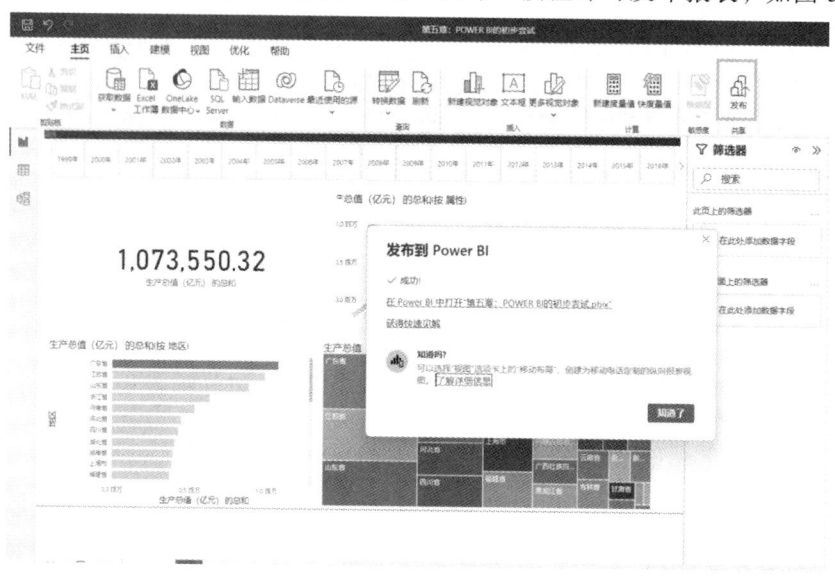

图 5-27　发布报表

通过本节的实践，你已经体验了如何使用 Power BI Desktop 将原始数据快速转换为可视化报告，并感受到了 Power BI 的动态交互功能。在后续章节中，我们将进一步探索 Power BI 的高级功能和交互技巧，帮助你更深入地掌握这一强大的数据分析工具。

在浏览器中登录 Power BI 服务，即可在线查看，并且在 Power BI App 中同样可以查看该报表的移动布局，如图 5-28 所示。

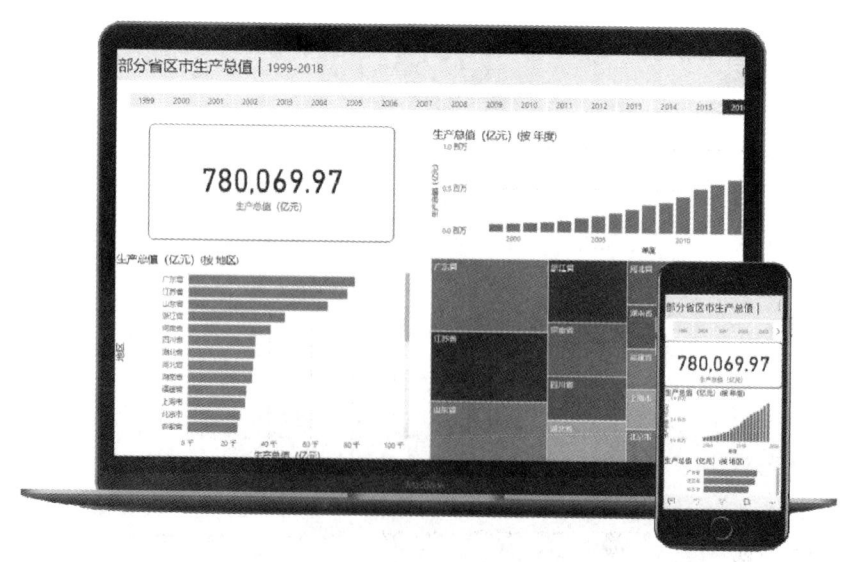

图 5-28　在多种设备上随时随地查看报表

本章小结

本章旨在引导读者从 Excel 基础出发，逐步深入探索 Power BI 的丰富功能，开启一段数据探索之旅。首先，强调了数据驱动决策的重要性，指出在信息爆炸的时代，数据已成为企业和组织不可或缺的宝贵资源。通过深入分析数据，企业能够捕捉市场动态、优化业务流程、提升客户体验，并实现更精准的业务决策。Power BI 作为一款集成数据连接、建模、分析及可视化的商业智能工具，为用户提供了全面的解决方案，使得即便是非技术用户也能轻松洞悉数据背后的深层含义。

接着，详细介绍了 Power BI 的基础架构及其核心组件，包括 Power BI Desktop、Power BI 服务和 Power BI 移动版。Power BI Desktop 是数据分析的主要工具，提供了丰富的交互式可视化效果和先进的数据查询及建模功能；Power BI 服务则是一个在线平台，支持用户查看、分享和发布报表；Power BI 移动版允许用户在移动设备上随时随地访问和交互数据报表。这些组件协同工作，确保数据分析的灵活性和可访问性。

本章还对比了 Power BI 与 Excel Power 插件的区别，突出了 Power BI 的优势，如成本效益、频繁的功能更新、现代化的用户体验、强大的高级分析能力和便捷的集成与共享功能。对于已经熟悉 Excel 的用户，转向 Power BI 并不意味着放弃已知的技能，而是可以通过逐步学习和社区支持，平滑过渡到这一更强大的工具。

最后，通过一个具体的实践案例，展示了如何使用 Power BI Desktop 将原始数据快速转换为动态、交互式的可视化报告。从数据导入、清洗、建模到可视化展示，每个步骤都进行了详细说明，帮助读者掌握 Power BI 的基本操作流程。通过这些内容的学习，读者不仅能够高效地处理和分析数据，还能利用 Power BI 的强大功能，为个人职业发展和企业决策提供强有力的支持。

思考题

1. 单选题

（1）Power BI 的主要作用不包括以下哪项？（　　）

A. 数据连接　　　B. 数据建模　　　C. 数据可视化　　　D. 数据加密

（2）Power BI 与 Excel Power 插件的主要差异不包括（　　）。

A. 成本效益　　　B. 功能更新　　　C. 用户体验　　　D. 减少数据源支持

（3）Power BI 移动版的主要功能是（　　）。

A. 只能在 iOS 设备上使用

B. 只能在 Android 设备上使用

C. 在移动设备上查看和交互数据报表

D. 无法查看报表

（4）Power BI 的哪个组件用于数据清洗？（　　）

A. Power BI Desktop　　　　　　B. Power BI 服务

C. Power Query 编辑器　　　　　D. Power BI 移动版

（5）在 Power BI 中，哪个操作用于将二维表转换为一维表？（　　）
A. 透视表　　　　　　　　　B. 逆透视其他列
C. 合并查询　　　　　　　　D. 分组依据
（6）Power BI Desktop 制作的报告保存的文件格式是（　　）。
A. .xls　　　　B. .xlsx　　　　C. .pbix　　　　D. .csv
（7）Power BI Desktop 可以通过以下哪种方式安装？（　　）
A. 只能通过微软网站下载安装
B. 只能通过 Microsoft Store 安装
C. 通过 Microsoft Store 安装或从微软网站下载安装
D. 通过电子邮件发送安装包
（8）在 Power BI Desktop 中，用户可以通过哪个视图查看和管理数据？（　　）
A. 报告视图　　B. 数据视图　　C. 模型视图　　D. 自定义视图

2. 多选题

（1）Power BI 的发展趋势包括哪些方面？（　　）
A. 自动辨识数据模式
B. 预测未来趋势
C. 减少数据可视化
D. 增强现实（AR）和虚拟现实（VR）技术的应用
（2）Power BI 与 Excel Power 插件的五大差异点包括（　　）。
A. 成本效益　　　　　　B. 功能更新　　　　　　C. 用户体验
D. 高级分析能力　　　　E. 集成与共享
（3）Power BI Desktop 支持的数据来源包括（　　）。
A. Excel　　　　　　　　B. SQL Server
C. 文本/CSV 文件　　　　D. 网页数据
（4）Power BI 移动版提供了哪些功能？（　　）
A. 查看数据报表　　　　B. 交互数据报表
C. 实时更新数据　　　　D. 管理数据安全性
（5）Power BI Desktop 支持从哪些数据来源获取数据？（　　）
A. Excel　　　　　　　　B. SQL Server
C. 文本/CSV 文件　　　　D. 网页数据

3. 判断题

（1）Power BI 不支持创建动态、交互式的报告和仪表板。（　　）
（2）Power BI 移动版只能在 iOS 设备上使用。（　　）
（3）Power BI 的报表发布后，只能在 Power BI 服务中查看。（　　）
（4）Power BI 仅支持云服务作为数据源，不支持本地数据库和实时数据流。（　　）
（5）Power BI Desktop 是专为分析师设计的桌面应用程序，提供了丰富的交互式可视化效果和先进的数据查询及建模功能。（　　）

4. 问答题

随着 Power BI 等高级数据分析工具的发展，企业如何优化其数据策略以适应新的数据分析工具和方法？请讨论企业在数据收集、存储、处理和分析方面可能需要做出的变革，并探讨这些变革如何帮助企业更好地利用数据资产。

 **复习提纲**

第5章 启航BI：Power BI 基础	5.1 转型动力：Excel 至 Power BI 的升级	1. Power BI 与 Excel Power 插件的五大差异点	成本效益 功能更新 用户体验 高级分析能力 集成与共享
		2. 从Excel到Power BI的平滑过渡策略	利用现有知识 逐步学习 社区支持
	5.2 架构蓝图：Power BI的系统框架概览	1. Power BI 的主要组件	Power BI Desktop Power BI 服务 Power BI 移动版
		2. Power BI 的工作流程	数据导入 报告创建 发布共享
	5.3 探索之门：Power BI的初步接触与理解	1. 安装 Power BI Desktop	通过 Microsoft Store 安装 从微软网站下载安装
		2. 认识 Power BI Desktop 界面	数据获取 Power Query 编辑器 数据视图 模型视图 数据可视化
	5.4 实践速览：Power BI的快速体验与应用入门	1. 数据导入	
		2. 数据清洗	将第一行用作标题 二维表转一维表 完成整理
		3. 制作可视化报告	制作生产总值年度趋势图 添加年度切片器 移动布局
		4. 发布分享	

第 6 章　数据炼金：数据清洗与转换

🎯 学习目标

○ 知识目标
（1）理解数据清洗的重要性及其在数据分析过程中的作用。
（2）掌握数据标准化的概念，包括数据格式统一、异常值处理和数据类型转换。
（3）学习 Power BI 中查询编辑器的工作原理和使用方法。
（4）了解自定义数据转换的策略，包括数据拆分、合并和聚合。
（5）认识数据整合的概念，包括数据合并、重塑和去重。

○ 技能目标
（1）能够使用 Power BI 进行高效的数据清洗，包括去除重复项、修正错误数据和处理缺失值。
（2）熟练运用 Power BI 的查询编辑器进行数据的预处理和转换。
（3）能够自定义数据转换步骤，以适应特定的分析需求。
（4）掌握使用 Power BI 进行数据整合的技巧，包括合并多个数据源和重塑数据结构。
（5）能够识别并解决数据清洗和转换过程中的常见问题。

○ 素养目标
（1）培养学生对数据质量重要性的认识，提高学生对数据准确性和完整性的重视。
（2）提高学生在数据预处理阶段的耐心，培养学生对细节的关注。
（3）强化学生在数据清洗和转换过程中的批判性思维，鼓励学生质疑数据的来源和可靠性。
（4）通过案例分析和实际操作，培养学生解决问题的能力和创新思维。
（5）通过团队合作项目，培养学生的协作精神和沟通能力，以及在团队中有效表达自己观点的能力。
（6）激发学生对数据科学的兴趣，鼓励学生探索数据背后的深层次含义和潜在价值。

思政融合：数据清洗、转换的社会责任与伦理意识

某城市政府希望利用大数据改善城市交通状况，减少交通拥堵，提高市民的出行效率。政府收集了大量交通流量数据，包括车辆通行时间、交通信号灯状态、交通事故记录等。现在需要对这些数据进行清洗和转换，以便进行深入分析。

1. 数据清洗与社会责任感

在清洗交通流量数据时，我们不仅要确保数据的准确性和完整性，还要考虑数据背后代表的每一个出行者。例如，清洗交通事故数据时，我们应确保不泄露任何个人隐私信息，同时要认识到每一起事故背后都可能有一个家庭的悲伤。这样的实践教会了我们如何在技术操作中体现人文关怀和社会责任感。

2. 数据转换与伦理意识

在将原始数据转换为可用于分析的格式时，可能面临各种伦理挑战，如数据的代表性、数据的偏见问题等。例如，如果数据集中某些区域的交通数据明显缺失，我们不能简单地忽略这些区域，因为这可能导致对这些区域居民出行需求的忽视。我们需要采取额外的步骤来确保数据转换过程中的公正性和代表性。

3. 数据整合与公平性

在整合不同来源的交通数据时，应考虑到数据的公平性。例如，如果某些交通数据主要来自私家车，而忽略了公共交通用户的数据，那么分析结果可能偏向于私家车主的利益。我们需要确保数据整合过程中考虑到所有交通参与者的利益，以实现公平的数据分析。

思考与讨论

（1）在进行数据清洗和转换时，你认为应该如何平衡技术操作的精确性和对数据背后个体的尊重？

（2）你认为在数据清洗和转换的过程中，哪些伦理原则是必须遵守的，为什么？

6.1 数据获取：从 Power Query 学习数据获取

在数据分析的旅程中，我们首先需要掌握的技艺就是数据炼金——将杂乱无章的数据转化为清晰、有序的信息。Power BI，这款强大的数据分析平台，为我们提供了连接各种数据源的能力，无论是 Excel 表格、文本文件，还是数据库、云服务，甚至是网页数据，都能被 Power BI 轻松纳入分析的范畴。

6.1.1 认识 Power Query

Power BI 的数据处理核心是 Power Query，一个强大的数据连接和准备工具。

在 Power BI Desktop 中，若你尚未加载任何数据，可以通过以下步骤进入 Power Query 编辑器：

（1）点击"获取数据"按钮。

（2）从下拉菜单中选择需要的数据格式。

（3）导入数据后，系统将自动打开 Power Query 编辑器，如图 6-1 所示。

图 6-1 Power Query 入口

若已经导入了数据,并希望进行查看或编辑,可以通过点击"转换数据"按钮来重新进入 Power Query 编辑器。此时,将看到如图 6-2 所示的界面。

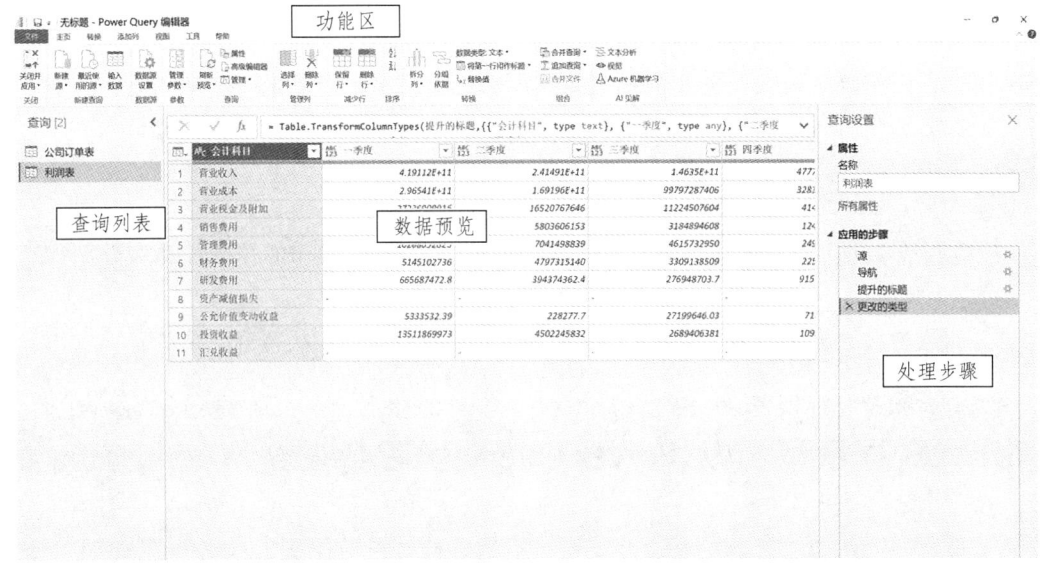

图 6-2 Power Query 编辑器

Power Query 作为一个高效的数据处理工具,具有以下显著优势:

(1)操作简单:即便是数据处理的初学者,也可以不依赖复杂的函数,仅通过使用直观的界面功能,就能完成大部分数据处理任务。

(2)数据量不限:Power Query 突破了传统 Excel 中数据行数的限制,允许处理更大规模的数据集。

(3)自动化:Power Query 能够记录所有的数据处理步骤,当数据源更新后,只需刷新即可自动应用之前的处理步骤,避免了重复操作。

6.1.2 导入数据

在开始使用 Power BI 进行数据分析之前,首要任务是将数据导入 Power BI 中。Power Query,作为 Power BI 的核心数据处理组件,提供了从各种数据源导入数据的强大功能。

图 6-3 展示了可以导入 Power BI 的数据类型。Power Query 不仅支持微软自己的数据格式，如 Excel、SQL Server、Access 等，还兼容 SAP、Oracle、MySQL、DB2 等几乎所有类型的数据格式。

图 6-3　可以导入的数据类型

1. 网页获取数据

Power Query 的另一个显著优势是其能够从本地文件获取数据，也能从网页抓取数据。例如，实时抓取股票涨跌、外汇牌价等交易数据。下面，我们将演示如何从网站抓取某车企的股票信息。

（1）单击"获取数据"，选择"Web"。

（2）在弹出的窗口中输入某车企的股票信息网址，如图 6-4 所示。Power BI 进行链接后，将读取网页信息。

从 Excel 到 Power BI：数据分析实战教程

图 6-4 从 Web 获取数据

（3）单击"确定"后，会出现数据预览窗口。在网页上可能存在多个数据表，如果出现多个，可以通过单击左侧的表格来预览。例如，"表 18"可能是我们需要获取的信息表，如图 6-5 所示。

图 6-5 网页数据预览

（4）单击"转换数据"，进入查询编辑器，完成数据获取，如图 6-6 所示。

第 2 部分　Power BI 探秘：数据宇宙的视觉盛宴

	Column1	Column2	Column3	Column4
1	民生证券	买入	系列点评十五：销量再创新高 多品牌新车齐...	2024/10/3
2	平安证券	增持	26洛型车上行空间仍大，高端化任重道远	2024/9/26
3	中泰证券	买入	比亚迪深度研究系列（3）：技术赋能Z9设计...	2024/9/14
4	申港证券	买入	公司点评：出海表现亮眼 智能化加速推进	2024/9/11
5	海通国际	增持	公司半年报点评：汽车业务稳健向上，第五...	2024/9/5
6	东兴证券	持有	电动两轮车行业：监管趋严带来存量替换需...	2024/9/30
7	天风证券	增持	汽车行业深度研究：三重成长共振，新周期...	2024/9/30
8	中国银河	买入	汽车行业周报：交易情绪回暖，关注超跌及...	2024/9/30
9	平安证券	持有	汽车行业深度报告：智驾分水岭已至	2024/9/29
10	中原证券	增持	汽车行业月报：新车型密集上市，以旧换新...	2024/9/29

图 6-6　完成数据获取

通过以上步骤获取的数据可以随时刷新，这意味着不需要再手动从网页上复制数据然后粘贴到表格中，这大大简化了数据更新的流程。

2. 文档获取数据

在 Power BI 中，除了从表格、网页获取数据外，还可以从单个文档获取数据。这一过程与从文件夹获取数据类似，但更加专注于单个文件的处理。以下是从单个文档获取数据的步骤：

（1）选择数据源。

打开 Power BI，点击"获取数据"按钮，选择"更多"类别，然后根据数据文件类型选择相应的选项，如图 6-7 所示，选择需要的 PDF 文档。

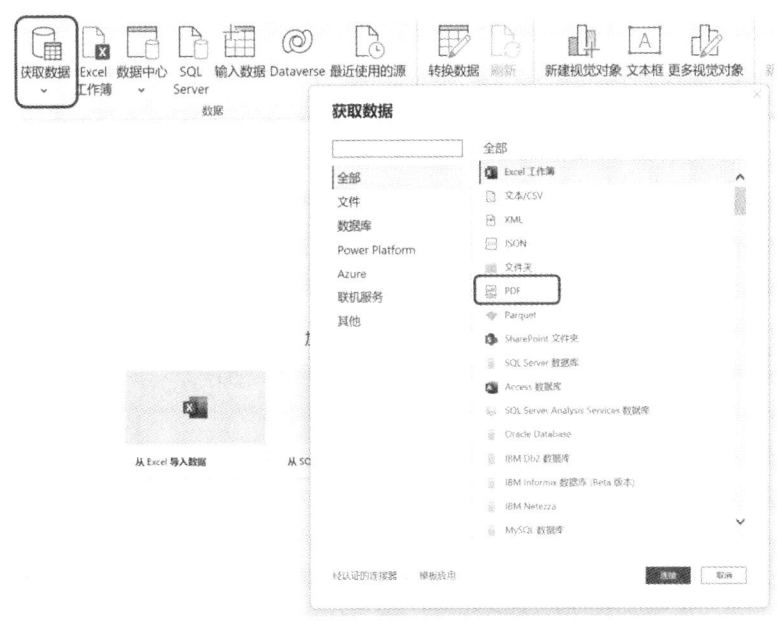

图 6-7　选择数据源

（2）加载数据。

选择文件后，点击"链接"按钮，Power BI 会自动加载文档中的数据。此时，可以在 Power BI 的字段列表中看到加载的数据，并可以根据文档的页码选取需要进行分析的表格，如图 6-8 所示。

图 6-8 选择需要分析的表格

（3）数据转换。

如果需要对加载的数据进行转换或清洗，可以点击"转换数据"按钮进入 Power Query 编辑器。在这里，可以进行一系列数据清洗和转换操作，如图 6-9 所示。

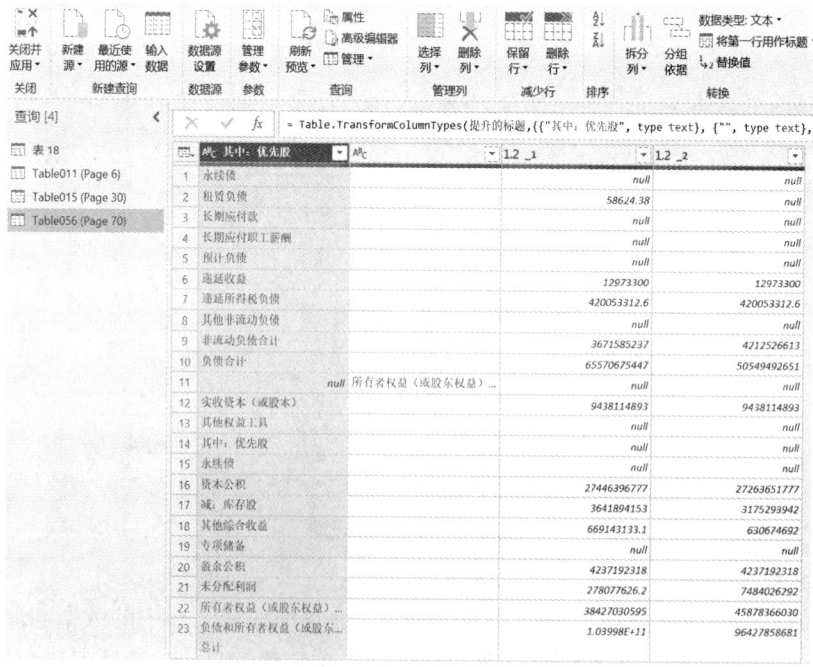

图 6-9 数据转换

(4)应用转换。

完成数据转换后,点击"关闭并应用"按钮,将数据加载到 Power BI 的数据模型中。此时,可以开始创建报表和仪表板,如图 6-10 所示。

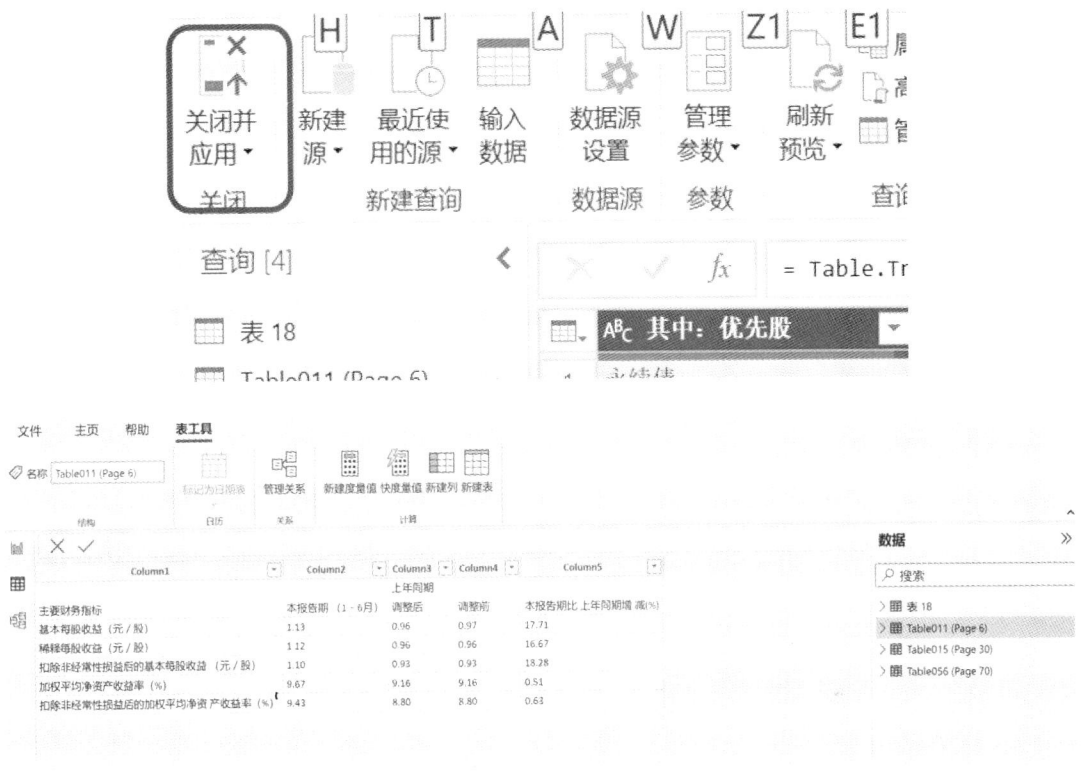

图 6-10　应用转换

3. 文件夹获取数据:批量合并多个工作簿数据

在处理大量分散在不同工作簿中的数据时,Power BI 提供了一种高效的解决方案,即通过文件夹汇总功能批量合并数据。操作步骤如下:

(1)准备数据。

将所有需要合并的工作簿放置于同一文件夹中,以便于批量处理,如图 6-11 所示。

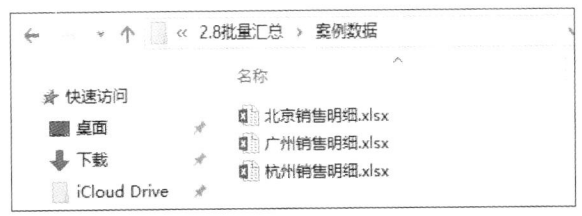

图 6-11　文件夹数据

(2)获取数据。

打开 Power BI,选择"获取数据"→"全部"→"文件夹",如图 6-12 所示。接着,选择包含工作簿的文件夹位置。

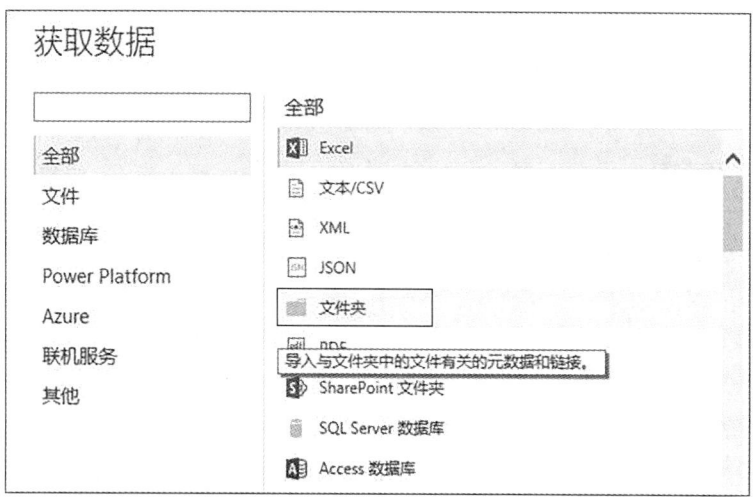

图 6-12 从文件夹获取数据

（3）数据组合。

在预览界面中点击"组合"，选择"组合并加载数据"，如图 6-13 所示。

图 6-13 数据组合

（4）进入 Power Query 编辑器。

进入 Power Query 编辑器，可以对表格进行清洗，如图 6-14 所示。

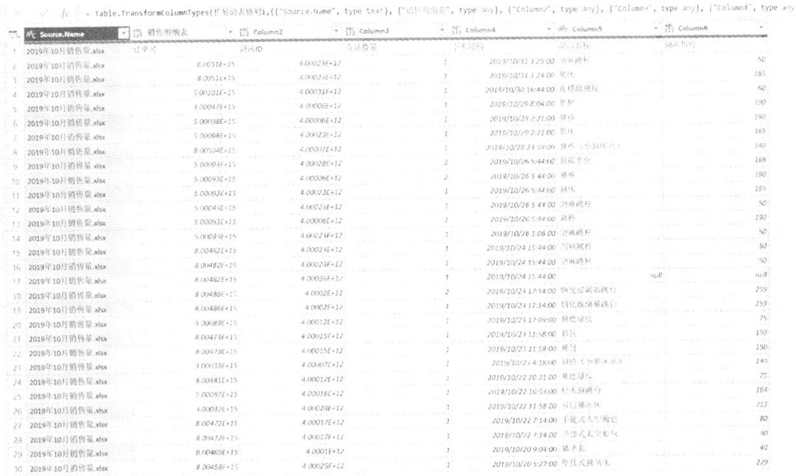

图 6-14 进入 Power Query 编辑器

6.2 数据清洗：Power Query 的实际操作

在数据分析领域，将导入的数据进行整理的过程通常被称为"数据清洗"。数据清洗的目的在于将杂乱无章的"脏"数据转化为可用于分析的"干净"数据。下面将介绍 Power Query 中常用的数据清洗功能。

6.2.1 提升标题

在 Excel 中，第一行通常作为标题行，而数据从第二行开始。但在 Power Query 中，数据记录从第一行就开始，标题则位于数据之上。通常情况下，Power Query 会自动将第一行识别为标题，如果需要手动设置，可以点击功能栏的"将第一行用作标题"，如图 6-15 所示。

如果需要将标题降为第一行，可以使用"将标题作为第一行"的功能，这在某些情况下特别有用。

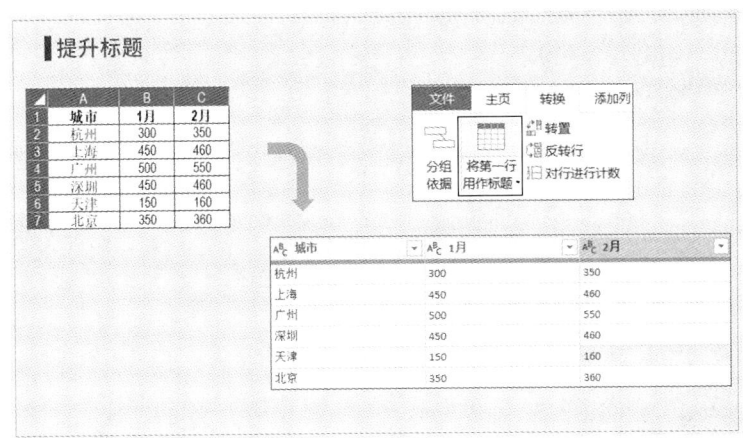

图 6-15 提升标题行

6.2.2 更改数据类型

设置正确的数据类型对后续的数据建模和可视化至关重要。为了避免后期出现错误,从一开始就应该养成将数据更改为合适类型的好习惯。更改数据类型的方法如图6-16所示。

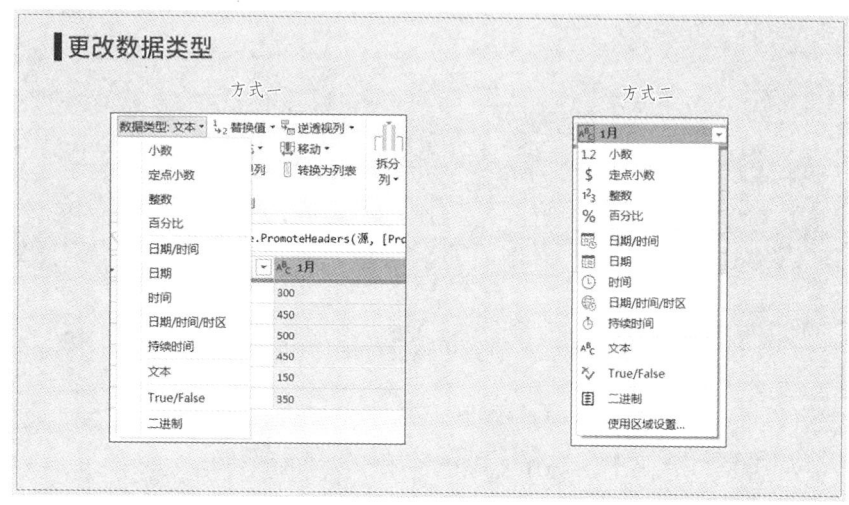

图6-16 更改数据类型

6.2.3 删除错误/空值

导入的数据可能包含错误值(Error)或空值(null)。根据分析需求,可以通过右键点击字段选择"删除错误",或通过筛选按钮去除相应错误和空值,如图6-17所示。

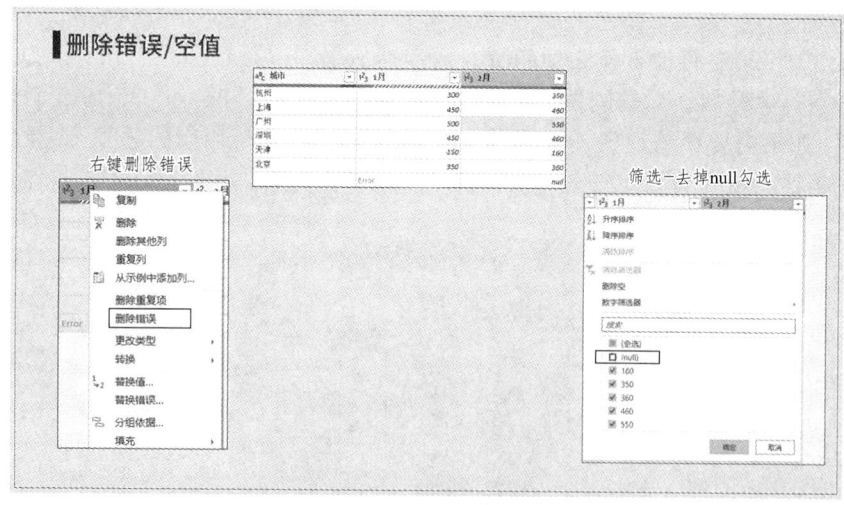

图6-17 删除错误/空值

6.2.4 删除重复项

在Power Query中删除重复项非常简单,只需选中需要删除的列,右键点击后选择"删除重复项",如图6-18所示。

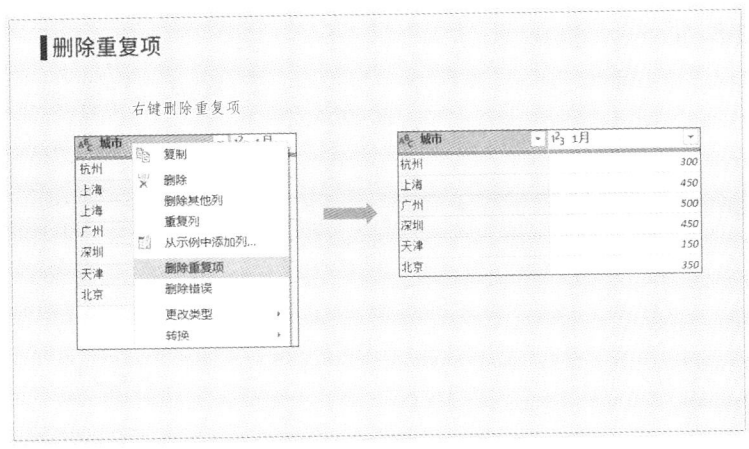

图 6-18　删除重复项

6.2.5　填　充

在 Excel 中常见的合并单元格，在导入 Power Query 后可能变成空值。为了补充完整数据，可以直接向下填充，如图 6-19 和图 6-20 所示。根据需要，也可以选择向上填充。

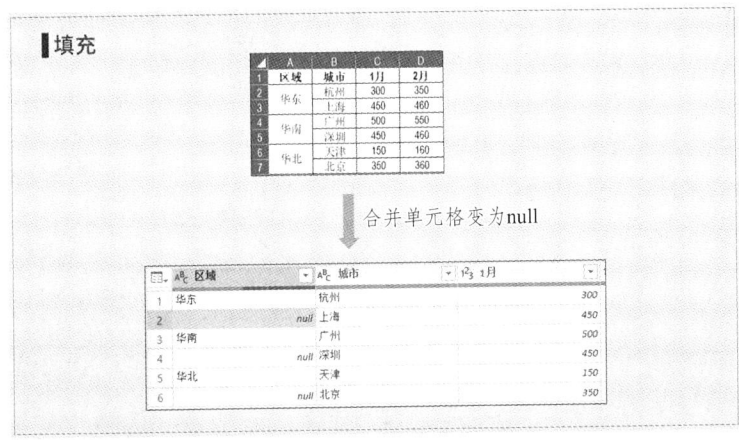

图 6-19　合并单元格导入 Power Query 后变为空值

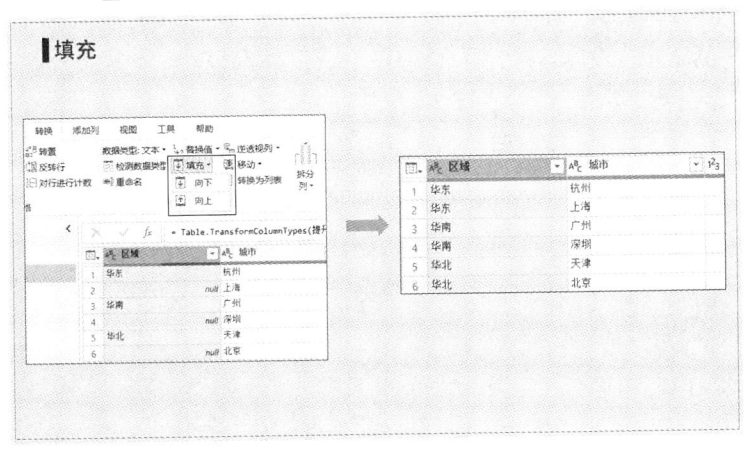

图 6-20　向下填充

6.2.6 合并列

在 Power Query 中，选择需要合并的列，然后在菜单栏中点击"合并列"，设置合并列之间的分隔符，如图 6-21 所示。同时，可以提前输入新的列名，或在合并后双击列名来更改。

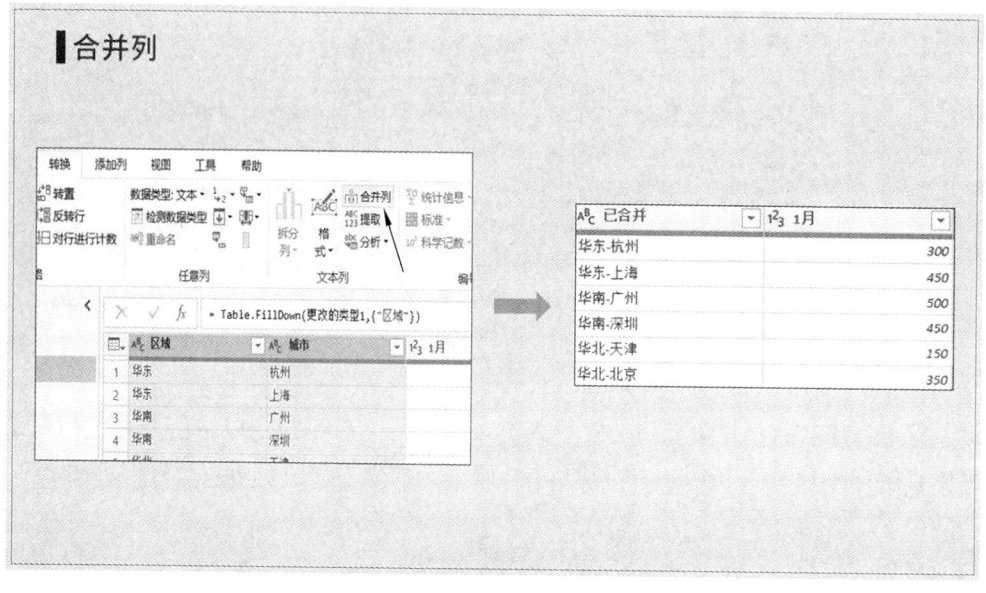

图 6-21　合并列

6.2.7 拆分列

拆分列是数据处理中常见的需求。Power Query 中的拆分列功能类似于 Excel 中的分列，但其功能更为强大。例如，可以将合并的列拆分回原来的格式，如图 6-22 所示。

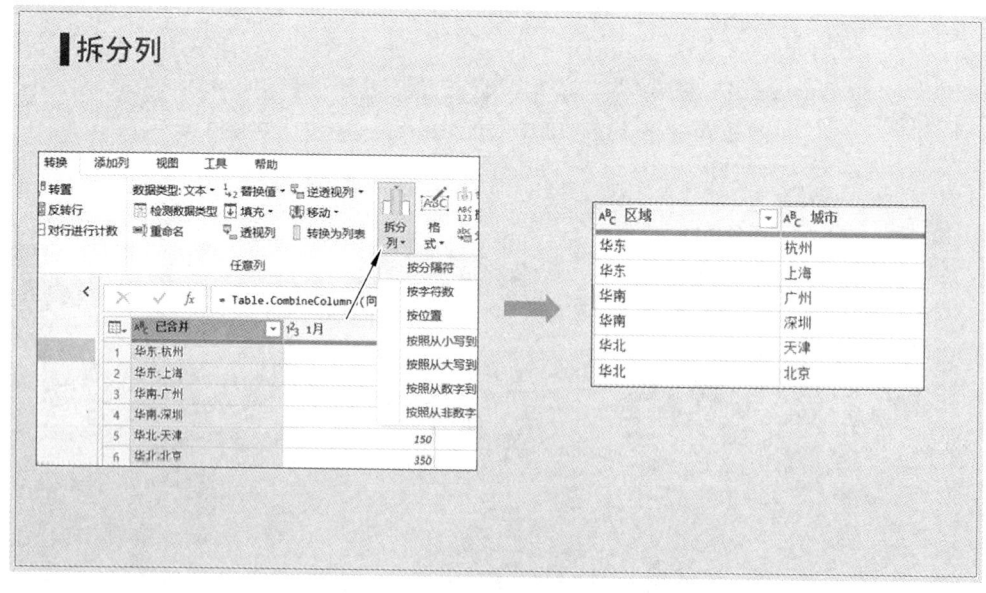

图 6-22　拆分列

6.2.8 分　组

分组是对明细数据进行汇总统计的过程。例如，计算各区域的 1 月合计金额，可以通过"分组依据"功能实现，如图 6-23 所示。

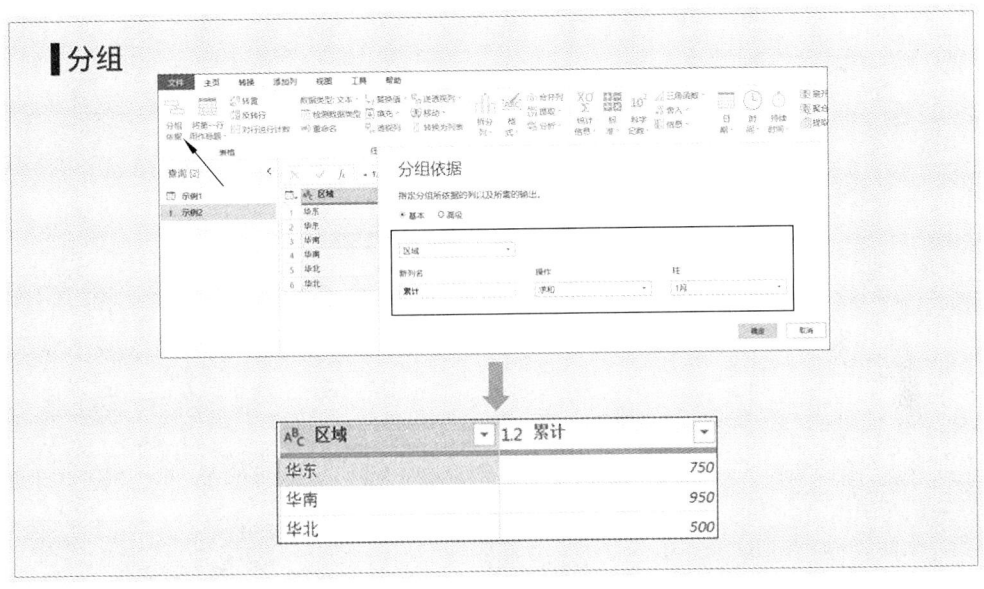

图 6-23　分组

6.2.9 提　取

Power Query 可以按照长度、首字符、尾字符、范围等提取字符，如图 6-24 所示。

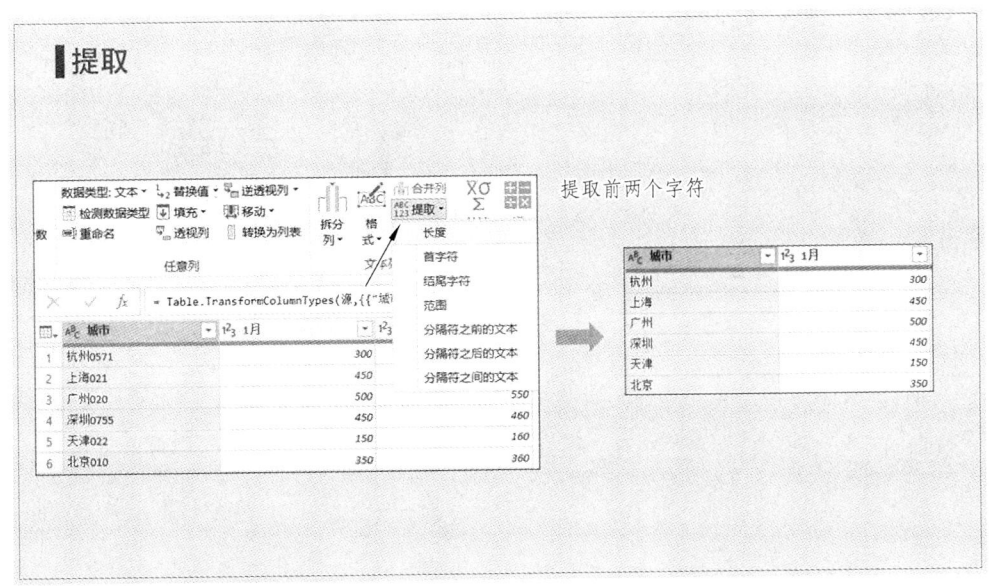

图 6-24　提取

6.2.10 行列转置

行列转置是数据处理中常用的技巧。在 Power Query 中，可以通过行列转置功能实现行和列的转换，如图 6-25 所示。

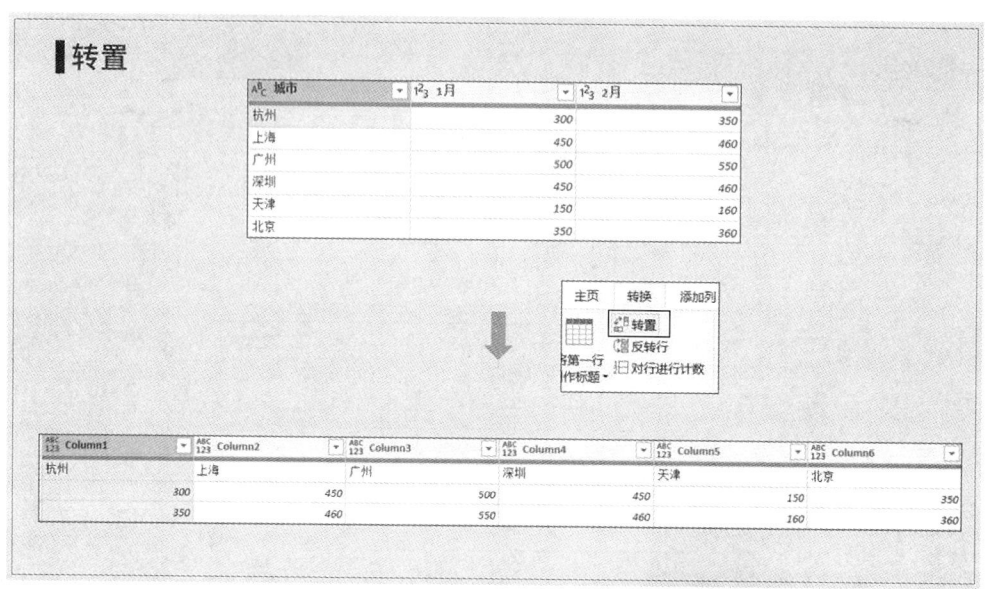

图 6-25　直接单击行列转置

如果需要保留列标签，可以先将标题降为第一行，如图 6-26 所示，然后再进行转置。

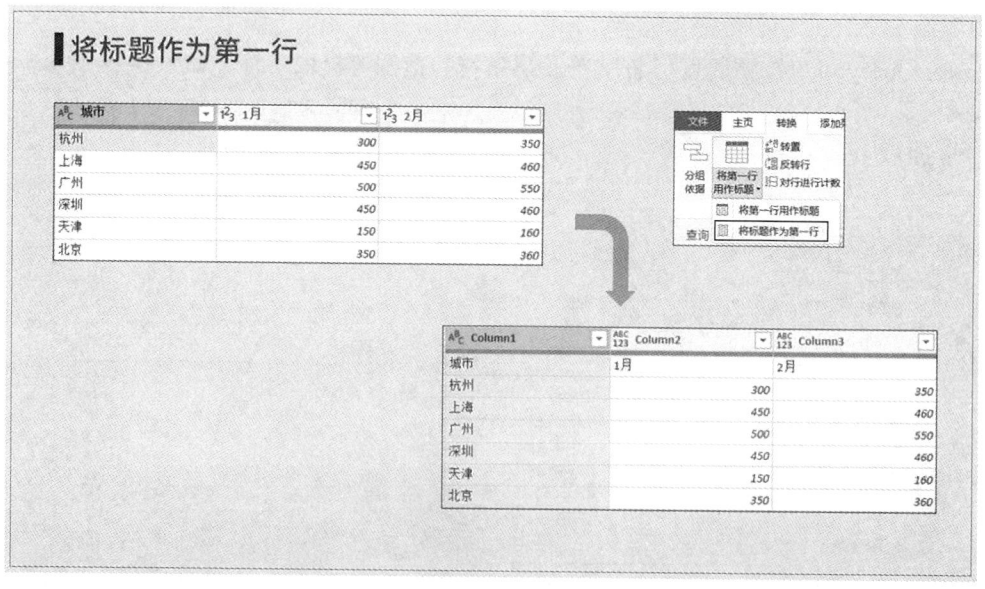

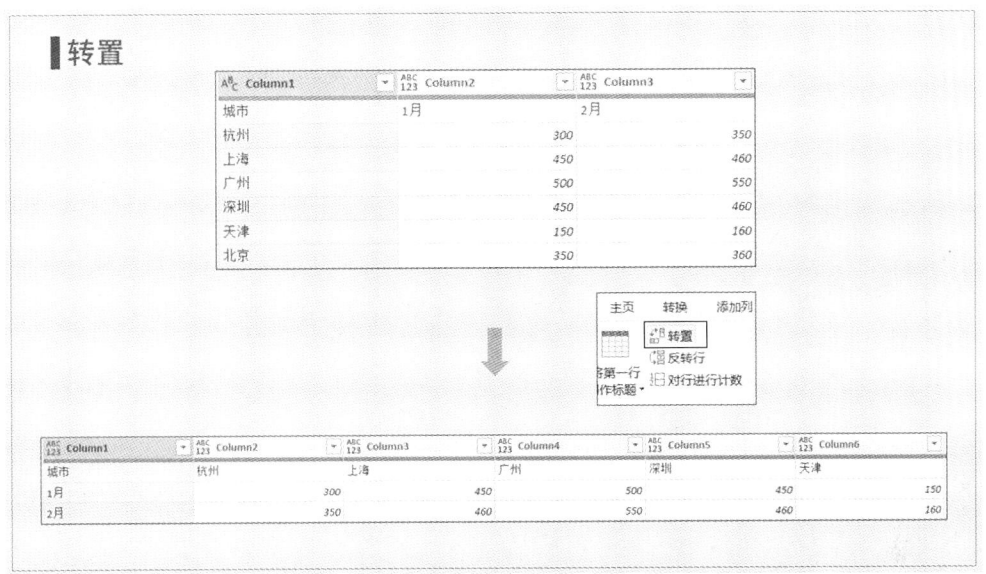

图 6-26　更改标题行并转置

6.2.11　行列操作

Power Query 的行列操作非常灵活，适合大规模数据操作，如图 6-27 所示。

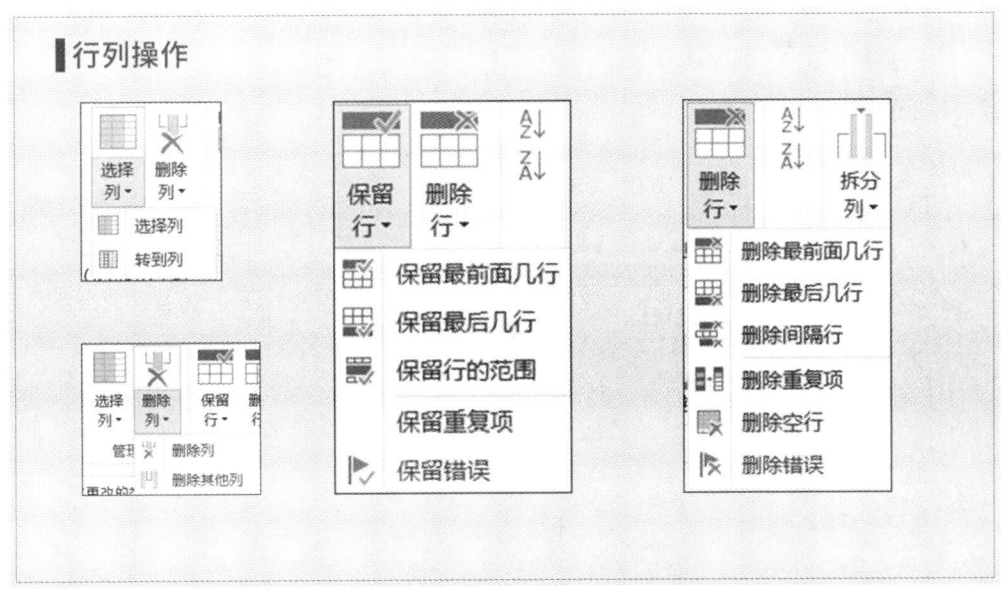

图 6-27　行列操作

6.2.12　逆透视列和透视列

（1）逆透视列是将二维表转换为一维表的常用功能。在 Power Query 中，可以通过逆透视功能一键实现，如图 6-28 所示。

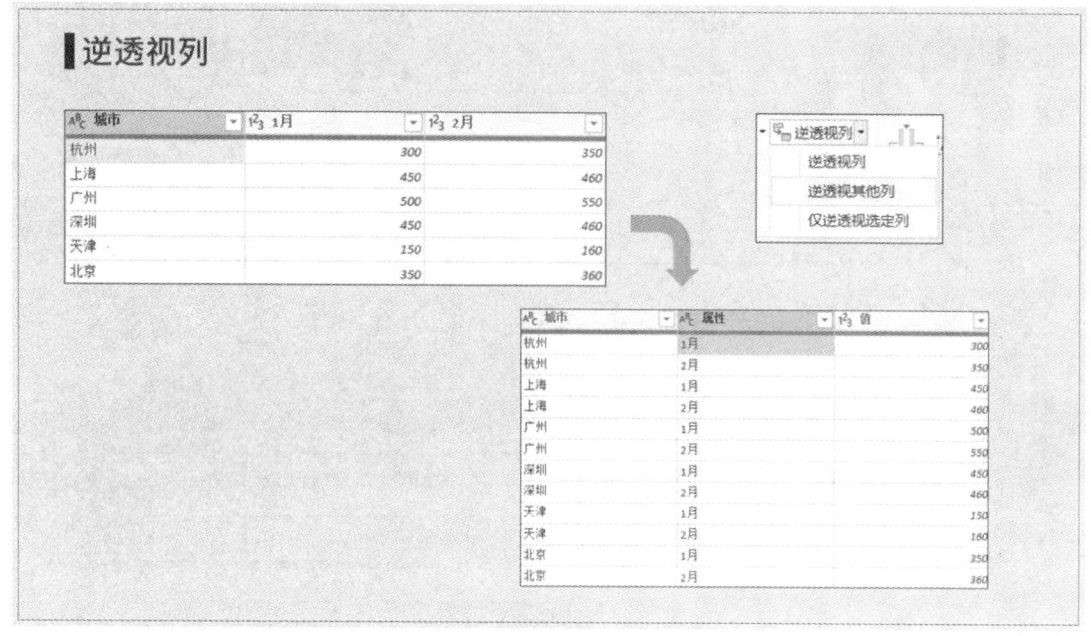

图 6-28 逆透视列操作

（2）透视列：在数据分析中，经常需要将一维表转换为二维表以满足不同的展现需求，这类似于 Excel 中的数据透视表功能。Power Query 同样提供了一键透视的功能。例如，要将一维表恢复为二维表，可以选中"属性"列，并在透视值列选择"值"，如图 6-29 所示。

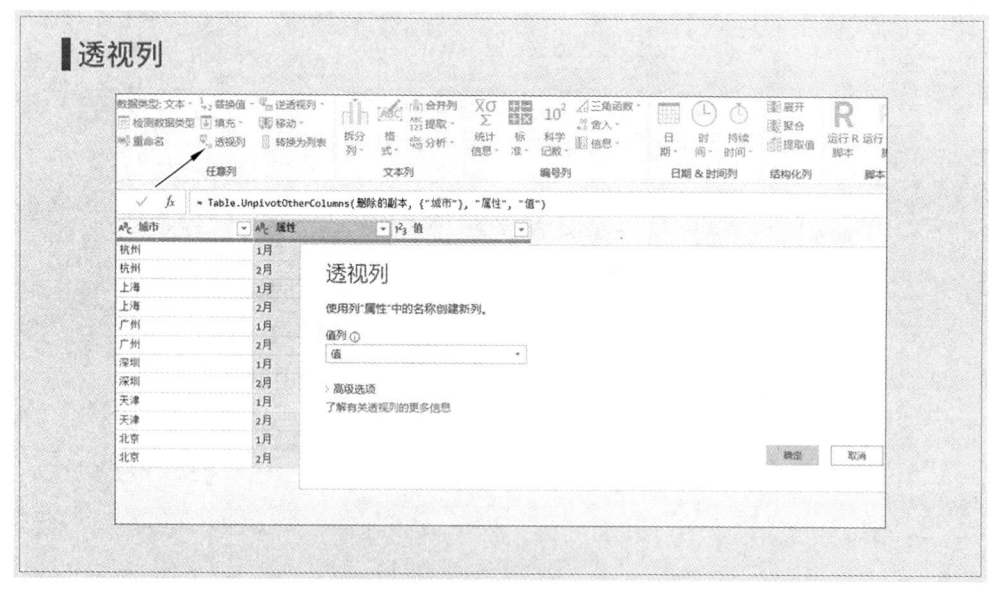

图 6-29 透视列操作

点击"确定"后，表格将恢复为原来的二维表形式，如图 6-30 所示。

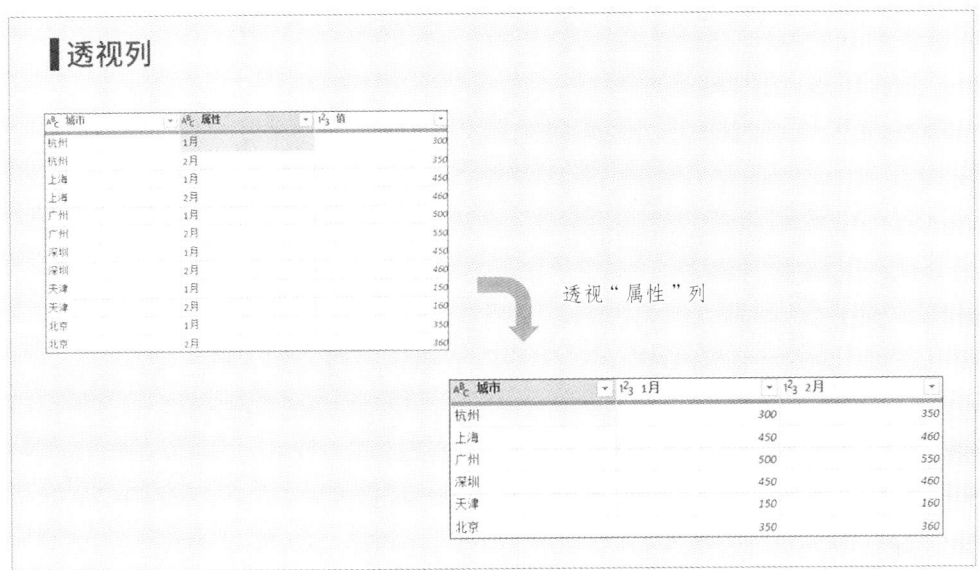

图 6-30　完成透视列

6.2.13　添加列

Power Query 中添加列的方式多样，包括添加重复列、索引列、条件列、自定义列、示例中的列等，如图 6-31 所示。

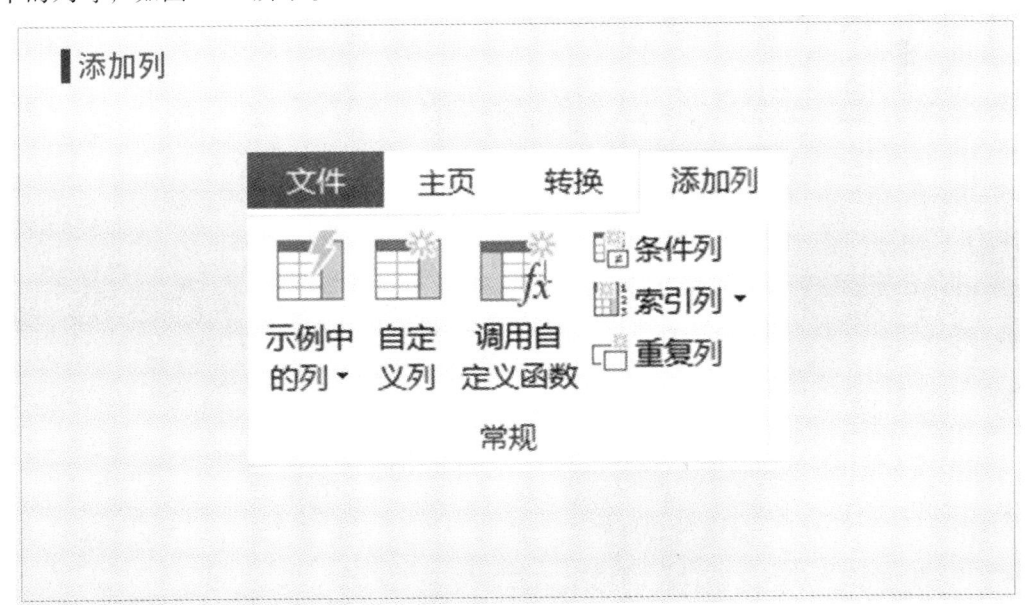

图 6-31　添加列操作

1. 添加重复列

添加重复列即复制某一列，以便对数据进行处理而不损坏原有数据，如图 6-32 所示。

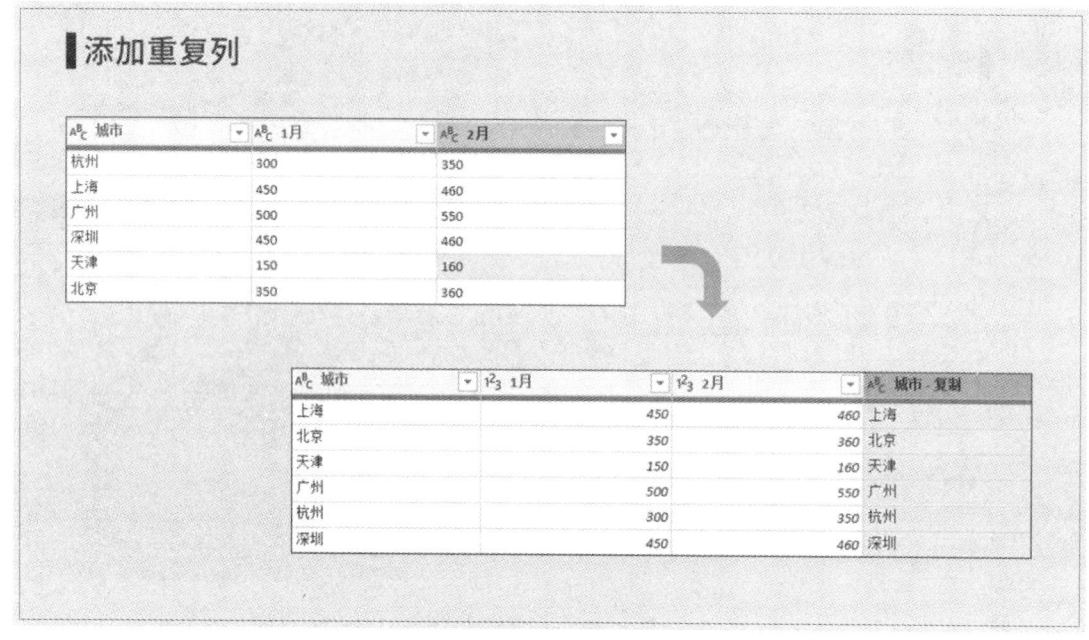

图 6-32　添加重复列操作

2. 添加索引列

索引列为每行数据添加序号，记录其位置。可以选择从 0 或 1 开始计数，如图 6-33 所示。

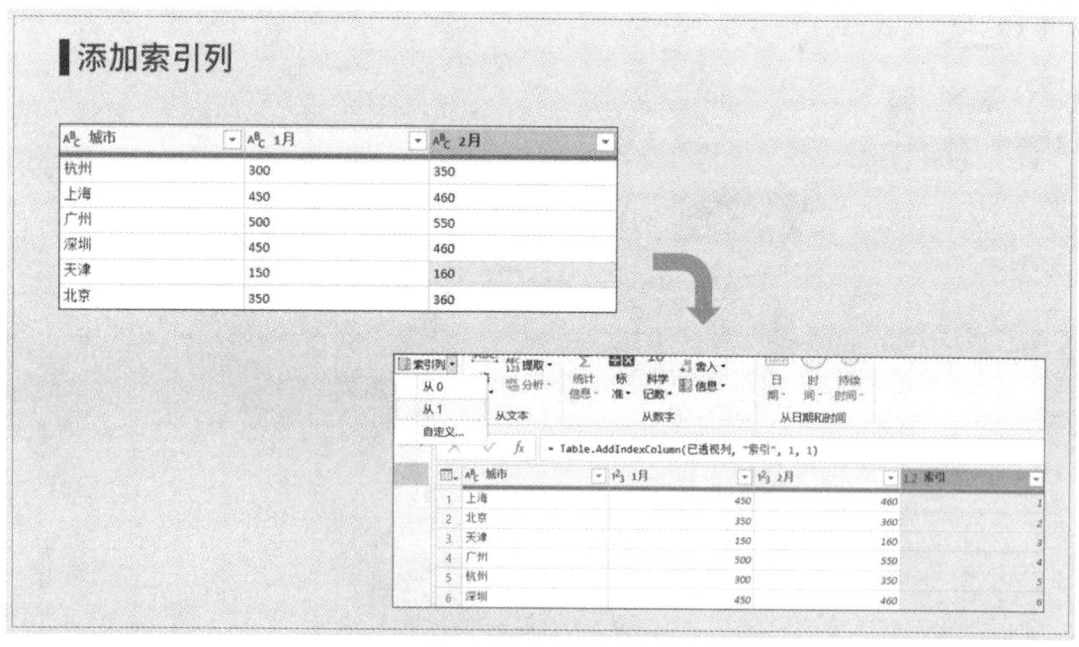

图 6-33　添加索引列操作

3. 添加条件列

添加条件列允许根据特定条件生成新的数据值，类似于 Excel 中的 IF 函数，如图 6-34 所示。

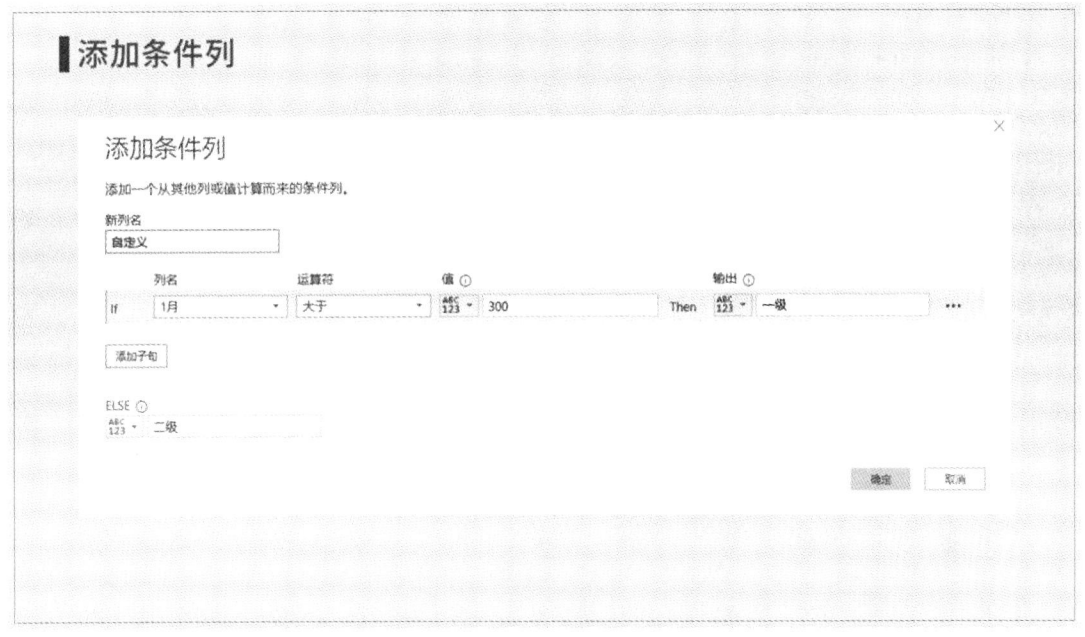

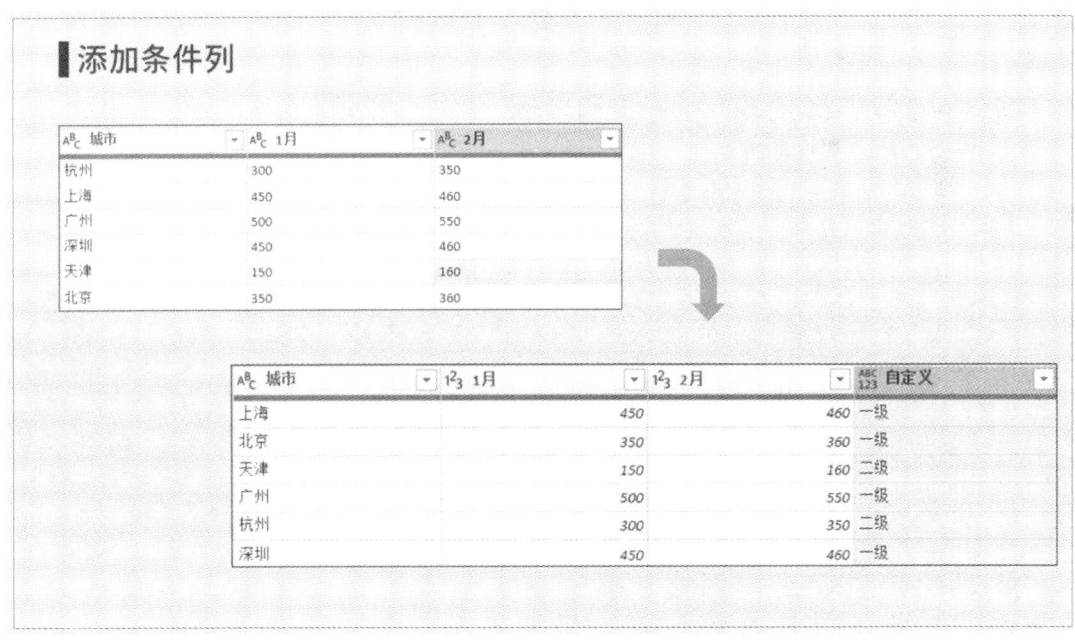

图 6-34　添加条件列操作

4. 添加自定义列

自定义列使用 M 语言生成新的数据列，比如添加一列 1 月和 2 月的合计数，就可以利用添加自定义列的功能，如图 6-35 所示。

添加自定义列

图 6-35 添加自定义列操作

6.2.14 追加查询

追加查询是在现有数据表的基础上纵向添加新的行数据，例如有两个表格式相同，需要合并为一个表，单击"追加查询"，如图 6-36 所示。

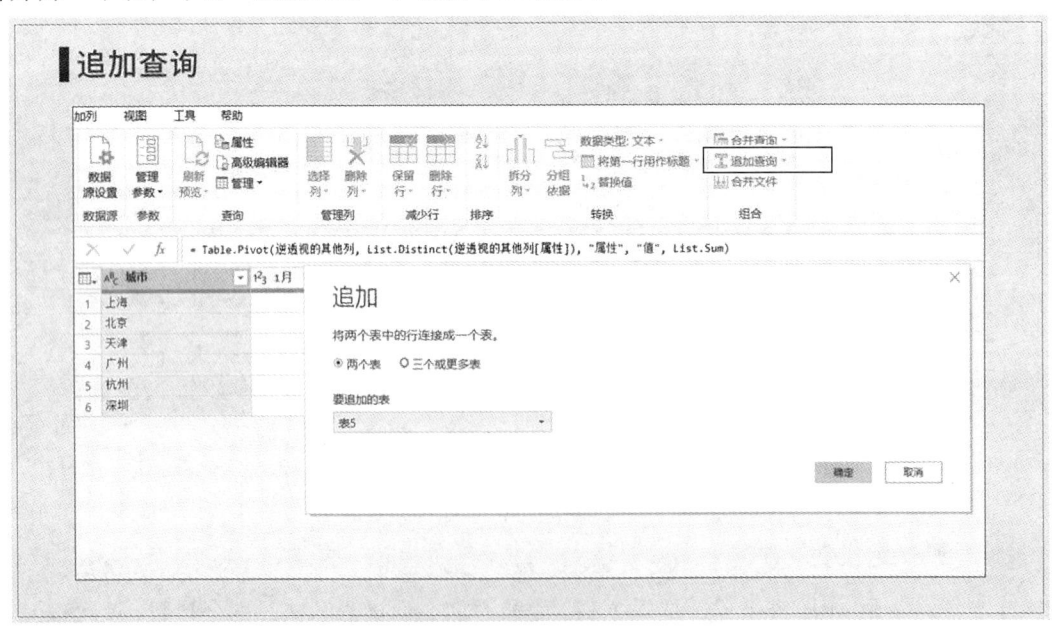

（a）追加查询操作

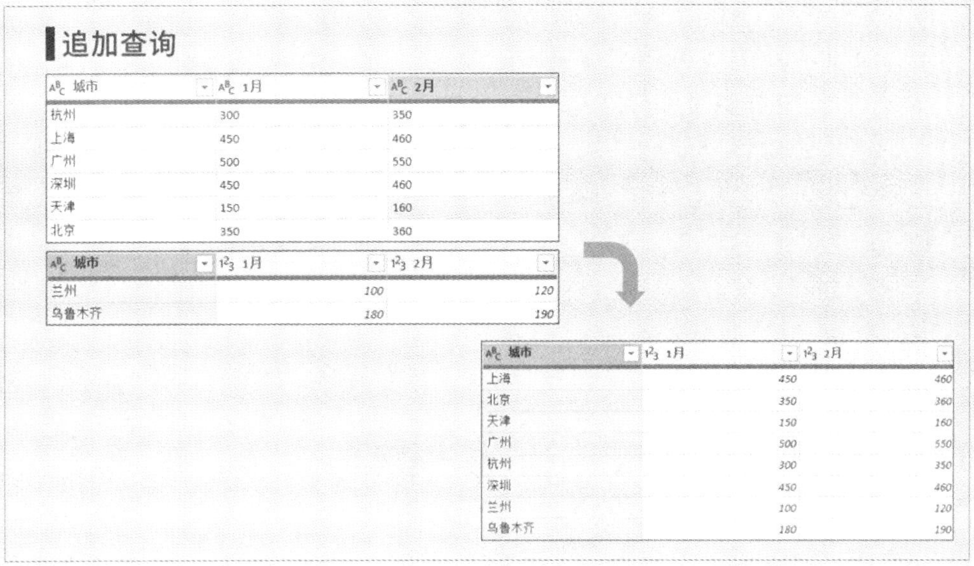

第 2 部分　Power BI 探秘：数据宇宙的视觉盛宴

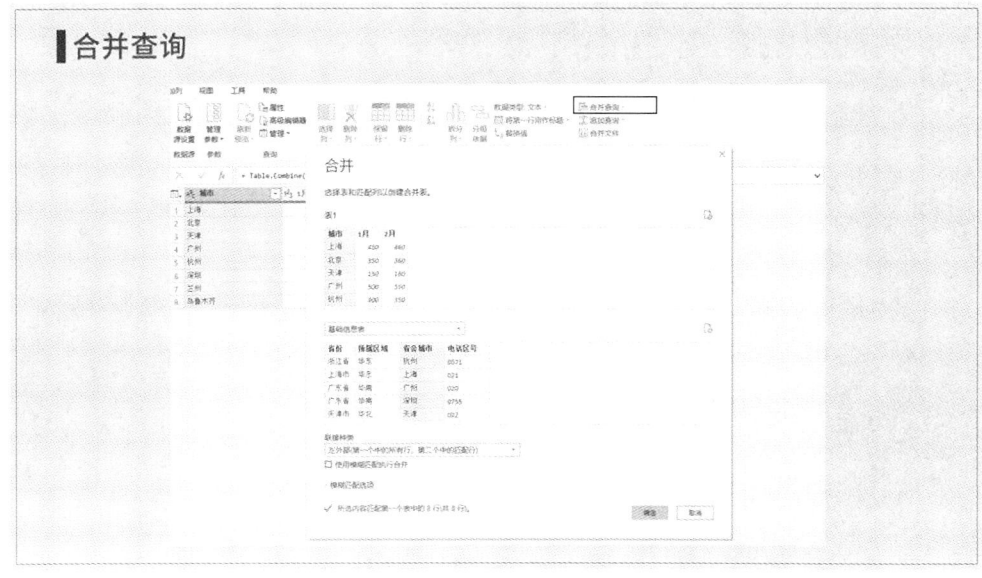

（b）追加查询结果

图 6-36　追加查询

6.2.15　合并查询

合并查询是横向合并数据，类似于 Excel 的 VLOOKUP 函数，但功能更强大，操作更简单。

在数据分析中，经常需要将不同数据表中的相关信息整合到一起，以获得更全面的数据分析视角。例如，如果有两个表：一个是包含各个城市数据的表，另一个是包含这些城市基础信息的表，需要将每个城市对应的电话区号添加到城市数据表中。

操作步骤如下：

（1）启动合并查询：首先，点击"合并查询"按钮，如图 6-37 所示。

图 6-37　启动合并查询

（2）选择匹配字段：选择两个表中相互匹配的字段。在该示例中，点击两个表的"城市"列。

（3）选择连接类型：在下方连接种类中选择"左外部：第一个表的所有行，第二个表的匹配行"，这样就可以得到合并后的表，如图 6-38 所示。

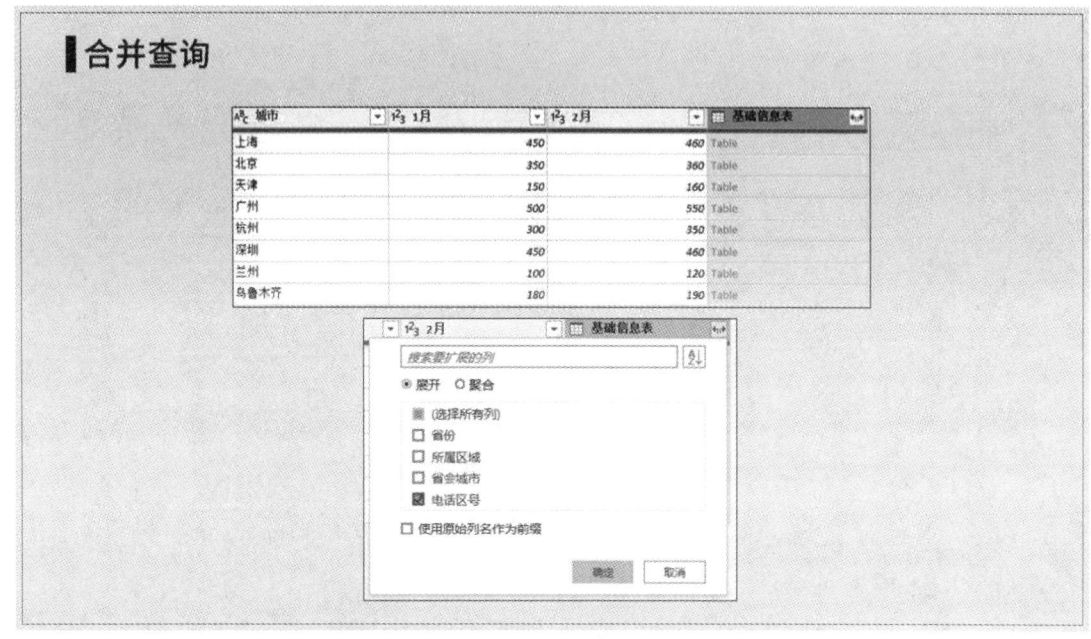

图 6-38　合并查询的设置

（4）展开合并结果：由于合并查询匹配过来的是表，所以每行都会显示为 Table 类型。为了得到某一列，可以点击右上角的"展开"按钮，选择需要的字段，如图 6-39 所示。

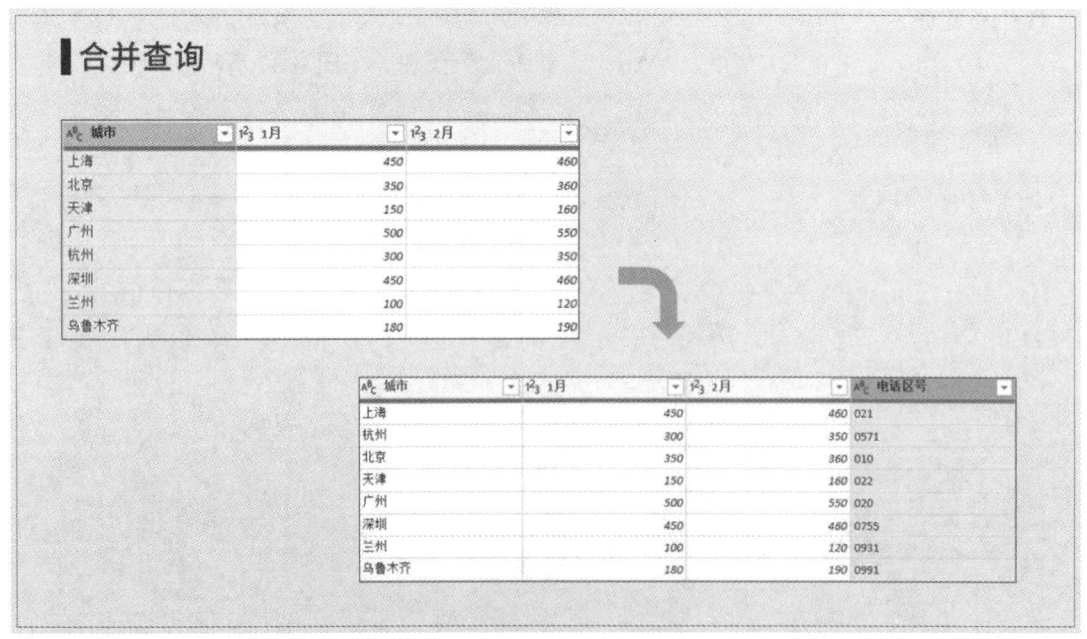

图 6-39　合并查询结果的展示

（5）完成合并查询：通过上述步骤，我们成功地将每个城市对应的区号添加到了城市数据表中。

以上内容是 Power Query 的主要数据处理操作，包括数据清洗、转换、合并等常用功能。这些操作虽然在界面上呈现得直观易懂，但它们的强大之处在于能够熟练且灵活地应用于解决各种复杂的数据处理任务。尽管每个单独的操作看似简单，但当它们被组合使用时，可以处理绝大多数数据分析前的准备工作。掌握这些基本操作对提高数据分析的效率至关重要。

6.3 表格转换：二维表至一维表的转换技巧

6.3.1 一维表概述

1. 一维表

在数据分析中，规范的数据源是高效分析的基础，而一维表正是这种规范的体现。一维表的结构简单、直观，使得数据分析工作变得简单高效，如图 6-40 所示。Excel 中常见的是二维表，如图 6-41 所示。

年度	城市	指标
2015	北京	200
2015	天津	100
2015	上海	300
2015	杭州	150
2016	北京	220
2016	天津	130
2016	上海	350
2016	杭州	180
2017	北京	260
2017	天津	150
2017	上海	380
2017	杭州	200
2018	北京	300
2018	天津	180
2018	上海	450
2018	杭州	250

图 6-40　一维表

年度	北京	天津	上海	杭州
2015	200	100	300	150
2016	220	130	350	180
2017	260	150	380	200
2018	300	180	450	250

图 6-41　二维表

通过比较二维表和一维表，可以清楚地看到两者的区别。简单来说，一维表的特点包括：
（1）每一列代表一个维度，列名即该列值的共同属性。
（2）每一行是一条独立的记录。
而二维表则不满足以上两点。

2. 为什么要转换为一维表

二维表因其结构直观、信息集中，更符合我们日常的阅读习惯，适合展示分析结果。然而，在数据分析的前期准备阶段，一维表因其清晰的数据结构和明确的列字段定义，更适合作为数据分析的基础。

一维表中的每一列代表一个独立的维度，列名或字段名直接反映了数据的特征，这为数据分析提供了很大的便利。例如，在制作图表时，可以轻松地将字段拖拽到相应的属性框中。同样，在后续学习中，我们会探讨如何利用列名与其他表建立关系、编写 DAX（数据分析表达式）时直接引用列名等操作。

6.3.2 一维表和二维表的转换

在 Power Query 中，将二维表转换为一维表是非常方便的。以下是几种常见结构表格的转换示例。

1. 单层行列标题的二维表

对于简单的二维表，可以直接使用逆透视功能快速转换为一维表，如图 6-42 所示。

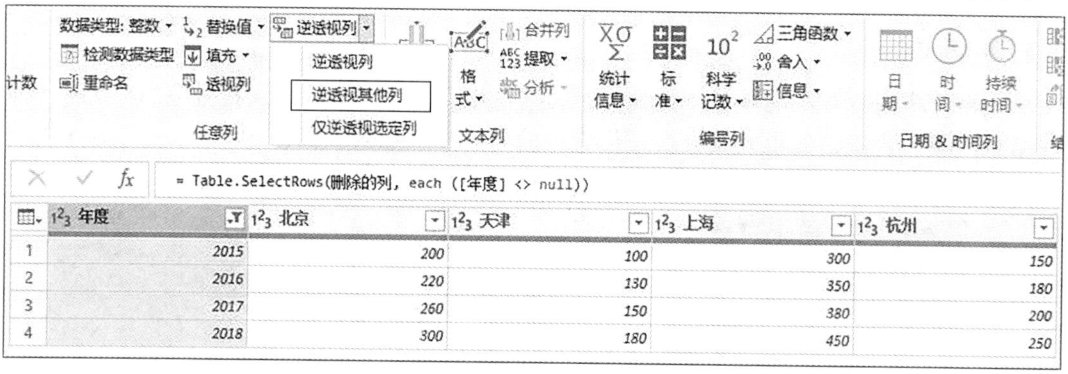

图 6-42　逆透视其他列

重要提示：

可以选择需要透视的列进行"逆透视"，或者选择不需要透视的列，然后点击"逆透视其他列"来完成。

2. 多层行标题的二维表

对于带有层级结构的二维表，如图 6-43 所示，处理起来稍微复杂一些，但通过一系列步骤也可以轻松转换。

年度	季度	北京	天津	上海	杭州
2016	Q1	50	25	75	40
	Q2	50	30	80	50
	Q3	55	25	75	40
	Q4	60	35	90	60
2017	Q1	40	20	90	25
	Q2	45	30	100	30
	Q3	59	40	110	40
	Q4	55	40	150	60
2018	Q1	40	30	100	40
	Q2	60	35	120	45
	Q3	70	40	130	50
	Q4	80	45	150	60

图 6-43　双层行标题的二维表

首先，将合并单元格的内容填充完整，如图 6-44 所示。

年度	季度	北京	天津
2016	Q1	50	25
null	Q2	50	30
null	Q3	55	25
null	Q4	60	35
2017	Q1	40	20
null	Q2	45	30
null	Q3	59	40
null	Q4	55	40
2018	Q1	40	30
null	Q2	60	35
null	Q3	70	40
null	Q4	80	45

图 6-44　合并单元格导入后显示为 null

然后，选中“年度”和“季度”列，单击“逆透视其他列”，完成一维表的转换，如图 6-45 所示。

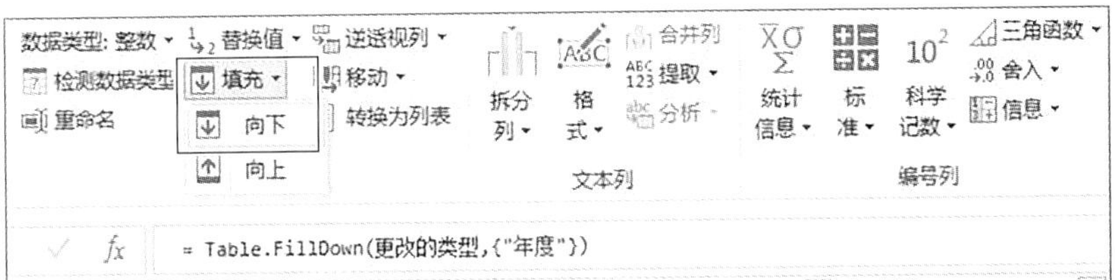

年度	季度	北京	天津
2016	Q1	50	25
2016	Q2	50	30
2016	Q3	55	25
2016	Q4	60	35
2017	Q1	40	20
2017	Q2	45	30

年度	季度	属性	值
2016	Q1	北京	50
2016	Q1	天津	25
2016	Q1	上海	75
2016	Q1	杭州	40
2016	Q2	北京	50
2016	Q2	天津	30
2016	Q2	上海	80
2016	Q2	杭州	50
2016	Q3	北京	55

图 6-45　年度列向下填充完成转换

3. 多层列标题的二维表

对于列标题带有层级结构的二维表，如图 6-46 所示，可以通过转置和逆透视操作进行转换。

年度	华北		华东	
	北京	天津	上海	杭州
2015	200	100	300	150
2016	220	130	350	180
2017	260	150	380	200
2018	300	180	450	250

图 6-46　双层列标题的二维表

进行转置后的效果如图 6-47 所示。

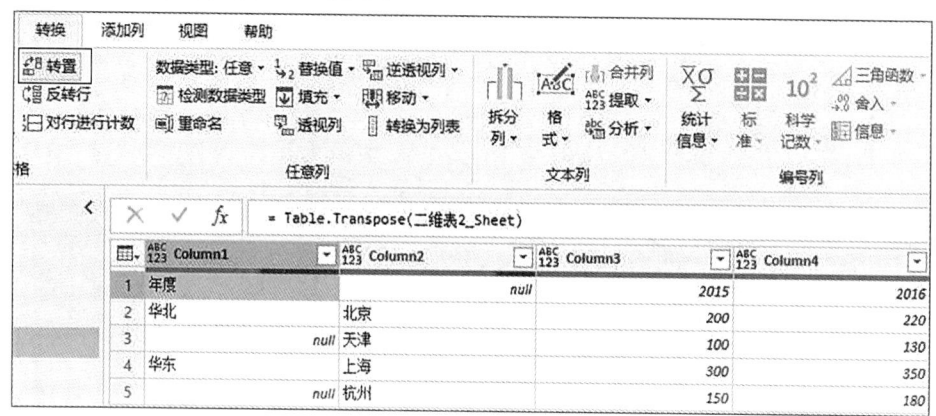

图 6-47　转置表

重要提示：

在进行逆透视操作之前，要先提升标题（将第一行用作标题）。

4. 行、列标题均有多层的二维表

对于行、列标题均带有层级结构的二维表，如图 6-48 所示，需要灵活组合上述步骤进行转换。

年度	季度	华北		华东	
		北京	天津	上海	杭州
2016	Q1	50	25	75	40
	Q2	50	30	80	50
	Q3	55	25	75	40
	Q4	60	35	90	60
2017	Q1	40	20	90	25
	Q2	45	30	100	30
	Q3	59	40	110	40
	Q4	55	40	150	60
2018	Q1	40	30	100	40
	Q2	60	35	120	45
	Q3	70	40	130	50
	Q4	80	45	150	60

图 6-48　行、列标题均带有层级的二维表

主要操作步骤如下：

① 将年度列向下填充，补全合并单元格的数据，如图 6-49 所示。

图 6-49　年度列向下填充

② 合并年度列和季度列，生成年度季度列，如图 6-50 所示。

已合并	Column3	Column4	Column5
年度季度	华北	null	华东
年度	北京	天津	上海
2016Q1	50	25	75
2016Q2	50	30	80
2016Q3	55	25	75
2016Q4	60	35	90
2017Q1	40	20	90
2017Q2	45	30	100
2017Q3	59	40	110

图 6-50 合并列

③ 转置表，并将第一列向下填充，提升标题，如图 6-51 所示。

年度季度	年度	2016Q1	2016Q2
华北	北京	50	50
华北	天津	25	30
华东	上海	75	80
华东	杭州	40	50

图 6-51 转置表

④ 逆透视其他列，完成一维表的转换，如图 6-52 所示。

年度季度	年度	属性	值
华北	北京	2016Q1	50
华北	北京	2016Q2	50
华北	北京	2016Q3	55
华北	北京	2016Q4	60
华北	北京	2017Q1	40
华北	北京	2017Q2	45
华北	北京	2017Q3	59

年度季度	年度	属性.1	属性.2	值
华北	北京	2016	Q1	50
华北	北京	2016	Q2	50
华北	北京	2016	Q3	55
华北	北京	2016	Q4	60
华北	北京	2017	Q1	40
华北	北京	2017	Q2	45
华北	北京	2017	Q3	59
华北	北京	2017	Q4	55
华北	北京	2018	Q1	40
华北	北京	2018	Q2	60

图 6-52 完成一维表的转换

重要提示：

在数据分析中，我们可能遇到各种复杂结构的二维表，这些表格可能包含多层级的行或列标题。虽然这些表格的结构可能复杂，但通过一系列系统化的步骤，仍然可以将其转换为一维表。以下是处理这些复杂二维表的主要步骤：

① 合并列以简化行层级：首先，如果表格具有多层行标题，需要将这些层级合并，创

建一个具有单层行标题和多层列标题的二维表。这可以通过添加自定义列并使用合并函数来实现。

② 转置表格：为了进一步简化表格结构，可以将表格转置，使得原来的列变成行，行变成列。这样就得到了一个结构更为简单的二维表。

③ 逆透视以形成一维表：在表格结构简化之后，可以使用逆透视功能将二维表转换为一维表。这一步骤是将表格中的标签和数据分离，从而创建一个规范的数据集。

④ 灵活运用数据整理技巧：在转换过程中，除了逆透视，还需要灵活运用其他数据整理技巧，如填充空白单元格、提升标题行、合并列以及分列等，以确保数据的准确性和一致性。

本章小结

本章聚焦于数据清洗与转换，旨在帮助读者掌握将杂乱无章的数据转化为清晰、有序的信息的技能。首先，强调了数据清洗的重要性及其在数据分析过程中的关键作用。数据清洗不仅是为了确保数据的准确性和完整性，更是为了在技术操作中体现人文关怀和社会责任感。例如，在清洗交通流量数据时，必须保护个人隐私信息，同时认识到每一起事故背后的家庭故事。

接下来，详细介绍了 Power BI 中查询编辑器的工作原理和使用方法。Power Query 作为 Power BI 的核心数据处理组件，提供了强大的数据连接和准备工具。用户可以通过直观的界面功能完成大部分数据处理任务，突破传统 Excel 中数据行数的限制，处理更大规模的数据集，并记录所有数据处理步骤以实现自动化刷新。

本章还详细讲解了从各种数据源导入数据的方法，包括网页获取数据、文档获取数据和文件夹批量合并多个工作簿数据。通过具体示例，演示了如何从网站抓取某车企的股票信息，以及如何从 PDF 文档和文件夹中批量导入和合并数据。这些操作简化了数据更新流程，提高了工作效率。

在数据清洗部分，介绍了常见的数据清洗功能，如提升标题、更改数据类型、删除错误/空值、删除重复项等。每个步骤都配有详细的图示说明，帮助读者快速上手。此外，还介绍了自定义数据转换的策略，如数据拆分、合并和聚合，使读者能够根据特定的分析需求灵活处理数据。

最后，讨论了数据整合的概念，包括数据合并、重塑和去重。通过案例分析，展示了如何在整合不同来源的交通数据时考虑到数据的公平性，确保分析结果不会偏向某一类用户。本章通过理论与实践相结合的方式，培养了学生对数据质量重要性的认识，提升了他们在数据预处理阶段的耐心和责任心，强化了批判性思维和解决问题的能力，为后续高级数据分析奠定了坚实的基础。

思考题

1. 单选题

（1）Power BI 中查询编辑器的名称是（　　）。

A. Power Pivot　　　　　　B. Power Query

C. Power View　　　　　　D. Power Designer

（2）Power Query 能够处理的数据量限制是（　　　）。
A．有限制
B．无限制
C．取决于计算机性能
D．取决于数据类型
（3）Power Query 的优势不包括以下哪一项？（　　　）
A．操作简单
B．数据量不限
C．完全自动化
D．可以记录所有的数据处理步骤
（4）Power Query 中，用于将二维表转换为一维表的功能是（　　　）。
A．透视列　　　　　B．逆透视列　　　　C．合并列　　　　D．分组
（5）在 Power Query 中，用于合并不同数据表中相关信息的操作是（　　　）。
A．追加查询　　　　B．合并查询　　　　C．逆透视列　　　D．透视列
（6）在 Power Query 中，如果需要将标题作为第一行，应该使用哪个功能？（　　　）
A．将第一行用作标题
B．将标题作为第一行
C．删除标题行
D．提升标题行
（7）在 Power Query 中删除重复项的操作是（　　　）。
A．右键点击后选择"删除重复项"
B．通过筛选按钮去除相应勾选
C．直接向下填充
D．选择"删除错误/空值"

2．多选题

（1）在 Power BI 中，可以使用 Power Query 进行以下哪些操作？（　　　）
A．数据清洗　　　　B．数据备份　　　　C．数据转换　　　D．数据整合
（2）在 Power Query 中，以下哪些操作可用于数据转换？（　　　）
A．逆透视列　　　　B．透视列　　　　　C．合并列　　　　D．分组
（3）在 Power Query 中，以下哪些操作可用于添加新的数据列？（　　　）
A．添加自定义列
B．添加条件列
C．添加重复列
D．添加索引列
（4）在 Power Query 中，以下哪些操作可用于数据整合？（　　　）
A．追加查询
B．合并查询
C．逆透视列
D．分组

（5）在 Power Query 中，以下哪些操作可用于数据清洗？（　　）

A. 删除重复项　　　　　　　　B. 填充

C. 合并列　　　　　　　　　　D. 删除错误/空值

（6）Power Query 的显著优势包括（　　）。

A. 操作简单

B. 数据量不限

C. 自动化

D. 仅支持微软自己的数据格式

（7）Power Query 中合并列的功能需要设置（　　）。

A. 新的列名

B. 合并列之间的分隔符

C. 拆分列的分隔符

D. 逆透视列的属性

（8）Power Query 中添加列的方式包括（　　）。

A. 添加重复列

B. 添加索引列

C. 添加条件列

D. 添加自定义列

（9）一维表的特点包括（　　）。

A. 每一列代表一个维度

B. 每一行是一条独立的记录

C. 适合展示分析结果

D. 适合作为数据分析的基础

3. 判断题

（1）数据清洗是数据分析过程中不必要的步骤。（　　）

（2）在 Power Query 中，数据清洗不包括去除重复项。（　　）

（3）在 Power BI 中，不能从网页获取数据。（　　）

（4）Power BI 的文件夹汇总功能不能批量合并多个工作簿数据。（　　）

（5）在 Power Query 中，逆透视列是将二维表转换为一维表的常用功能。（　　）

（6）合并查询是 Power Query 中横向合并数据的操作，类似于 Excel 的 VLOOKUP 函数。（　　）

（7）对于行、列标题均有多层的二维表，在进行逆透视操作之前，需要先提升标题。（　　）

4. 简答题

（1）解释数据标准化包括哪些内容，并说明其重要性。

（2）简述 Power Query 在 Power BI 中的作用及其主要优势。

 复习提纲

第6章 数据炼金：数据清洗与转换	6.1 数据获取：从Power Query学习数据获取	认识Power Query	数据处理核心	
			进入Power Query编辑器的步骤	
		导入数据	网页获取数据	
			文档获取数据	
			文件夹获取数据	
	6.2 数据清洗：Power Query的实际操作	数据清洗的重要性		
		具体操作	提升标题	
			更改数据类型	
			删除错误/空值	
			删除重复项	
			填充	
			合并列	
			拆分列	
			分组	
			提取	
			行列转置	
			行列操作	
			逆透视列和透视列	
			添加列	重复列
				索引列
				条件列
				自定义列
			追加查询	
			合并查询	
	6.3 表格转换：二维表至一维表的转换技巧	一维表概述	定义	
			为什么要转换为一维表	
		一维表和二维表的转换	单层行列标题的二维表	
			多层行标题的二维表	
			多层列标题的二维表	
			行、列标题均有多层的二维表	

第 7 章　应用建模：数据建模与 DAX

🎯 学习目标

○ **知识目标**

（1）掌握 DAX（Data Analysis Expressions，数据分析表达式）的基本概念及其在 Power BI 中的作用。

（2）理解 DAX 的基础语法，包括如何创建简单的表达式和函数调用。

（3）学习 DAX 中常用的函数类别，如数学函数、逻辑函数、日期和时间函数等，并了解它们的应用场景。

（4）了解如何通过 DAX 实现复杂的业务逻辑。

（5）掌握计算列的概念及其与度量值的区别，理解何时使用计算列而非度量值。

○ **技能目标**

（1）能够使用 DAX 编写有效的度量值和计算列，以满足不同的分析需求。

（2）熟练应用 DAX 函数进行数据转换和计算，提高数据模型的灵活性和准确性。

（3）通过实例操作，掌握构建复杂度量值的方法，提升解决实际问题的能力。

（4）能够评估数据模型的性能，识别瓶颈所在，并采取措施进行优化。

○ **素养目标**

（1）增强学生对数据建模和 DAX 语言重要性的认知，激发其对数据建模的热情。

（2）提升学生在构建和优化数据模型时的逻辑思维能力和创新能力。

（3）强化学生对数据模型性能的关注，培养其追求高效数据处理的良好习惯。

（4）通过小组讨论和项目实践，加强学生的团队协作意识，提高其沟通协调能力。

（5）鼓励学生在学习过程中保持开放的心态，勇于尝试新技术和新方法，不断提升自我。

（6）通过思政教育的融入，引导学生认识到团队合作与领导力对成功完成数据分析项目的重要性，促进学生全面发展。

思政融合：DAX 在数据分析中的团队合作与领导力

某科技公司计划使用 Power BI 和 DAX 来分析其产品的销售数据，以优化库存管理和提高市场竞争力。团队成员包括数据分析师、业务分析师和 IT 专家。他们需要合作使用 DAX 来构建复杂的数据模型，以支持决策制定。

1. DAX 与团队合作

在构建 DAX 模型的过程中,团队成员需要密切合作。数据分析师负责理解数据结构和业务需求,业务分析师提供业务逻辑和目标,IT 专家确保数据模型的性能和稳定性。通过有效的沟通和协作,团队能够共同创建出满足业务需求的 DAX 和函数调用,这不仅提升了团队成员之间的合作能力,也增强了他们对数据建模重要性的认识。

2. DAX 与领导力

在项目中,团队领导需要展现出卓越的领导力,以确保项目按时完成并达到预期目标。领导需要理解 DAX 的基本概念和技能目标,以便指导团队成员,并在遇到技术难题时提供解决方案。此外,领导还需要关注团队成员的个人发展,鼓励他们勇于尝试新技术和新方法,这有助于提升团队的整体创新能力。

3. DAX 与社会责任

在分析销售数据时,团队需要考虑数据分析对社会的影响。例如,通过 DAX 分析得出的库存优化策略可能影响供应链中的小企业,因此团队需要在追求经济效益的同时,也考虑社会责任和伦理问题。这要求团队成员在构建数据模型时,不仅关注数据的准确性和效率,还要关注其对环境和社会的影响。

> **思考与讨论**

(1)在团队合作中,如何平衡不同角色的职责和贡献,以确保 DAX 模型的有效性?

(2)作为团队领导,应如何激励团队成员在 DAX 学习和应用中保持开放的心态和持续的自我提升?

(3)在数据分析项目中,如何将社会责任和伦理意识融入 DAX 模型的构建过程中?

7.1 DAX 启明:Power BI 建模基础概念及应用

在实际数据分析中,我们面对的源数据不仅是单一的表格,而且还有由多个表格组成的表格。这些表格需要通过合理的逻辑关系协同工作,才能更高效地支持数据分析任务。通过在多个表格之间建立合适的关系,可以使这些表格像一个整体一样灵活使用,这一过程被称为数据建模。

一个良好的数据模型不仅是数据分析的基础,也是构建高质量可视化报告的前提。建立一个优秀的数据模型,可以简化分析过程,提高分析效率,更好地实现分析目标。

本章将首先介绍数据模型的基本概念,了解 Power BI 数据模型的各个组成部分。接着,将重点介绍 DAX 函数,这是一种强大的数据建模和分析语言。通过学习 DAX,能够更深入地理解和应用数据建模技术,体验 DAX 的强大功能和独特魅力。

7.1.1 Power BI 数据建模

在传统的 Excel 中,普通的数据透视表只能从单个表中取数。如果需要将其他表中的数据也纳入透视表中，通常的做法是使用一些函数（如 VLOOKUP）或用复制粘贴的方法将不同表的数据合并成一个表，然后再将这些字段放入透视表中。这种方法适用于数据非常简单的情况，但如果表格数量较多，工作量会非常大，且操作速度也会变慢，使用透视表将无法满足复杂的数据分析需求。

Power BI 数据模型突破了这一限制。它允许在多个表格之间建立关系，将多个分散的表格整合成一个协同工作的模型。这样，可以根据不同的维度和逻辑来聚合和分析数据，大幅提升了数据分析的灵活性和效率。这一过程就是数据建模。

通过数据建模，Power BI 不仅能够处理复杂的数据结构，还能提供更强大的分析功能，使用户能够更轻松地从数据中提取有价值的信息。

下面详细介绍 Power BI 数据建模中的一些关键概念。

1. 字段的设置与检查

字段是表中的一列，只包含一种信息，列名即为字段名。在进行数据分析之前，正确的字段设置至关重要。为了确保数据的准确性和分析的有效性，在开始分析前应做好以下几点：

（1）检查字段的数据类型是否正确：确保字段的数据类型（如数值型、文本型等）与实际数据相符。

（2）设置字段的显示格式：根据需要设置字段的显示格式，如百分比、货币、日期等。

（3）检查字段的默认汇总方式：确认字段的默认汇总方式（如求和、计数、平均值、不汇总等）是否符合分析需求。

（4）检查字段的数据类别：对于地理字段，可以设置为国家、城市、经纬度等，以充分利用 Power BI 的地理分析功能。

在 Power BI Desktop 中，选中某个字段后，功能区上方会自动出现"列工具"选项卡，上述几项设置分别对应的功能如下（见图 7-1）：

（1）数据类型：选择字段的数据类型，如整数、小数、文本等。

（2）显示格式：设置字段的显示格式，如百分比、货币、日期等。

（3）默认汇总方式：选择字段的默认汇总方式，如求和、计数、平均值、最大值、最小值、不汇总等。

（4）数据类别：设置字段的数据类别，如地理字段可以设置为国家、城市、经纬度等。

通过这些设置，可以确保数据在分析过程中更加准确和直观，从而提高数据分析的质量和效率。

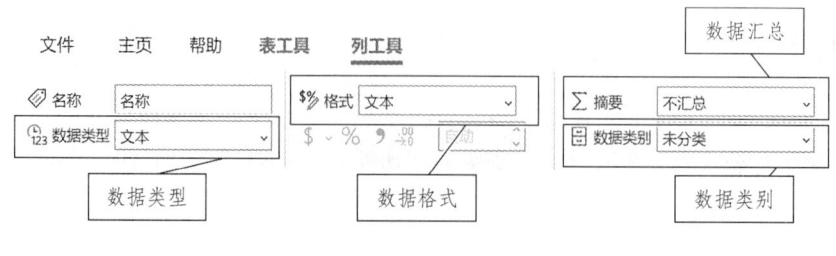

图 7-1　字段设置

2. 计算列

计算列也是一个字段,但它不是从原始数据加载进来的,而是在数据模型中使用 DAX 新建的列。在数据视图中,选择需要新建列的表,单击功能区中的"新建列",即可输入 DAX,在该表中添加一个新的列。这个新建的列可以像源数据的其他列一样使用,在表格视图中,带有"📑"符号的就是计算列。

计算列的计算仅在刷新表数据时执行一次,计算结果会存储在数据模型中,占用内存。因此,如果在很大的表中添加计算列,可能对数据模型的内存大小产生显著影响。除非必要,否则一般不建议在大数据表中频繁使用计算列。

计算列不涉及用户交互。计算列的类型和格式设置与普通字段相同,可以通过"列工具"选项卡进行相应设置,如数据类型、显示格式和默认汇总方式等。

通过合理使用计算列,可以增强数据模型的灵活性和功能性,但需要注意其对内存的影响,以确保数据模型的高效运行。

3. 度量值

度量值是 Power BI 的灵魂和关键,它是一个使用 DAX 函数建立的公式,与计算列类似,但它不依赖于任何表。新建的度量值在未被使用时处于休眠状态,不执行计算,直到其被用于视觉对象中。

度量值的主要特点如下:

(1)休眠状态:新建的度量值在未被使用时处于休眠状态,不执行计算。

(2)动态计算:度量值计算出的结果是动态的,根据不同的上下文执行不同的计算,因此也被称为"移动的公式"。

(3)用户交互:可以响应用户交互,快速重新计算。

(4)不存储结果:不将输出存储在数据模型中,因此对数据模型的物理大小没有影响。

同时度量值也具有很强的优势:

(1)不影响模型大小:即使数据模型中计算度量的数量增加,也不会影响静态模型的大小。

(2)灵活性高:度量值计算是数据分析的首选方式,因为它可以根据不同的上下文动态调整计算结果。

在 Power BI Desktop 中,单击功能区中的"新建度量值",即可在编辑框中输入 DAX 建立度量值。建立好的度量值会显示在字段区中的某个表中,但这并不意味着它与该表有直接关系。为了更好地管理和查看度量值,当度量值较多时,可以在度量值计算前新建一个表格,将它们专门收纳到这个新建表中。在 Power BI 中带有"🧮"符号的就是度量值。

单击某个度量值后,功能区会出现"度量工具"选项卡,可以设置该度量值的显示格式等属性,这些设置与字段的设置类似。例如,可以设置度量值的显示格式为百分比、货币等,以满足不同的分析需求,如图 7-2 所示。

图 7-2 度量值的格式设置

通过合理使用度量值，可以大幅提升数据模型的灵活性和动态性，使数据分析更加高效和精准。

4. DAX

DAX 是一种专门为计算数据模型中的商业逻辑而设计的语言，是 Power BI 中数据建模的主要语言。计算列和度量值都是使用 DAX 生成的。

DAX 可以从模型已有的数据中创建新的信息。学习如何创建有效的 DAX 将帮助我们充分发挥数据的价值。利用 DAX，不仅可以快速获得分析结果，还可以灵活地驱动数据可视化，从而更直观地展示数据。

通过掌握 DAX，用户可以：

（1）创建新的数据列和度量值：在数据模型中生成新的信息，丰富数据的维度。

（2）执行复杂的计算：实现复杂的业务逻辑，满足多样化的分析需求。

（3）优化数据模型：提高数据模型的性能和效率，确保分析结果的准确性和及时性。

（4）驱动数据可视化：灵活地生成图表和报表，使数据分析结果更加直观和易于理解。

总之，DAX 是 Power BI 中不可或缺的工具，通过学习和应用 DAX，可以大幅提升数据分析的能力和效率。

5. 上下文

上下文是理解 DAX 的核心概念。简单来说，上下文就是 DAX 所处的外部环境，它主要分为筛选上下文和行上下文。

（1）筛选上下文：对数据进行筛选，确定当前计算的数据范围。筛选上下文可以由用户交互、报表过滤器或度量值中的筛选条件等多种因素决定。

（2）行上下文：对表进行迭代，行上下文通常可以理解为表的当前行。行上下文主要用于计算列的计算过程中，它并不产生筛选作用，而是逐行处理数据。

计算列和度量值的一个重要区别在于它们所处的上下文不同：

① 计算列：在创建时使用行上下文，即每一行数据都被单独处理。

② 度量值：在使用时根据当前的筛选上下文动态计算，因此可以随着用户交互和筛选条件的变化而变化。

上下文的概念虽然简单，但对于初学者来说，它也是 DAX 中最复杂的主题之一。只有精准理解了上下文，才能真正掌握 DAX 的精髓，从而在数据分析中游刃有余。

通过深入学习和实践，可以更好地利用上下文来优化数据模型，实现更复杂和高效的分析任务。

6. 事实表和维度表

在 Power BI 中,虽然没有明确的事实表和维度表的区分,但引入这些数据库中的相关概念有助于更好地解释和构建数据模型。

1)事实表

事实表,又称明细表或数据表,表示业务活动产生的结果记录。例如,订单表是一个典型的事实表。如果发生了 10 000 次销售,理论上订单表将包含 10 000 行记录。

事实表的特点:

(1)业务记录:一个事实表最好只包含一种业务记录。例如,订单表应只包含销售记录,采购表应只包含采购记录,不应将不同类型的业务记录混合在一起。

(2)详细数据:事实表通常包含详细的交易数据,如销售额、数量、日期等。

2)维度表

维度表,又称查找表,通常用来作为分析问题的角度。例如,按照产品分析,应制作一个产品维度表,包含所有产品的不重复列表;按客户分析,应制作一个客户维度表,包含所有客户的不重复列表。

维度表的特点:

(1)上下文来源:维度表是上下文的来源,切片器的字段、图表的轴都应来自维度表。

(2)分析角度:维度表提供丰富的分析角度,帮助用户从不同维度理解数据。

刚开始学习 Power BI 的用户可能不习惯使用维度表,倾向于将所有数据放在一张大表中,这非常不利于数据分析。数据模型的好坏在很大程度上取决于维度表的设计和维度的质量。合理设计维度表,确保每个维度表只包含相关的不重复数据,可以大大提高数据模型的可维护性和分析效率。

事实表和维度表如图 7-3 所示。

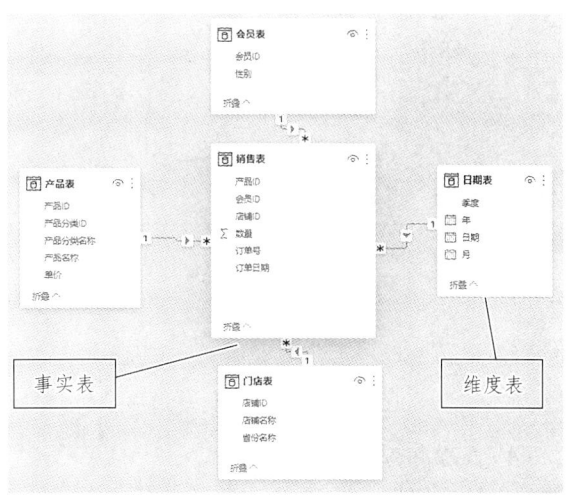

图 7-3 事实表和维度表

7. 表和表的关系

两个表之间的联系称为关系,它是数据建模最基础也是最重要的概念。

从建模视图来看，关系表现为一条线，线上带有箭头，两端标有 1 或*的符号，这些符号表示关系的属性。1 表示唯一值，*表示多个值（见图 7-3）。

在建模视图中，可以通过拖动一个表的字段到另一个表的字段上来建立关系。Power BI 会自动分析检测数据，以判断哪端是 1，哪端是多（*）。箭头通常是从 1 端指向多端的方向，但前提是两个表确实有共同的关系列。

模型中可能包含多个表，但一个关系仅存在于两个表之间。可以单击关系线查看建立模型的相关参数。

单击关系线后，两边表的对应连接字段会被框选。双击关系线，可以进入编辑关系窗口，如图 7-4 所示。

图 7-4 编辑关系

在编辑关系窗口中，可以查看和编辑以下内容：
（1）关联的两个表和对应的字段：显示两个表及其关联字段。
（2）基数：定义关系的类型，可以是一对一（1:1）一对多（1:*）或多对多（*:*）。
（3）交叉筛选器方向：定义筛选器的作用方向，可以是单向或双向。

通过合理设置表间关系，可以确保数据模型的准确性和高效性，从而更好地支持数据分析和可视化。

8. 表间关系的基数和交叉筛选器方向

1）基　　数

基数是两个表的对应关系，关系是有次序的，分为左表和右表。两个表之间有以下 4 种关系。

（1）多对一（*:1）：这是最常见的类型，表示左表中的关系列有重复值，而在右表中是单一值。例如，订单表中的产品 ID 对应产品表中的产品 ID。

（2）一对一（1:1）：左表和右表关系列中的值都是唯一的。例如，员工表中的员工 ID 对应工资表中的员工 ID。

（3）一对多（1:*）：与多对一正好相反。例如，客户表中的客户 ID 对应订单表中的客户 ID。

（4）多对多（*:*）：左表和右表关系列中均有重复值，尽量避免使用这种关系。如果需要表示多对多关系，通常通过中间表来实现。

在关系的一端的表通常是维度表，而在关系的多端的表为事实表。例如，在图 7-3 中，销售表与其他表建立关系的关系列都不是唯一的，比如产品 ID 列，同一个产品 ID 会有多条销售记录，客户 ID 列也会存在同一个客户多次购买的情况。而在维度表中，对应的关系列都是唯一的，产品表是不重复的产品列表，客户表是不重复的客户列表。

2）交叉筛选器方向

交叉筛选器方向表示数据筛选的流向，在关系线上用箭头表示，有以下两种类型：

（1）单向：一个表会沿着箭头的方向对另一个表进行筛选，而不能反向。例如，产品表中的筛选器可以影响订单表中的数据，但订单表中的筛选器不会影响产品表中的数据。

（2）双向：两个表可以互相筛选。例如，产品表和订单表中的筛选器可以相互影响。

3）关系建立建议

（1）尽量避免多对多关系：多对多关系复杂且难以管理，通常通过中间表来实现。

（2）尽量避免双向关系：双向关系可能导致意外的筛选效果，增加模型的复杂性。

（3）避免在事实表之间创建关系：事实表通常包含详细的交易数据，应通过维度表来进行关联，以保持模型的清晰和高效。

上面的这些建议是为了确保数据模型的简洁和高效，但在确实需要并且完全清楚这样做的逻辑时，也可以忽略这些建议。通过合理设置表间关系，可以确保数据模型的准确性和高效性，从而更好地支持数据分析和可视化。

7.1.2　数据模型

在 Power BI 中，字段、度量值、事实表、维度表和关系的集合构成了数据模型。

在一个数据模型中，可以将来自不同表甚至不同数据源的表建立关系，使各个独立的表变成相互联系的有意义的数据模型。这样一来，可以在一个图表或报告中分析来自不同表格的数据。数据模型是进行数据分析的基础，能够处理更大规模的数据，并且速度很快。

数据模型不仅仅是一个概念，而且一个良好的数据模型可以将多个表像一个表一样使用。它是解决方案的基础，也是构建良好报告系统的基础。模型建得好，可以更简单地完成复杂的分析任务。

1. 数据建模的重要性

直观来看，数据建模就是在表之间建立关系，看似简单，但实际上知道在哪些表之间建立关系、建立什么样的关系并不容易，尤其是在复杂的数据分析和表较多的情况下。

建立一个好的数据模型，首先需要熟悉数据背后的业务逻辑，然后需要深入思考自己要进行什么分析，需要哪些数据，这些数据分别存放在哪些表中。在深入分析的基础上，还需要对建模知识有一定的积累，明确哪些是事实表，哪些是维度表，维度表是否足够，关系应该如何建立等。

2. 数据模型的结构

数据模型的结构有很多种，常见的有以下两种：

（1）星形模型：最简单的数据模型结构，中心是一个事实表，周围是多个维度表。这种模型结构简单，易于理解和维护，如图7-5所示。

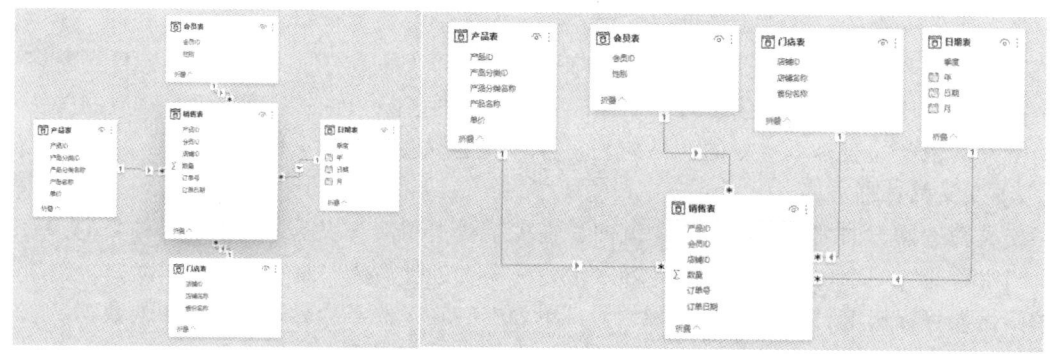

图 7-5　星形模型

（2）雪花形模型：星形模型的扩展，维度表进一步细分为多个子维度表，形成层级结构。这种模型结构更复杂，但可以提供更详细的分析视角，如图7-6所示。

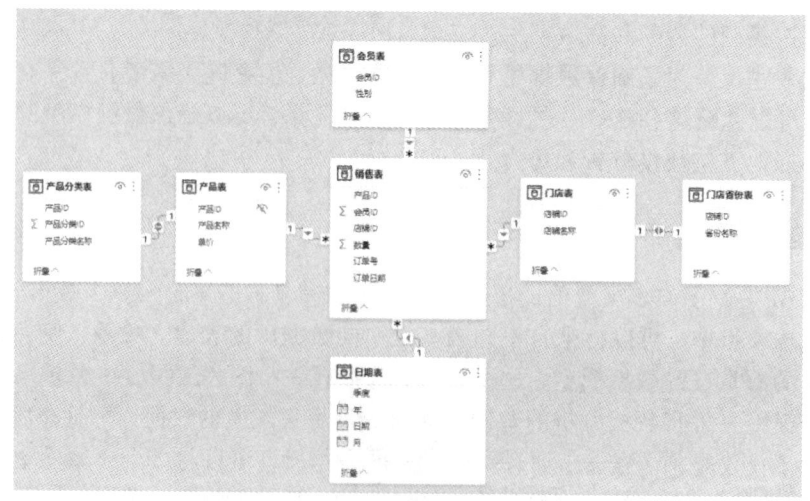

图 7-6　雪花形模型

7.2 深度建模：计算列和度量值

7.2.1 计算列与度量值的区别

在使用 DAX 进行数据分析时，主要是通过度量值的方式来实现的。尽管如此，刚开始学习时，可能更习惯使用计算列。虽然不建议过度依赖计算列，但在某些情况下，使用计算列更为方便或不得不新建计算列，因此熟悉计算列的用法并理解其与度量值的异同是非常重要的（见图 7-7）。

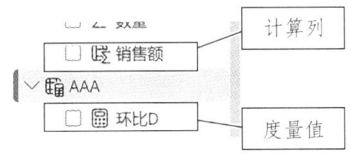

图 7-7 计算列和度量值的标志区别

初学者可能把度量值和计算列搞混，例如，在编写 DAX 公式时，明明是同样的公式，却总是报错，原因可能是将用于度量值的 DAX 公式用在了计算列上。

1. 度量值

（1）动态计算：度量值的计算结果是动态的，根据当前的筛选上下文进行计算。

（2）不存储结果：度量值不将计算结果存储在数据模型中，因此对数据模型的物理大小没有影响。

（3）响应用户交互：度量值可以响应用户的交互，如筛选器和图表的变化，快速重新计算。

（4）不存储在表中，而是作为一个独立的公式存在。只有在将其添加到可视化对象中时，才能看到其计算结果。

2. 计算列

（1）静态计算：计算列在数据模型加载时进行一次性计算，并将结果存储在数据模型中。

（2）占用内存：计算列占用内存，如果在大数据表中添加计算列，可能对数据模型的性能产生影响。

（3）不响应用户交互：计算列不响应用户的交互，其值在数据模型加载后保持不变。

（4）存在于表中，作为表的一部分，可以在表视图中直接看到计算列的数据。

7.2.2 计算列的应用

使用数据"管理关系案例数据"的表格进行示例演示，需要先获取表格并进行建模，建模示例如图 7-8 所示。

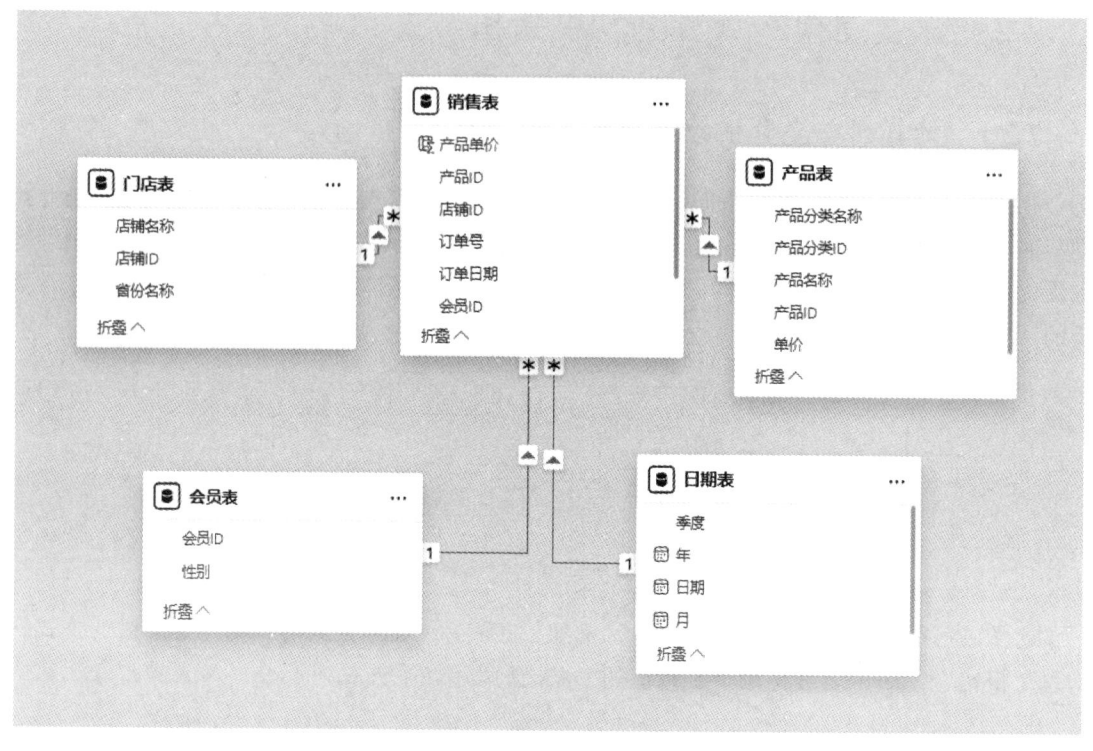

图 7-8　示例数据模型图

在案例中的销售表中，只有订单号、订单日期、店铺 ID、产品 ID、会员 ID 以及数量，如图 7-9 所示。如果要对该表中的销售额进行分析，则该表中缺少产品的单价列。可以通过使用计算列来添加产品单价。

订单号	订单日期	店铺ID	产品ID	会员ID	数量
N2000014	2019年1月1日	106	2002	9454	4
N2000009	2019年1月1日	111	1003	2141	3
N2000018	2019年1月1日	105	3002	7915	8
N2000004	2019年1月1日	110	1001	5860	8
N2000015	2019年1月1日	109	2001	9206	7

图 7-9　案例简表

步骤如下：

（1）点击列工具中的新建列

① 在数据视图中，选择销售表。

② 点击功能区中的"新建列"按钮。

（2）使用 RELATED 函数关联产品表中的单价列。

在新建列的编辑框中，输入以下 DAX 公式：

产品单价 = RELATED('产品表'[单价])

重要提示：

在使用 RELATED 函数之前，必须先在销售表和产品表之间建立关系，确保销售表中的产品 ID 与产品表中的产品 ID 相对应。

（3）点击"确定"，产品单价列建立成功。

① 输入完公式后，点击"确定"按钮。

② 新建的"产品单价"列将出现在销售表中，显示每个订单对应的产品单价，如图 7-10 所示。

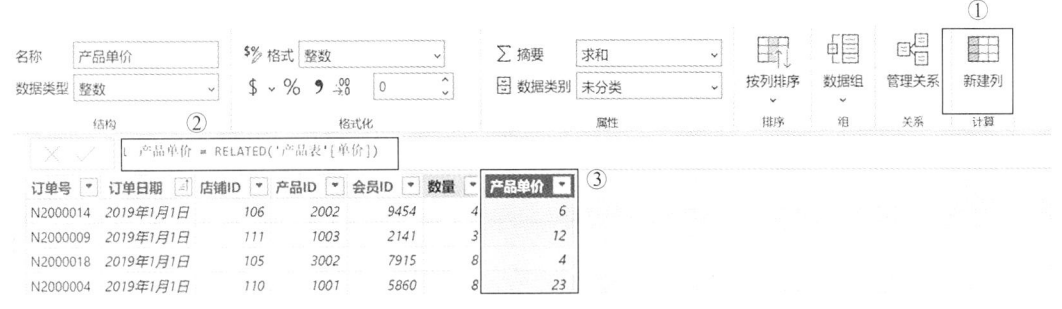

图 7-10 新建计算列的步骤

边学边练

下面请继续新建计算列"销售额"，将"产品单价"和"销售量"相乘进行计算，最终结果如图 7-11 所示。

	1 销售额 = [数量]*[产品单价]						
订单号	订单日期	店铺ID	产品ID	会员ID	数量	产品单价	销售额
N2000014	2019年1月1日	106	2002	9454	4	6	24
N2000009	2019年1月1日	111	1003	2141	3	12	36
N2000018	2019年1月1日	105	3002	7915	8	4	32
N2000004	2019年1月1日	110	1001	5860	8	23	184
N2000015	2019年1月1日	109	2001	9206	7	8	56
N2000012	2019年1月1日	105	2002	9522	5	6	30
N2000021	2019年1月1日	109	1001	8627	5	23	115
N2000023	2019年1月1日	108	3002	8544	6	4	24
N2000003	2019年1月1日	110	3002	3613	5	4	20
N2000006	2019年1月1日	102	3002	9356	5	4	20
N2000007	2019年1月1日	102	2001	3455	5	8	40
N2000020	2019年1月1日	102	1003	2199	5	12	60
N2000024	2019年1月1日	107	1002	7893	3	18	54

图 7-11 销售额计算结果

7.2.3 度量值的应用

1. 度量值的定义

简单来说，度量值是用 DAX 创建的一个虚拟的数据值，它不改变源数据，也不改变数据模型。如果不在图表上使用它，甚至不知道它的样子，而一旦被拖拽到图表上，它便发挥巨大的作用。度量值可以随着切片器的筛选快速显示所需的动态结果，因此通常在图表交互时使用。

2. 实例操作

继续接前一小节计算列的示例进行实例操作。

第一步：新建度量值。

在 Power BI 中有 3 个地方可以进行度量值的建立（见图 7-12），在报表视图、表格视图和模型视图中均可以新建度量值。

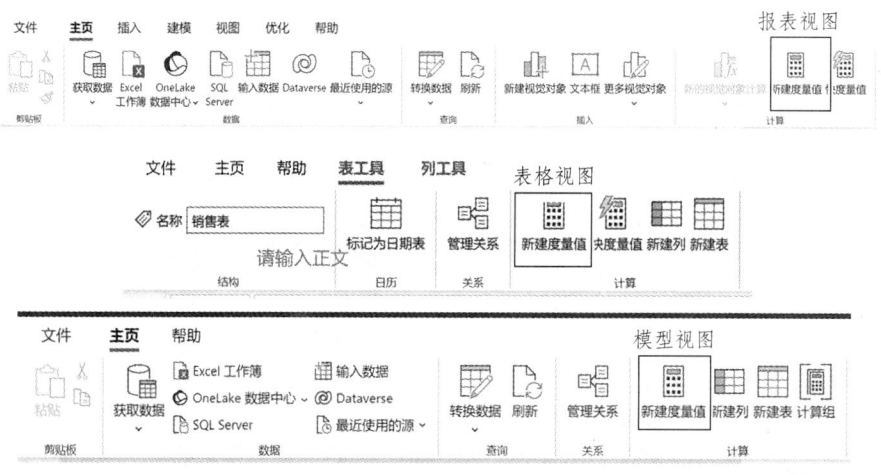

图 7-12 新建度量值

相同的功能在不同的功能区同时存在，这也体现了度量值的重要性和使用频率。实际上，创建度量值的方式不仅限于功能区，将鼠标指针放在字段区，右键单击任意字段，在弹出的快捷菜单中可选择"新建度量值"，如图 7-13 所示。

图 7-13 字段区新建度量值

第二步：建立度量值销售金额，如图 7-14 所示。

首先点击新建度量值；其次输入函数：销售金额=SUM（'销售表'[销售额]）；最后点击"确定"，完成度量值的建立。

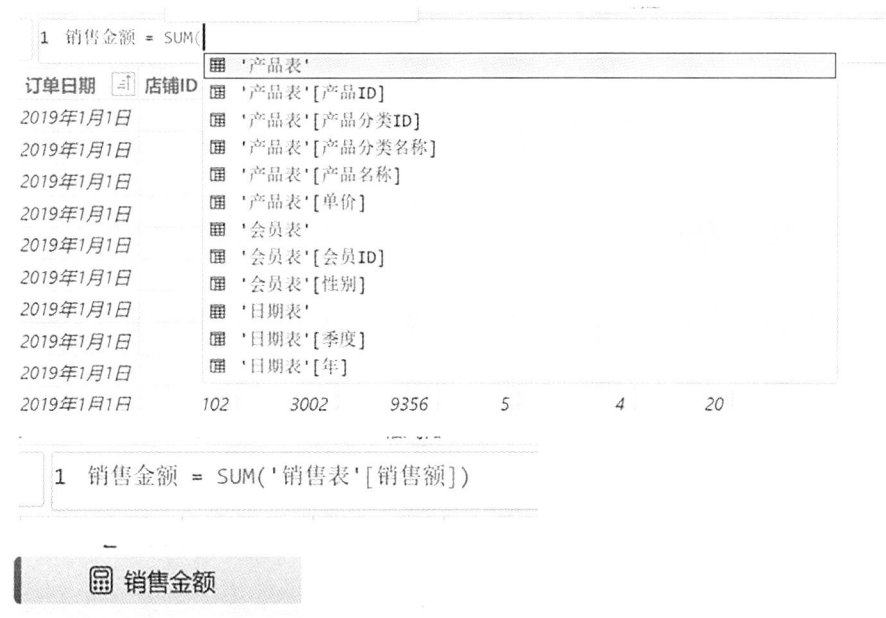

图 7-14　字段区新建度量值

重要提示：

因为度量值具有独特的特性，所以在表格数据中并不会显示度量值的具体结果，只会显示度量值的图标。为了验证度量值是否建立正确，需要在报表视图中进行可视化分析。具体步骤如下：切换到报表视图，创建一个新的图表（如卡片图或者表格），将相关的字段拖到图表的轴上，将新创建的度量值拖到图表的值区域，观察图表中的数据，确保度量值的计算结果符合预期。通过这些步骤，可以确保度量值的正确性和有效性，从而更好地支持数据分析和可视化。

示例操作步骤见图 7-15。

图 7-15　可视化验证度量值

边学边练

下面请继续新建度量值"销售量汇总",将销售表中的销售量进行汇总计算,最终结果如图7-16所示。

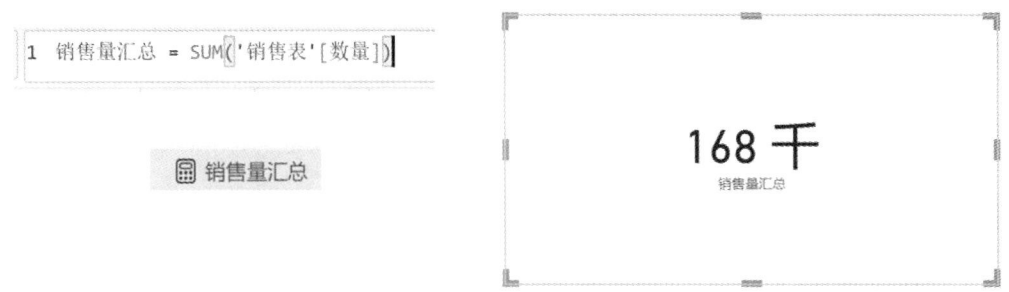

图 7-16　销售量汇总示例

拓展练习

在度量值销售金额的计算中,我们首先新建了单价列和销售额列,然后对销售额列使用 SUM 函数进行汇总计算,那么是否可以使用其他的方法进行度量值销售金额的汇总计算呢?下面我们将使用 SUMX 函数进行销售金额汇总的计算,如图7-17所示。

图 7-17　销售金额汇总示例

可以看到,使用 SUMX 函数得出的结果与 SUM 函数的结果一样,只是在使用 SUMX 函数时不需要新建计算列"销售额",只需要直接进行"产品单价"和"数量"的汇总计算。从这个示例可以看出,在 Power BI 中,不同的函数可以实现同样的结果。在具体的数据分析中,我们需要根据数据的实际情况来选择相应的函数进行计算。通过灵活运用不同的函数,可以提高数据分析的效率和准确性。

7.3　函数精粹:DAX 关键函数与应用

7.3.1　DAX 语言

DAX(Data Analysis Expressions)可以在 Power BI Desktop 中使用,也可以在 Excel 的 Power Pivot 中使用。在 Power BI 中,有3个地方会用到 DAX。

1. 新建度量值

（1）用途：度量值用于动态计算，根据当前的筛选上下文进行计算。

（2）步骤：

① 在数据视图或报告视图中，选择需要新建度量值的位置。

② 点击功能区中的"新建度量值"按钮，如图 7-18 所示。

③ 在编辑框中输入 DAX 公式。

④ 点击"确定"，度量值建立成功。

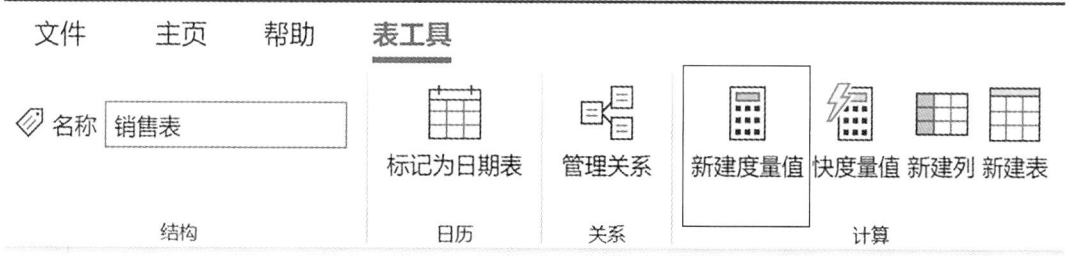

图 7-18　新建度量值

2. 新建列

（1）用途：计算列是在现有表的基础上添加一列，计算列在数据加载时进行一次性计算，并将结果存储在数据模型中。

（2）步骤：

① 在数据视图中，选择需要新建列的表。

② 点击功能区中的"新建列"按钮，如图 7-19 所示。

③ 在编辑框中输入 DAX 公式。

④ 点击"确定"，计算列建立成功。

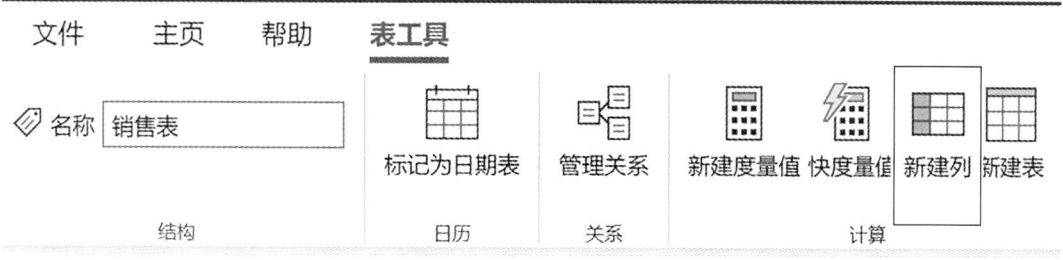

图 7-19　新建计算列

3. 新建表

（1）用途：DAX 还可以用于新建表，这些表不仅包括从数据源导入的表，还可以是利用 DAX 在模型中增加的表。

（2）步骤：

① 在数据视图中，点击功能区中的"新建表"按钮，如图 7-20 所示。

② 在编辑框中输入 DAX 公式。

③ 点击"确定",新表建立成功。

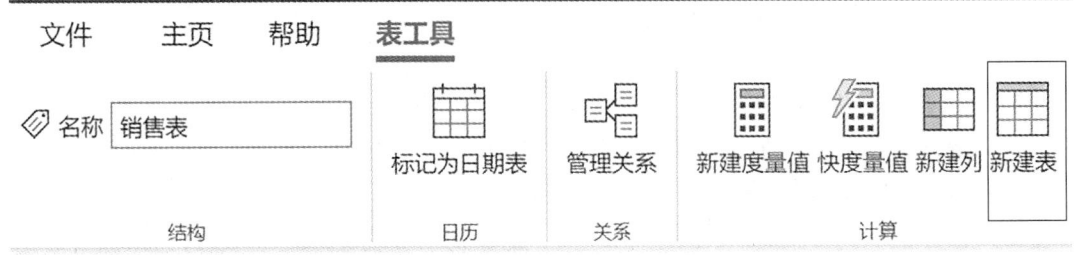

图 7-20 新建表

7.3.2 DAX 函数的基本语法

DAX(Data Analysis Expressions)与 Excel 公式非常相似,其中一些简单的函数与 Excel 中的函数类似,例如,SUM 在 DAX 中同样是求和函数。下面对 DAX 语法进行简单介绍。

(1)表达式以等号开始。

例如,在前面小节示例中的"销售金额= SUM('销售表'[销售额])"。

(2)等号前是表达式名称。

如果 DAX 建立的是度量值,它就是度量值名称。

如果用于建立计算列,它就是计算列名称。

如果建立一个新表,它就是表名称。

例如:

度量值:销售金额= SUM('销售表'[销售额])

计算列:产品单价= RELATED('产品表'[单价])

(3)函数后面的参数用双括号括上,参数之间用逗号分隔。

例如:

销售金额汇总= SUMX('销售表',[数量]*[产品单价])

以上这些语法与 Excel 公式基本相同,但它们的区别在于,Excel 是对单元格操作的,而 DAX 是对列或者表的计算操作的。因此,在 DAX 中,需要注意以下语法:

① 表名用单引号 ' ' 包裹。

例如:'订单表'

② 列字段用中括号 [ ] 包裹,并带上表名。

例如:'订单表'[销售额]

③ 度量值用中括号 [ ] 包裹,但不带表名。

例如:DIVIDE([本年累计销售额],[上年累计销售额])

因为列字段和度量值都用中括号 [ ] 包裹,为了便于区分和增强 DAX 代码的可读性,列字段应始终跟随表名一起书写,如'订单表'[销售额]。看到这个写法,就可以明白,销售额是订单表中的一列;而度量值始终不需要带表名,因为它并不依赖于任何表,是独立存在的,可以单独书写,如 DIVIDE([本年累计销售额],[上年累计销售额])。看到这个公式,就知道 [本年累计销售额] 是已经建立好的度量值。

另外，DAX 函数不区分大小写，这方面的灵活性比 M 函数要高得多。不过，为了 DAX 的简洁和统一，建议 DAX 函数都用大写字母。

7.3.3 DAX 的常用函数

1. 聚合函数

DAX 中的聚合函数与 Excel 中的函数非常相似，常用的聚合函数包括：
（1）SUM：求和；
（2）AVERAGE：求平均值；
（3）MIN：求最小值；
（4）MAX：求最大值。

这些函数的用法和功能与 Excel 中的类似。此外，DAX 还有一类特有的函数，这些函数在名称后面加上了一个 X，具体如下：
（1）SUMX：对表的每一行进行求和；
（2）AVERAGEX：对表的每一行求平均值；
（3）MINX：对表的每一行求最小值；
（4）MAXX：对表的每一行求最大值；
（5）RANKX：对表的每一行进行排名。

这些函数可以循环访问表的每一行，并执行计算，因此也被称为迭代函数。

其他常见的聚合函数及功能如下：
（1）COUNT：计数；
（2）COUNTROWS：计算行数；
（3）DISTINCTCOUNT：计算不重复值的个数。

2. 时间智能函数

DAX 提供了多种时间智能函数，用于处理时间序列数据，常见的函数包括：
（1）PREVIOUSYEAR/Q/M/D：上一年/季/月/日；
（2）NEXTYEAR/Q/M/D：下一年/季/月/日；
（3）TOTALYTD/QTD/MTD：年/季/月初至今；
（4）SAMEPERIODLASTYEAR：上年同期；
（5）PARALLELPERIOD：上一期；
（6）DATESINPERIOD：指定期间的日期；
（7）DATEADD：移动一定间隔的日期。

3. 筛选函数

DAX 中的筛选函数用于控制上下文的范围，常见的筛选函数包括：
（1）FILTER：筛选符合条件的行；
（2）ALL：清除所有筛选，返回所有值；
（3）ALLEXCEPT：保留指定列的筛选，清除其他列的筛选；
（4）VALUES：返回不重复值。

这些函数是典型的 DAX 筛选函数，通过筛选来控制上下文的范围。

7.3.4 Power BI 中重要的函数 CALCULATE

1. CALCULATE 函数的语法和参数

CALCULATE 函数被称作 DAX 中最强大的计算器函数。

CALCULATE 函数的一般格式：

CALCULATE（表达式，条件 1，条件 2…）

其中，第一个参数是计算表达式，可以执行各种聚合运算。从第二个参数开始，是一系列筛选条件，可以为空；如果多个筛选条件，用逗号分隔。所有筛选条件的交集形成最终的筛选数据集合。根据筛选出的数据集合执行第一个参数的聚合运算并返回运算结果。

重要提示：

CALCULATE 函数内部的筛选条件若与外部筛选条件冲突，会强制删除外部筛选条件，按内部筛选条件执行。

2. CALCULATE 计算示例

为了更好地理解 CALCULATE 函数的计算原理，下面通过几个简单的示例来进行介绍。

第一步：将示例数据导入 Power BI 中，如图 7-21 所示。

月份	科目	本月金额
4	财务费用	205.12
10	财务费用	201.23
11	财务费用	158.25
12	财务费用	256.36
2	财务费用	252.3
3	财务费用	185.3
1	财务费用	125.52
5	财务费用	215.2
6	财务费用	236.6
7	财务费用	268.52
8	财务费用	215.25
9	财务费用	198.25
1	城市维护建设税	730.91
10	城市维护建设税	1094.46
11	城市维护建设税	927.94
12	城市维护建设税	934.65

图 7-21 CALCULATE 示例数据

这个表非常简单，只有 3 列，这样简单的表格可以直观理解 CALCULATE 的计算逻辑。

第二步：计算金额汇总，新建度量值金额合计，使用函数 SUM 进行计算。

度量值公式：金额合计 = SUM('示例数据'[本月金额]）

第三步：利用 CALCULATE 函数进行汇总计算。
度量值公式：金额合计 1 = CALCULATE([金额合计])
第四步：利用 CALCULATE 函数计算金额合计 2。
度量值公式：金额合计 2=CALCULATE(SUM('示例数据'[本月金额]))
第五步：在报表视图建立卡片图，如图 7-22 所示，可以看到，"金额合计""金额合计 1"和"金额合计 2"的数值是一样的。具体说明如下：
（1）金额合计：使用 SUM 函数进行本月金额的汇总计算。
（2）金额合计 1：利用 CALCULATE 函数以及度量值"金额合计"进行计算。
（3）金额合计 2：利用 CALCULATE 函数增加 SUM 函数进行计算。

通过以上步骤，可以看到 CALCULATE 函数的灵活性和强大功能。无论是直接使用聚合函数，还是引用已有的度量值，CALCULATE 函数都能正确地进行计算。这使得 CALCULATE 函数成为 DAX 中非常重要的工具，适用于各种复杂的计算场景。

图 7-22 卡片图验证数据

第六步：计算筛选净利润的合计，利用 CALCULATE 函数增加 FILTER 函数，进行筛选计算。
度量值公式：净利润 = CALCULATE([金额合计], FILTER('示例数据', [科目]="净利润"))
在此度量值中，CALCULATE 函数除了进行表达式计算以外，利用 FILTER 函数进行科目的筛选。
在报表视图建立卡片图，如图 7-23 所示。

457.75 千
净利润

图 7-23 筛选卡片图验证数据

通过以上示例，可以得出以下结论：
（1）CALCULATE 函数的多功能性：CALCULATE 函数不仅是 DAX 中最常用也是最强

大的函数之一，它通过修改上下文来执行聚合运算，可以灵活地处理各种复杂的数据分析任务。

（2）FILTER 函数的配合使用：在示例中，通过结合 FILTER 函数进行科目的筛选，展示了 CALCULATE 函数在实际应用中的灵活性。

结论：CALCULATE 函数是 DAX 中最核心的函数之一，通过修改上下文来执行聚合运算，能够灵活应对各种复杂的数据分析需求。结合 FILTER 函数等其他 DAX 函数，可以实现更精细的数据筛选和计算。通过上述示例，读者可以更好地理解 CALCULATE 函数的工作机制，并在实际项目中灵活运用。

7.3.5 常用 DAX 函数示例

1. FILTER 函数

FILTER 函数是 CALCULATE 函数的最佳搭档。CALCULATE 函数的第二个及之后的参数是筛选条件，而 FILTER 函数正是为筛选而生。

1）语法

FILTER 函数的语法很简单，只有两个参数：

FILTER（表，筛选条件）

其中，第一个参数一定是表，不能放入列或者值；第二个参数是筛选条件，如果是多条件筛选，可以使用&&符号（逻辑与）或者 || 符号（逻辑或）连接起来。

重要提示：

FILTER 函数返回的也是一个表，所以不能直接用于建立度量值，但可以新建表，最常用的就是作为 CALCULATE 的参数，返回表中符合筛选条件的行，然后交给 CALCULATE 的第一个参数执行聚合运算。

2）案例操作

继续使用上一小节中的案例数据，如图 7-21 所示。通过这个表格进行科目"销售费用"的汇总数据。

第一步：金额合计：使用 SUM 函数进行本月金额的汇总计算。

第二步：销售费用 = CALCULATE([金额合计], FILTER('示例数据', [科目]="销售费用"))。

第三步：在报表视图建立卡片图，如图 7-24 所示。

422.57 千
销售费用

图 7-24　销售金额卡片图

2. ALL 函数

ALL 函数是 DAX 函数中常用的函数，它的参数可以是一个表，也可以是一个或多个列，不过它返回的数据类型都是表。下面通过几个示例来介绍它的用法。

（1）单独用于创建表，参数为一个表。

单击"新表"，输入：

= ALL('产品表')

运行结果如图 7-25 所示。

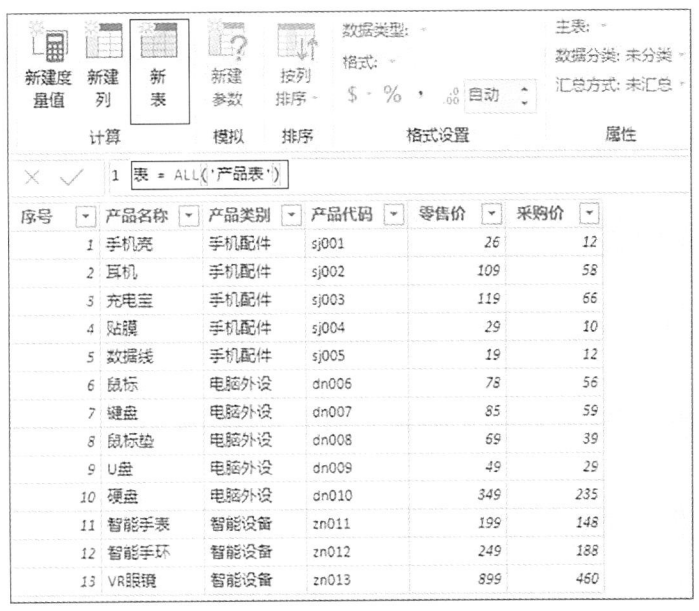

图 7-25　复制表

新建的表和原产品表是一模一样的。

（2）单独用于创建表，参数为一列，返回该列的不重复值列表。

单击"新表"，输入：

= ALL('产品表'[产品类别])

参数是产品表中的一列"产品类别"，返回的结果将是这一列，并且是不重复的列表，如图 7-26 所示。

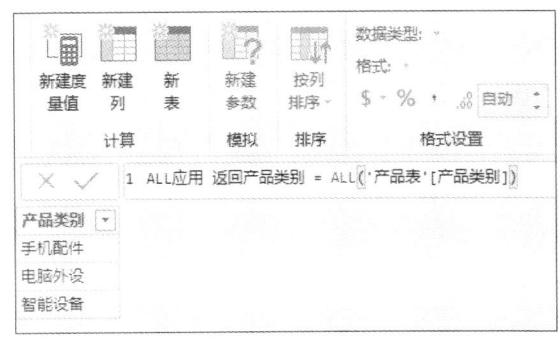

图 7-26　返回不重复值列表

3. VALUES 函数

VALUES 函数的语法非常简单，参数只有一个，即表的一列，但返回的数据类型是表，为该列的不重复值的列表：

VALUES（表[列]）

重要提示：

因为 VALUES 函数的特性，如果某函数需要的参数是表，但想提供的是列，可以使用 VALUES 函数转换一下。

VALUES 函数几个经典用法。

（1）返回某列的不重复列表，常用于通过事实表构建维度表。

如果模型中没有发货地点这个单独的维度表，可以从订单表中提取这个维度，新建表，输入：

=VALUES('订单表'[发货地])

结果如图 7-27 所示。

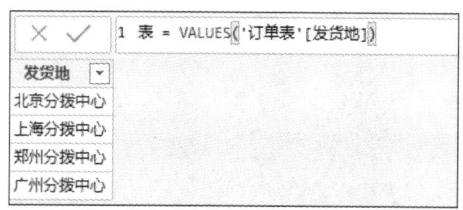

图 7-27 使用 VALUES 提取维度表

（2）保持外部上下文筛选。

这个功能正好与 ALL 函数相反，ALL 函数是忽略外部上下文的筛选，而 VALUES 函数是保持上下文的筛选。

再来回顾一下学习 CALCULATE 函数时，利用 ALL 函数重置上下文的例子，度量值：

产品数量 =CALCULATE([产品数量]，ALL('产品表')，'产品表'[产品类别]="手机配件")

所有行返回了手机配件的数量 5，如果想保持上下文的筛选，除了修改 ALL 函数之外，还可以使用 VALUES 函数：

产品数量 VALUES =CALCULATE([产品数量]，ALL('产品表')，'产品表'[产品类别]="手机配件"，VALUES('产品表'[产品名称])

在 CALCULATE 函数内部添加了 VALUES('产品表'[产品名称]）以后，计算结果恢复了产品名称的筛选，这是 VALUES 函数非常重要的应用。

利用 ALL 函数和 VALUES 函数，可以更加灵活地操纵上下文，需要筛选还是不需要筛选都可以在度量值内部灵活指定。

7.3.6 常用的数据分析问题

1. 占比问题

计算个体占总体的比例是一种常见的分析方式，尽管它本质上只是两个数字相除，但在需要计算的维度和总体范围发生变化时，如何灵活且快速地计算出比例，仍需一定的技巧。在

Power BI 中，可以利用 ALL 函数及其家族成员 ALLSELECTED 函数来快速计算各种比例。

1）数据背景

假设有一些产品的销售记录，根据销售额指标来计算某产品占总体或类别的比例。首先，编写一个基础的销售金额度量值：

销售金额 = SUM('订单'[销售额])

2）占比计算

计算销售金额占比，即每个类别的销售额除以总计销售额。总计销售额可以使用 ALL 函数清除外部上下文的筛选来计算。

第一步：计算总计销售额，度量值公式如下：

销售额总计 = CALCULATE([销售金额]，ALL('销售表'))

制作卡片图进行验证，如图 7-28 所示。

图 7-28 销售额总计

第二步：计算销售金额占比，度量值公式如下：

销售金额占比 = DIVIDE([销售金额],
　　　　　　　　CALCULATE([销售金额]，ALL('产品表')))

可视化报表视图制作表进行验证，如图 7-29 所示。

产品名称	销售金额	销售金额占比
果汁	84056	4.84%
可乐	54738	3.15%
牛角面包	472608	27.20%
曲奇饼干	213968	12.32%
全麦面包	249828	14.38%
苏打饼干	135720	7.81%
吐司面包	526516	30.30%
总计	1737434	100.00%

图 7-29 销售金额占比

第三步：产品分类占比，度量值公式如下：

分类占比 = DIVIDE([销售金额],

CALCULATE([销售金额]，ALL('产品表'[产品名称])))

可视化报表视图制作矩阵进行验证，如图 7-30 所示。

产品分类名称	销售金额	销售金额占比	分类占比
饼干	349688	20.13%	100.00%
曲奇饼干	213968	12.32%	61.19%
苏打饼干	135720	7.81%	38.81%
面包	1248952	71.88%	100.00%
牛角面包	472608	27.20%	37.84%
全麦面包	249828	14.38%	20.00%
吐司面包	526516	30.30%	42.16%
饮料	138794	7.99%	100.00%
果汁	84056	4.84%	60.56%
可乐	54738	3.15%	39.44%
总计	1737434	100.00%	100.00%

图 7-30　分类占比

3）解释与总结

（1）解释

① 销售金额占比：使用 ALL('产品表') 清除所有外部上下文的筛选，计算所有产品的总销售额。

② 分类占比例：使用 ALL('产品表'[产品名称]) 清除产品名称列的上下文，计算每个产品所属类别的总销售额。

（2）总结

通过这些示例，可以看到 ALL 函数在计算比例时的强大功能。这些函数可以帮助我们灵活地操控上下文，从而实现复杂的分析需求。

2．排名问题

Power BI 进行各种类型的排名，主要使用的函数是 RANKX 函数。RANKX 函数的参数较多，语法看起来比较复杂，但实际上只有前两个参数是必选的，后面的参数都是可选的。在数据分析中最常用的也是前两个参数。下面通过几个示例来了解 RANKX 函数的用法。

我们继续使用本章的示例数据，下面分别按销售额从各个维度进行排名。

1）绝对排名

首先，编写 RANKX 的一个经典、常用的度量值：

整体排名 = RANKX(ALL('产品表')，[销售金额])

这个排名度量值是绝对排名，无论选择多少个产品，每个产品的排名都是固定的。利用切片器选择几个产品，每个产品的排名都是固定的，如图 7-31 所示。

产品名称	销售金额	整体排名
吐司面包	526516	1
牛角面包	472608	2
全麦面包	249828	3
曲奇饼干	213968	4
苏打饼干	135720	5
果汁	84056	6
可乐	54738	7
总计	1737434	1

产品名称	销售金额	整体排名
吐司面包	526516	1
曲奇饼干	213968	4
果汁	84056	6
可乐	54738	7
总计	879278	1

产品名称
☑ 果汁
☑ 可乐
☐ 牛角面包
☑ 曲奇饼干
☐ 全麦面包
☐ 苏打饼干
☑ 吐司面包

图 7-31　对全部产品按销售额绝对排名

2）相对排名

如果需要按照所选的产品范围来排名，即相对排名，可以结合 ALLSELECTED 函数来实现，度量值公式如下：

相对排名 = RANKX(ALLSELECTED('产品表'),[销售金额])

这样就得到了整体相对排名，排名效果如图 7-32 所示。

产品名称	销售金额	整体排名	相对排名
吐司面包	526516	1	1
牛角面包	472608	2	2
全麦面包	249828	3	3
曲奇饼干	213968	4	4
苏打饼干	135720	5	5
果汁	84056	6	6
可乐	54738	7	7
总计	1737434	1	1

产品名称	销售金额	整体排名	相对排名
吐司面包	526516	1	1
曲奇饼干	213968	4	2
果汁	84056	6	3
可乐	54738	7	4
总计	879278	1	1

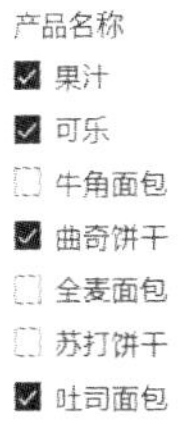

产品名称
☑ 果汁
☑ 可乐
☐ 牛角面包
☑ 曲奇饼干
☐ 全麦面包
☐ 苏打饼干
☑ 吐司面包

图 7-32　对全部产品按销售额相对排名

7.3.7　度量值的整理

在数据报告中，度量值是用于量化分析和评估的关键指标。对于包含少量数据分析点的简单数据集，形成的度量值较少，可以分散放置在相关的表格内，每个表格专注于特定的业务逻辑或数据主题，使得数据结构清晰且便于直接关联和理解。然而，当数据报告涉及大量数据分析点时，生成的度量值可能变得繁多，此时推荐创建一个专门用于存放所有度量值的新表格，以保持原始数据表的整洁并简化后续的可视化操作和其他高级分析任务。通过集中管理度量值，用户能够更轻松地找到所需信息，同时也有利于实施统一的格式化和标准化措施。下面介绍如何进行度量值的整理。继续沿用本章的案例数据，有两种方法可以进行度量值的管理。

1. 新建表格的方法

第一步：在开始建立度量值之前，新建表格，如图7-33所示。

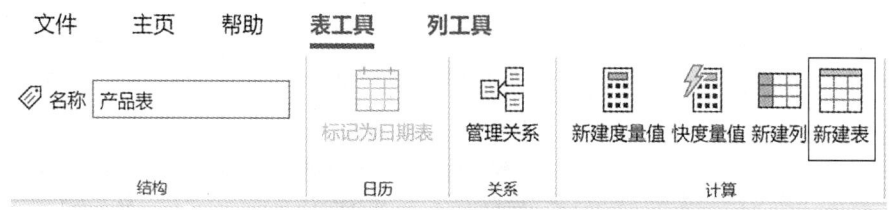

图 7-33　新建表格

第二步：更改表名，可以将表格的名称更改为度量值表或者自己认为合理的表格名称，如图7-34所示。请注意表格名称的排序是按照字母顺序进行排序的。

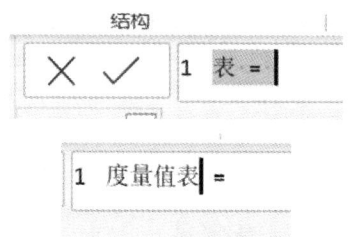

图 7-34　更改表格名称

第三步，在新建的表格下面建立度量值，如图7-35所示。

图 7-35　建立度量值

第四步，隐藏空白值，点击鼠标右键，选择在报表视图隐藏，如图7-36所示。此时这个空白值在表格视图是可见的，但是在报表视图是不可见的。

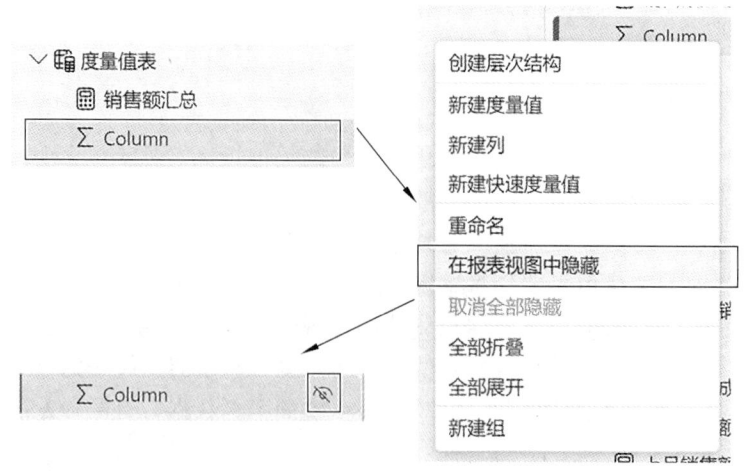

第 2 部分　Power BI 探秘：数据宇宙的视觉盛宴

图 7-36　隐藏空白值

2. 已有度量值

如果已经建立完成了度量值，那么可以利用度量值的属性设置进行度量值的迁移，并进行整理。在模型视图中，选择需要进行迁移的度量值，并在属性中的主表选项卡选择需要迁移到的表格，如图 7-37 所示。

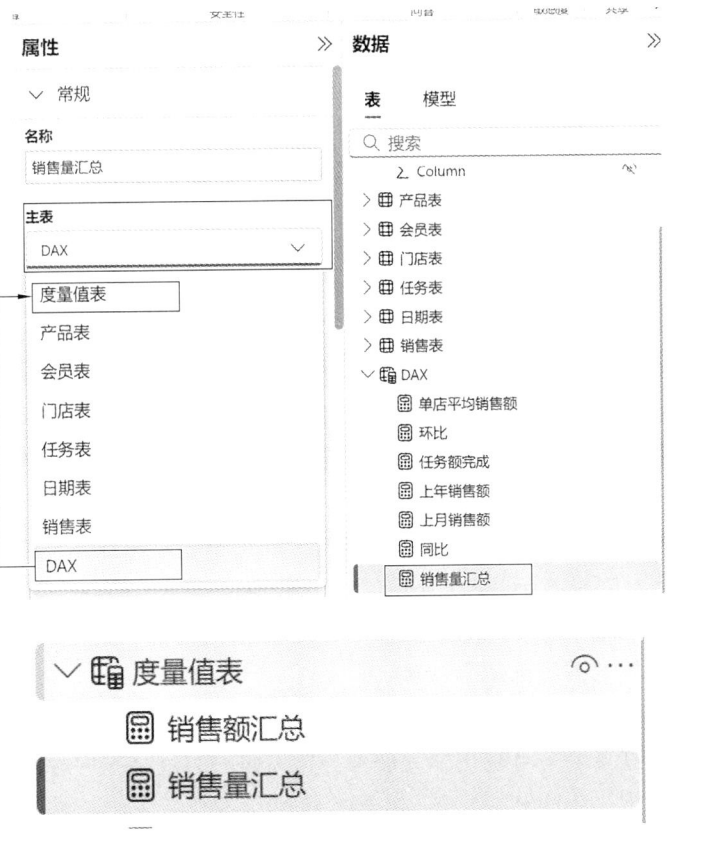

图 7-37　已有度量值整理步骤

3. 度量值的多个层级整理

当数据报告中度量值较多时,可以通过建立度量值文件夹,来进行进一步的整理。

首先,在模型视图选择需要建立文件夹的度量值;

其次,在度量值的属性中,找到显示文件夹;

最后,更改文件夹的名称,如图 7-38 所示。

用同样的方法,我们可以将同系列的度量值都进行分类设置,形成诸如收入分析、利润分析、成本分析等文件夹,以方便在可视化界面寻找需要的度量值。

图 7-38 度量值的多个层级整理

本章小结

本章深入探讨了 Power BI 中的数据建模与 DAX(Data Analysis Expressions)语言,旨在帮助读者掌握如何通过有效的数据建模和复杂的业务逻辑计算来提升数据分析的能力。首先,介绍了数据建模的基础概念,包括字段设置、计算列和度量值的创建方法,强调了正确设置字段属性的重要性,如数据类型、显示格式和默认汇总方式等,这些设置确保了数据的准确性和分析的有效性。

接着,详细讲解了计算列和度量值的区别及其应用场景。计算列在数据加载时进行一次性计算并存储结果,适用于需要预先计算且不随用户交互变化的场景;而度量值则根据当前的筛选上下文动态计算,响应用户的交互,适合用于动态聚合和复杂业务逻辑的计算。通过实例操作,展示了如何使用 RELATED 函数关联不同表中的字段,以及如何使用 SUMX 等 DAX 函数实现灵活的数据计算。

此外,本章还重点介绍了 DAX 的关键概念,如上下文(行上下文和筛选上下文)、常用函数(聚合函数、时间智能函数和筛选函数),并通过具体示例演示了 CALCULATE 函数的强大功能。CALCULATE 函数可以通过修改上下文来执行复杂的聚合运算,结合 FILTER 等筛选函数实现更精细的数据筛选和计算。

最后,讨论了数据模型的优化策略,包括合理设置表间关系、避免不必要的多对多关系和双向筛选,以及通过自定义可视化图表展示分析结果。通过这些内容的学习,读者不仅能够构建高效的数据模型,还能利用 DAX 语言实现复杂的业务逻辑,从而更好地支持决策制定和业务发展。

思考题

1．单选题

（1）DAX 的基础语法中，表达式以（　　）开始。
A．等号　　　　　B．感叹号　　　　　C．星号　　　　　D．井号

（2）在 DAX 中，表名如何表示？（　　）
A．双引号　　　　B．单引号　　　　　C．方括号　　　　D．圆括号

（3）在 DAX 中，列字段如何表示？（　　）
A．双引号　　　　B．单引号　　　　　C．方括号　　　　D．圆括号

（4）DAX 中的筛选函数 FILTER 用于什么操作？（　　）
A．筛选符合条件的行　　　　　　　B．清除所有筛选
C．返回不重复值　　　　　　　　　D．计算行数

（5）DAX 中的 ALL 函数用于什么操作？（　　）
A．清除所有筛选　　　　　　　　　B．返回不重复值
C．筛选符合条件的行　　　　　　　D．计算行数

（6）在 Power BI 中，如何创建一个计算列来关联另一个表中的字段？（　　）
A．使用 SUM 函数　　　　　　　　B．使用 AVERAGE 函数
C．使用 RELATED 函数　　　　　　D．使用 FILTER 函数

（7）在 Power BI 中，如何创建一个度量值来计算销售额合计？（　　）
A．销售额合计 = SUM('销售表'[销售额])
B．销售额合计 = AVERAGE('销售表'[销售额])
C．销售额合计 = MIN('销售表'[销售额])
D．销售额合计 = MAX('销售表'[销售额])

（8）在 Power BI 中，如何设置字段的数据类型？（　　）
A．在数据视图中选择字段，然后在"列工具"选项卡中选择数据类型
B．在报表视图中选择字段，然后在"字段"窗格中选择数据类型
C．在模型视图中选择字段，然后在"字段"窗格中选择数据类型
D．在数据视图中选择字段，然后在"字段"窗格中选择数据类型

（9）　　标志代表（　　）。
A．计算列　　　　B．新建表　　　　　C．度量值　　　　D．新建计算

（10）以下图形属于什么模型？（　　）

A．雪花模型　　　B．星形模型　　　　C．二维模型　　　D．维度模型

（11）在 Power BI 中，新建度量值、新建列和新建表使用的是哪种语言？（　　）
A. Excel 公式　　　　B. M 语言　　　　C. DAX 语言　　　　D. SQL

2. 多选题

（1）DAX 中常用的聚合函数有（　　）。
A. SUM　　　B. AVERAGE　　　C. MIN　　　D. MAX　　　E. COUNT

（2）DAX 中常用的时间智能函数有（　　）。
A. PREVIOUSYEAR　　　　B. NEXTYEAR　　　　C. TOTALYTD
D. SAMEPERIODLASTYEAR　　　E. DATEADD

（3）在 Power BI 中，度量值的主要特点是（　　）。
A. 动态计算　　　　　　　　B. 不存储结果
C. 占用内存　　　　　　　　D. 响应用户交互

（4）在 Power BI 中，创建度量值的方法是（　　）。
A. 在表格视图中点击"新建度量值"
B. 在报表视图中点击"新建度量值"
C. 在表格视图字段区右键菜单中选择"新建度量值"
D. 在模型视图中点击"新建度量值"

（5）在 Power BI 中，创建计算列的方法是（　　）。
A. 在数据视图中点击"新建列"
B. 在报表视图中点击"新建列"
C. 在字段区右键菜单中选择"新建列"
D. 在模型视图中点击"新建列"

（6）在 Power BI 中，哪个概念允许在多个表格之间建立关系，整合成一个协同工作的模型？（　　）
A. 数据清洗　　　B. 数据建模　　　C. 数据透视表　　　D. DAX

（7）表间关系的基数包括哪些类型（　　）
A. 多对一（*：1）　　　　　　　B. 一对一（1：1）
C. 一对多（1：*）　　　　　　　D. 多对多（*：*）

（8）DAX 中的聚合函数包括（　　）。
A. SUM　　　B. AVERAGE　　　C. MIN　　　D. MAX

3. 判断题

（1）DAX 中的表名用双引号包裹。（　　）

（2）DAX 中的列字段用方括号包裹，并带上表名。（　　）

（3）DAX 中的度量值用方括号包裹，但不带表名。（　　）

（4）DAX 中的筛选函数 FILTER 用于清除所有筛选。（　　）

（5）DAX 中的 ALL 函数用于返回不重复值。（　　）

（6）在 Power BI 中，度量值可以响应用户的交互。（　　）

（7）在 Power BI 中，计算列不占用内存。（　　）

（8）在 Power BI 中，可以通过报表视图进行可视化分析来验证度量值的准确性。（　　）

（9）在 Power BI 中，可以通过 CALCULATE 函数进行筛选条件下的计算。（　　）

（10）在 Power BI 中，可以通过 RANKX 函数进行排名计算。（　　）

（11）计算列的计算结果会存储在数据模型中，占用内存。（　　）

（12）在 DAX 中，表名应该用双括号包裹。（　　）

4. 简答题

（1）简述 DAX 中的 CALCULATE 函数的作用和语法。

（2）简述在 Power BI 中，度量值和计算列的主要区别及其应用场景。

（3）简述 Power BI 中常见的数据模型类型及其特点。

（4）简述 Power BI 中表间关系的类型及其应用场景。

 复习提纲

第7章 应用建模：数据建模与DAX	7.1 DAX 启明：Power BI 数据建模基础概念及应用	1. 字段的设置与检查	数据类型检查 显示格式设置 默认汇总方式检查 数据类别检查
		2. 计算列	计算列定义 计算列与内存 计算列的设置
		3. 度量值	度量值的特点 度量值的优势 度量值的设置
		4. DAX	DAX 的作用 DAX 的应用 DAX 与数据可视化
		5. 上下文	筛选上下文 行上下文 上下文在计算列和度量值中的区别
		6. 事实表和维度表	事实表的特点 维度表的特点
		7. 表和表的关系	关系定义 基数和交叉筛选器方向 关系建立建议
		8. 数据模型	数据模型的构成 数据模型的重要性 数据模型的结构

7.2 深度建模： 计算列和度量值	1. 计算列与度量值的区别	度量值特性 计算列特性
	2. 计算列的应用	新建计算列步骤 计算列示例
	3. 度量值的应用	度量值定义 新建度量值步骤 度量值示例
7.3 函数精粹： DAX 关键函数与应用	1. DAX 语言	DAX 在 Power BI 中的应用 DAX 函数的基本语法
	2. DAX 的常用函数	聚合函数 时间智能函数 筛选函数
	3. Power BI 中重要的函数 CALCULATE	CALCULATE 函数语法和参数 CALCULATE 计算示例
	4. 常用 DAX 函数示例	FILTER 函数 ALL 函数 VALUES 函数
	5. 常用的数据分析问题	占比问题 排名问题

第 8 章　视觉叙事：数据可视化艺术

学习目标

○ **知识目标**

（1）掌握视觉叙事的基本原理，理解数据可视化在信息传达中的作用。

（2）理解不同类型的图表选择标准，学会基于数据特性和目的挑选合适的图表类型。

（3）学习视觉设计原则，包括颜色、布局、字体等要素的选择与搭配，以提高图表的可读性和吸引力。

（4）掌握仪表板与报告设计的基本概念，理解用户界面设计对用户体验的影响。

（5）学习动态展现技术，了解动画、交互反馈等高级视觉元素的作用及其实现方式。

○ **技能目标**

（1）能够根据数据集的特点和分析目的，设计并制作出恰当的图表。

（2）熟练运用可视化工具，创建具有高度互动性和用户友好性的仪表板和报告。

（3）利用高级视觉与交互元素增强数据故事的叙述性。

（4）实践项目中，能够综合运用所学知识和技术，独立完成从数据准备到最终呈现的全流程工作。

（5）具备评估现有数据可视化作品的能力，能够提出改进建议，优化视觉效果和用户体验。

○ **素养目标**

（1）增强对数据可视化领域最新趋势和发展动态的关注，保持持续学习的态度。

（2）提升审美鉴赏力和创新思维能力，鼓励学生探索个性化的设计风格。

（3）强化数据伦理意识，确保在数据收集、处理和展示过程中尊重隐私权和个人信息安全。

（4）通过团队合作完成项目任务，增进同学之间的交流与合作，共同进步。

（5）培养批判性思维，学会从多角度审视问题，提高解决问题的效率和质量。

（6）加强社会责任感教育，让学生意识到良好的数据可视化可以对社会产生积极影响，促进公共决策的科学性和透明度。

思政融合：数据可视化与社会影响力的正向引导

随着信息技术的飞速发展，数据可视化已成为传递信息、影响公众观念的重要工具。在这一背景下，某公益组织计划利用数据可视化技术，展示城市环境变化对居民生活质量的影响，以增强公众环保意识并促进政策制定者采取行动。

1. 数据可视化与团队合作

该公益组织由环保专家、数据分析师、设计师和社区工作者组成。他们需要合作，将复杂的环境数据转化为直观的图表和信息图。环保专家提供数据和环境影响的专业知识，数据分析师负责数据的清洗和分析，设计师负责将数据转化为易于理解的视觉元素，社区工作者则负责将信息传达给社区居民。通过跨学科合作，团队能够创建出既科学准确又具有吸引力的数据可视化作品，这不仅提升了团队成员之间的合作能力，也增强了他们对数据可视化在社会传播中的认识。

2. 数据可视化与领导力

在项目中，团队领导需要展现出卓越的领导力，以确保项目顺利进行并达到预期目标。领导需要理解数据可视化的基本概念和技能目标，以便指导团队成员，并在遇到技术难题时提供解决方案。此外，领导还需要关注团队成员的个人发展，鼓励他们勇于尝试新的设计方法和新技术，这有助于提升团队的整体创新能力。

3. 数据可视化与社会责任

在展示环境变化数据时，团队需要考虑数据可视化对社会的影响。例如，通过数据可视化展示的环境问题可能激发公众的环保行动，因此团队需要在追求信息传递效果的同时，也考虑到社会责任和伦理问题。这要求团队成员在构建数据可视化时，不仅关注数据的准确性和吸引力，还要关注其对环境和社会的影响。

> **思考与讨论**

（1）在团队合作中，如何平衡不同角色的职责和贡献，以确保数据可视化项目的有效性？

（2）作为团队领导，应如何激励团队成员在数据可视化学习和应用中保持开放的心态和持续的自我提升？

8.1 视觉语言：图表选择与设计

数据清洗和数据建模的结果最终将以图表的形式展现，可视化的方式使数据更易于理解。Power BI 拥有 20 多个内置的可视化图形和上百个自定义可视化图形库，用户可以轻松使用这些工具进行可视化分析，有效地传达信息并应对业务挑战。本章将帮助用户熟悉 Power BI 作图的基本步骤和功能设置，并介绍常用的内置图表以及丰富而强大的自定义可视化资源。

首先要进行案例数据的准备。

获取数据"数据可视化的案例数据"，导入 Power BI 中，并进行建模，如图 8-1 所示。

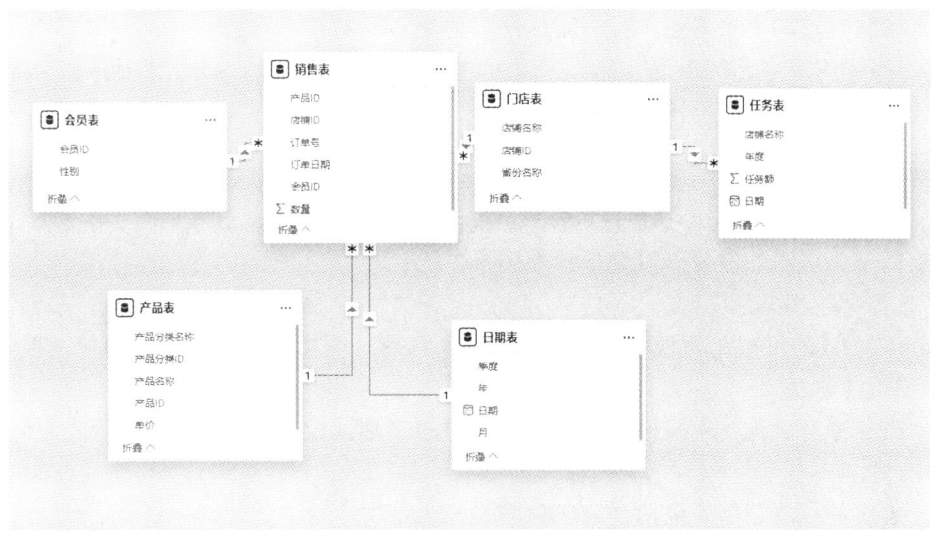

图 8-1　案例数据建模

同时按照以下内容进行度量值和计算列的建立：

（1）进行计算列的建立。

在销售表中建立单价列以及销售额列：

　　　　单价 = RELATED('产品表'[单价])

　　　　销售额 = [单价]*[数量]

（2）进行度量值的建立。注意：可以在建立度量值之前首先新建一个表格，该表格主要用于放置度量值，以方便后期在可视化选择的过程中方便寻找需要的度量值：

销售额汇总 = SUM('销售表'[销售额])

销售量汇总 = SUM('销售表'[数量])

营业店铺数量 = DISTINCTCOUNT('销售表'[店铺 ID])

单店平均销售额 = [销售量汇总]/[营业店铺数量]

上月销售额 = CALCULATE([销售额汇总]，DATEADD('日期表'[日期]，-1，MONTH))

环比 = ([销售额汇总]-[上月销售额])/[上月销售额]

上年销售额 = CALCULATE([销售金额]，DATEADD('日期表'[日期]，-1，YEAR))

同比 = ([销售额汇总]-[上年销售额])/[上年销售额]

销售任务额 = SUM('任务表'[任务额])

任务额完成 = [销售额汇总]/[销售任务额]

8.1.1　条形图和柱状图

在 Power BI 默认的可视化组件中，第一排全是柱形图和条形图，这是因为这些图表经常使用，一半以上的图表可以用柱形图展示。通过适当的设置，条形图和柱形图也可以具有高颜值。

条形图和柱形图主要分为以下 3 种类型：

（1）堆积柱形图（条形）：不同的序列在同一根柱子上显示。

（2）簇状柱形图（条形图）：不同的序列使用不同的柱子。
（3）百分比堆积柱形图（条形图）：不同的序列在同一根柱子上显示，Y轴标签为百分比。
下面我们分步骤进行可视化的设置。

1. 条形图的设置

条形图可分为简单条形图、堆积条形图、簇状条形图、百分比堆积条形图，设置方式如下：
（1）简单条形图的设置，设置步骤如图8-2所示。
① 选择"堆积条形图"。
在Power BI的可视化面板中，选择"堆积条形图"图标，并将其拖拽到报表视图中。
② 设置Y轴值。
将"产品分类名称"字段拖拽到堆积条形图的Y轴区域。
③ 设置X轴值。
将"销售额汇总"字段拖拽到X轴区域。
④ 设置视觉对象格式。
点击堆积条形图，然后选择"格式"选项卡（画笔图标）。
⑤ 打开数据标签。
在"格式"选项卡中，找到"数据标签"部分，打开"值"的开关，以显示每个条形的数值。
⑥ 设置数据标签的位置。
在"数据标签"设置中，选择"位置"下拉菜单，选择"自动"或根据需要选择"端内""端外""中心内"或"基内"，以确定标签的显示位置。
⑦ 设置数据标签的字体、字号等。
在"数据标签"设置中，调整字体、字号，并根据需要选择是否加粗、斜体或下划线，以及设置颜色和透明度。

图8-2 简单条形图的设置

重要提示：

数据标签的设置步骤如下：

首先找到该图中的"设置视觉对象格式"；

其次找到数据标签并打开数据标签，可以设计数据标签的位置、字体大小，背景颜色等内容。

（2）堆积条形图的设置，如图 8-3 所示。

① 选择"堆积条形图"。

在 Power BI 的可视化面板中，选择"堆积条形图"图标，并将其拖拽到报表视图中。

② 设置 Y 轴值、X 轴值。

将"产品分类名称"字段拖拽到堆积条形图的 Y 轴区域。

将"销售额汇总"字段拖拽到 X 轴区域。

将"产品名称"字段拖拽到图例区域。

③ 完成设置。

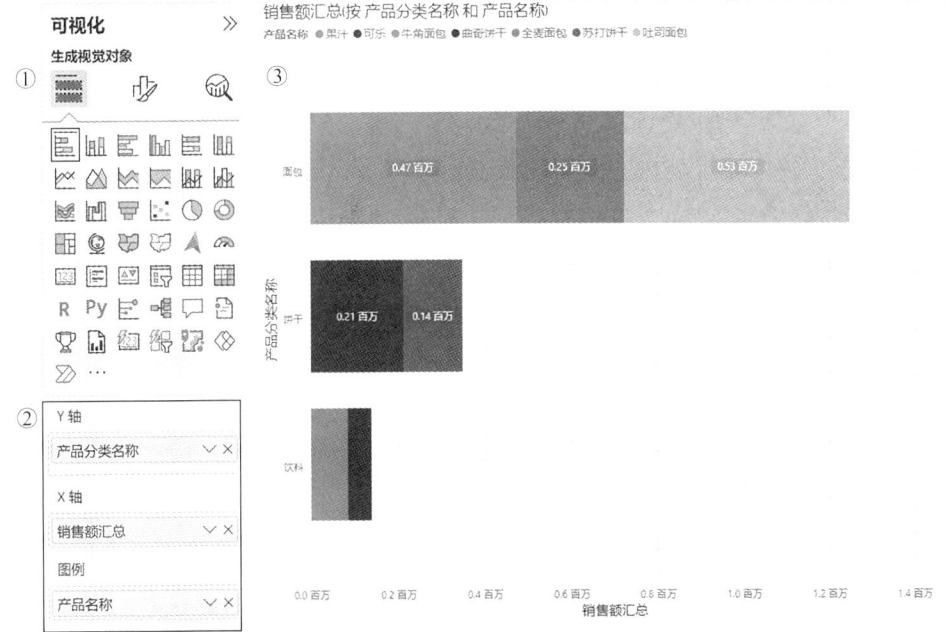

图 8-3　堆积条形图的设置

（3）簇状条形图的设置，如图 8-4 所示。

① 选择"簇状条形图"。

在 Power BI 的可视化面板中，选择"簇状条形图"图标，并将其拖拽到报表视图中。

② 设置 Y 轴值、X 轴值。

将"产品分类名称"字段拖拽到堆积条形图的 Y 轴区域。

将"销售额汇总"字段拖拽到 X 轴区域。

将"产品名称"字段拖拽到图例区域。

③ 完成设置。

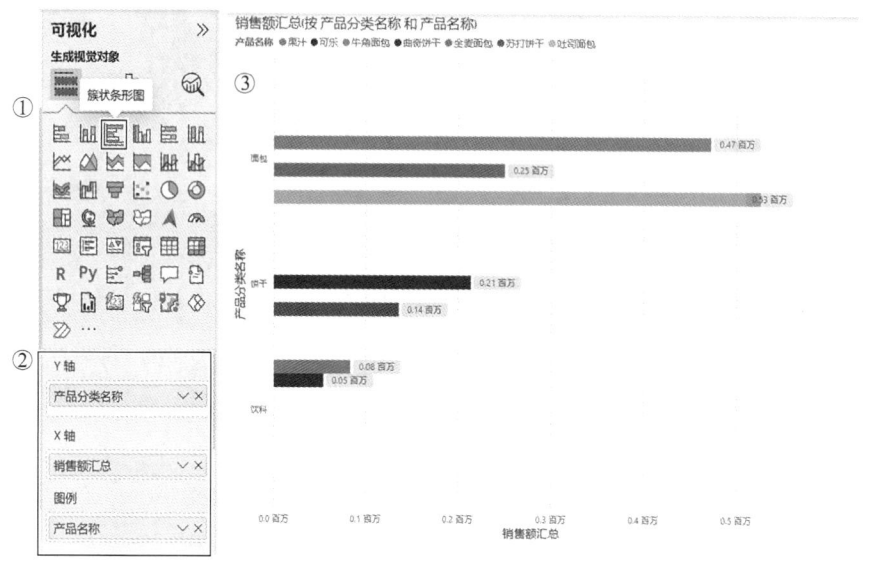

图 8-4 簇状条形图的设置

（4）百分比堆积条形图的设置，如图 8-5 所示。

① 选择"百分比堆积条形图"。

在 Power BI 的可视化面板中，选择"百分比堆积条形图"图标，并将其拖拽到报表视图中。

② 设置 Y 轴值、X 轴值。

将"产品分类名称"字段拖拽到堆积条形图的 Y 轴区域。

将"销售额汇总"字段拖拽到 X 轴区域。

将"产品名称"字段拖拽到图例区域。

③ 完成设置。

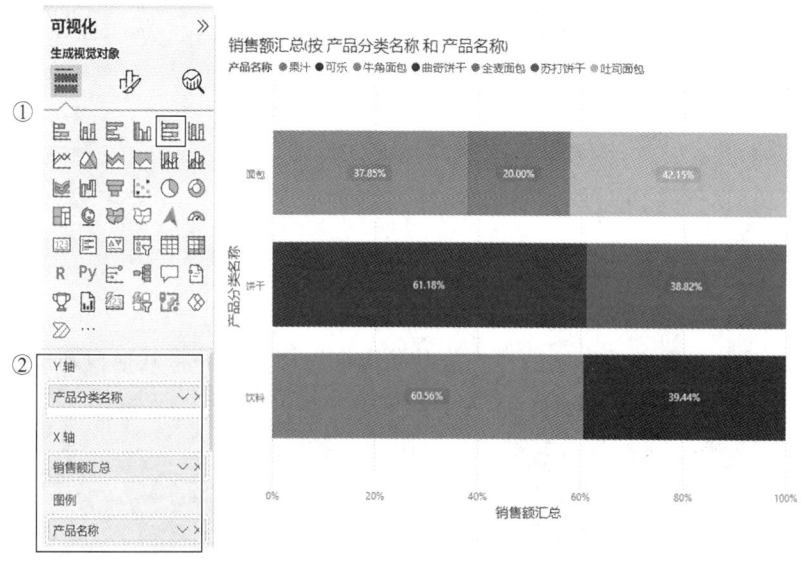

图 8-5 百分比堆积条形图的设置

2. 柱形图的设置

柱形图也分为简单柱形图、堆积柱形图、簇状柱形图、百分比堆积柱形图，设置步骤如下：

（1）简单柱形图的设置，如图 8-6 所示。

① 选择"堆积柱形图"。

在 Power BI 的可视化面板中，选择"堆积柱形图"图标，并将其拖拽到报表视图中。

② 设置 X、Y 轴值。

将"产品分类名称"字段拖拽到堆积条形图的 X 轴区域。

将"销售额汇总"字段拖拽到 Y 轴区域。

③ 选择"视觉对象设置"。

④ 在"视觉对象设置"中选择"列"。

⑤ 设置柱形图的颜色。

在视觉对象中选择自己喜欢的颜色进行设置。

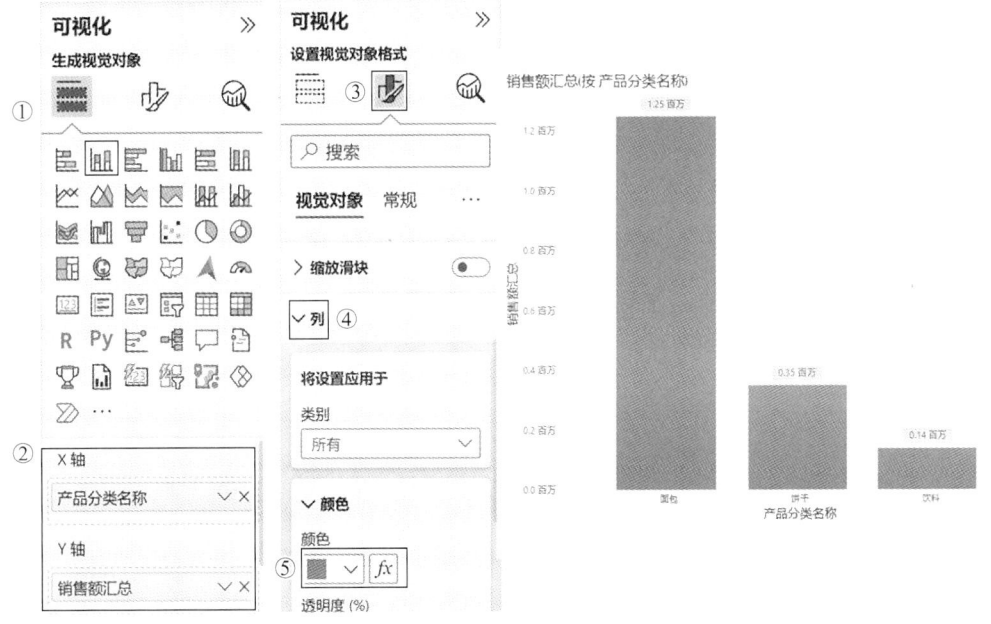

图 8-6　简单柱形图的设置

（2）堆积柱形图的设置，如图 8-7 所示。

① 选择"堆积柱形图"。

在 Power BI 的可视化面板中，选择"堆积柱形图"图标，并将其拖拽到报表视图中。

② 设置 X、Y 轴值。

将"产品分类名称"字段拖拽到堆积条形图的 X 轴区域。

将"销售额汇总"字段拖拽到 Y 轴区域。

将"产品名称"字段拖拽到图例区域。

③ 完成设置。

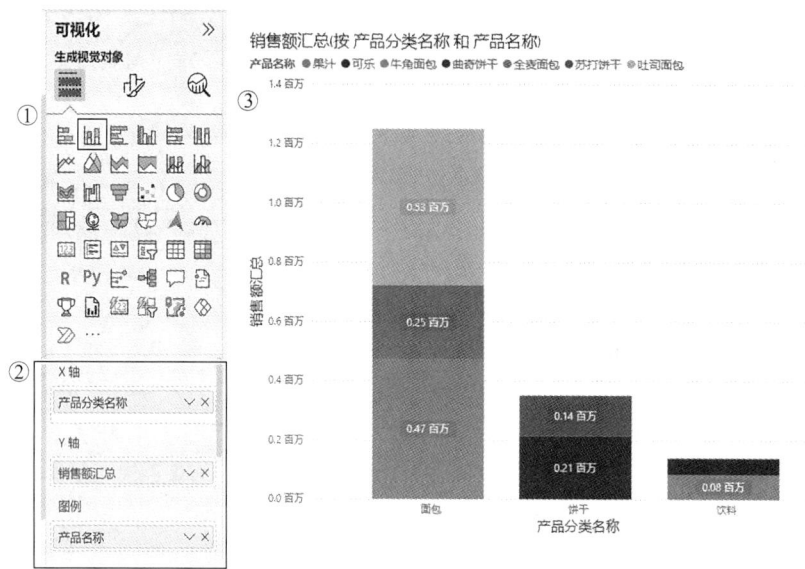

图 8-7 堆积柱形图的设置

（3）簇状柱形图的设置，如图 8-8 所示。

① 选择"簇状柱形图"。

在 Power BI 的可视化面板中，选择"簇状柱形图"图标，并将其拖拽到报表视图中。

② 设置 X、Y 轴值。

将"产品分类名称"字段拖拽到堆积条形图的 X 轴区域。

将"销售额汇总"字段拖拽到 Y 轴区域。

将"产品名称"字段拖拽到图例区域。

③ 完成设置。

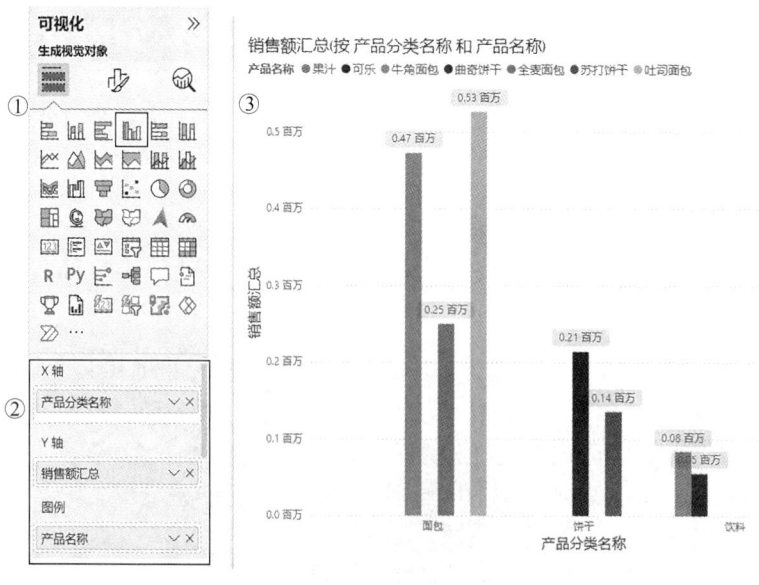

图 8-8 簇状柱形图的设置

(4）百分比堆积柱形图的设置，如图 8-9 所示。

① 选择"百分比堆积柱形图"。

在 Power BI 的可视化面板中，选择"百分比堆积柱形图"图标，并将其拖拽到报表视图中。

② 设置 X、Y 轴值。

将"产品分类名称"字段拖拽到堆积条形图的 X 轴区域。

将"销售额汇总"字段拖拽到 Y 轴区域。

将"产品名称"字段拖拽到图例区域。

③ 完成设置。

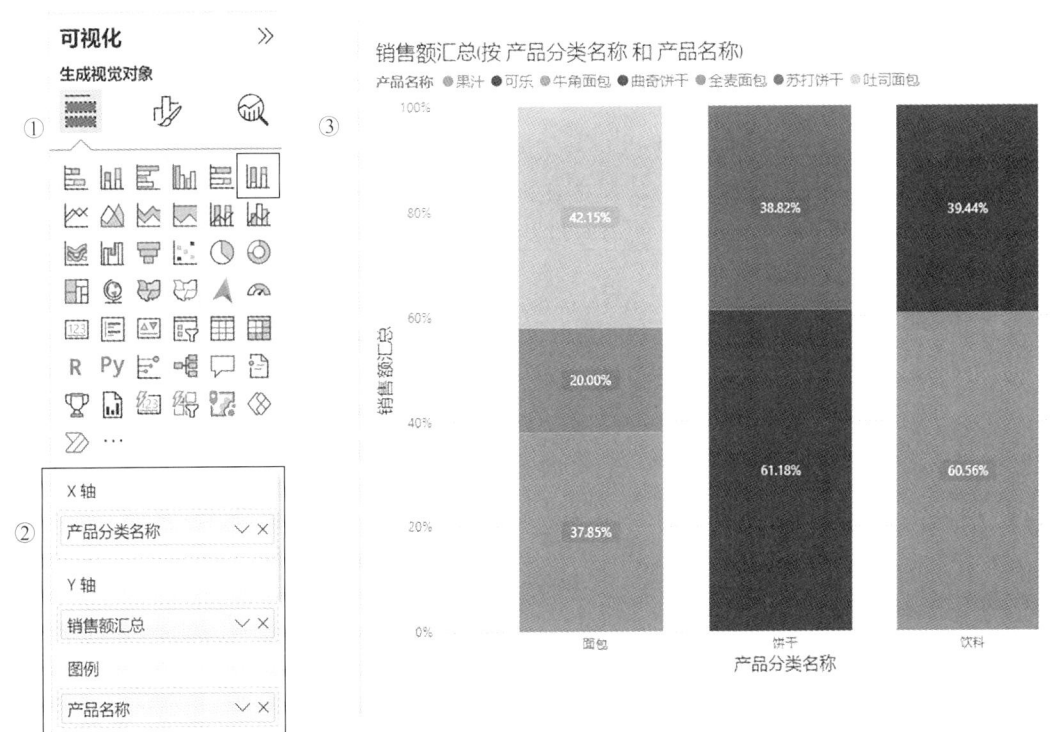

图 8-9　百分比堆积柱形图的设置

8.1.2　折线图、分区图和堆积面积图

1. 折线图

折线图通过平滑的线条连接数据点，使得数据的趋势更加明显和易于理解。相比于散点图或柱形图，折线图能够更简单、清晰地展示数据的增减变化，尤其在处理大量数据时，折线图可以有效避免视觉上的杂乱，帮助用户聚焦于整体趋势而非单个数据点。

折线图的设置：使用案例中销售数量以及月份进行设置，在设置过程中，要开启数据标签，并将实线设置成虚线。请注意折线图的线条状态，可以设置成实线、虚线、点线等状态，线条的粗细也可以进行设置，如图 8-10 所示。

① 选择"折线图"。

在 Power BI 的可视化面板中，选择"折线图"图标，并将其拖拽到报表视图中。
② 设置 X、Y 轴值。
将日期表中的"月"字段拖拽到折线图的 X 轴区域。
将度量值"销售量汇总"字段拖拽到 Y 轴区域。
③ 设置数据标签。
在"数据对象"设置中打开"数据标签"。
④ 设置折线图的样式。
在"数据对象"设置中找到"线条样式"，选择需要的线条样式，可以设置实线、虚线、点线。

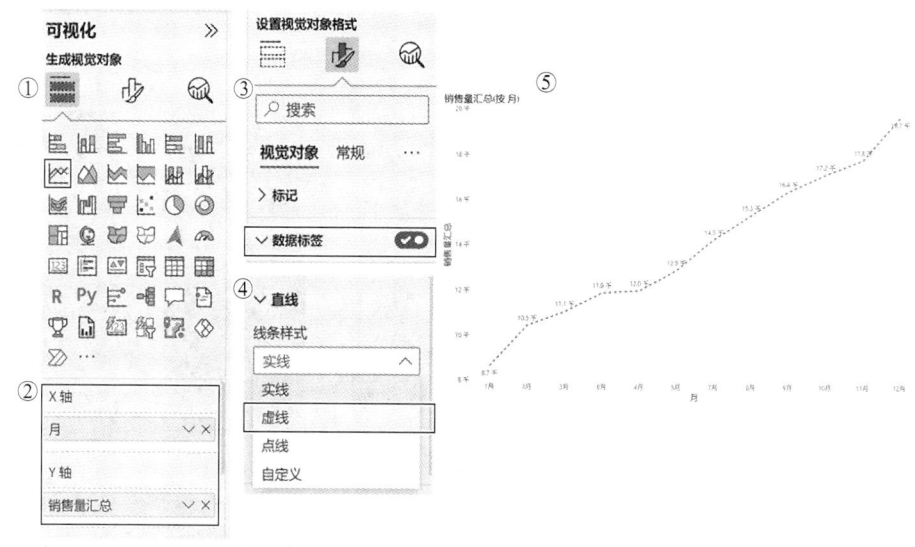

图 8-10　折线图的设置

2. 分区图

分区图，作为一种经典的面积图形式，通过将数据点用折线连接，并在折线与坐标轴之间填充颜色或阴影，形象地呈现出数据的层次结构。这种图表因其形似层叠的山脉而得名，极大地增强了图表的易读性。具体来说，基本分区图（也称为分层分区图）是在折线图的基础上发展而来的，它通过在坐标轴与数据行之间的区域填充颜色，直观地展示数据量的变化。

这种图表的设计特别强调了随时间变化的维度，使得用户能够轻松地识别和关注特定趋势的总体变化。通过颜色的填充，分区图不仅清晰地展示了各个时间段内的数据变化，而且使得趋势之间的对比和总量的把握变得更加直观和易于理解。因此，分区图是一种非常适合展示随时间变化的数据总量和趋势的图表工具。

分区图的设置：使用章节案例，选择时间"月"，度量值"销售量汇总"以及产品分类名称，设置如图 8-11 所示，同时要进行视觉对象的相关设置，以及添加平均线，具体步骤如下：
① 选择"分区图"。
在 Power BI 的可视化面板中，选择"分区图"图标，并将其拖拽到报表视图中。
② 设置 X 轴、Y 轴和图例值。

将"月"字段拖拽到分区图的 X 轴区域。

将"销售量汇总"字段拖拽到 Y 轴区域。

将"产品分类名称"字段拖拽到图例区域,以便不同产品分类的数据用不同颜色表示。

③ 设置视觉对象格式。

点击分区图,然后选择"格式"选项卡(画笔图标)。

在"图例"部分,打开"图例"的开关,并设置图例的位置为"靠上右对齐"。

④ 打开数据标签。

在"格式"选项卡中,找到"数据标签"部分,打开"值"的开关,以显示每个分区的数值。

⑤ 打开"对视觉对象进一步分析"。

在"格式"选项卡中,找到"分析"部分,点击"对视觉对象进一步分析"以展开更多分析选项。

⑥ 设置平均值线。

在"分析"选项中,选择"平均值线"。

选择"添加行"并命名为"平均值线 1",这将为分区图添加一条平均值线,帮助用户识别数据的平均水平。

⑦ 完成设置。

完成所有设置后,检查分区图的显示效果,确保它符合设计要求。

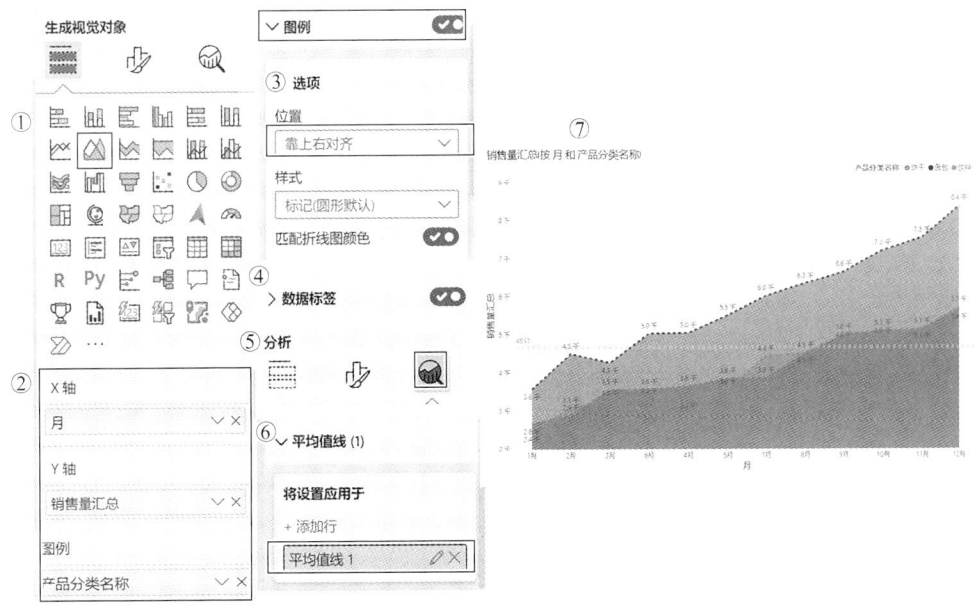

图 8-11 分区图的设置

3. 堆积面积图

堆积面积图是一种展示多个数据序列的图表,每种颜色代表一个序列,颜色之间不会重叠,使得数据清晰可见。纵轴显示的是所有序列数据的总和。这种图表适合用来比较不同序列在同一个区域内的总量，以及展示它们随时间的总体变化趋势。与普通面积图不同，堆积面积图的每个序列都是从上一个序列的顶部开始绘制的，这样可以直观地看出每个序列对总量的贡献。如果需要分析多个序列的整体变化趋势，堆积面积图是一个不错的选择。

堆积面积图的设置步骤如下（见图 8-12）：

① 选择"堆积面积图"。

在 Power BI 的可视化面板中，选择"堆积面积图"图标，并将其拖拽到报表视图中。

② 设置 X 轴、Y 轴和图例值。

将"月"字段拖拽到堆积面积图的 X 轴区域，以月份作为时间序列。

将"销售量汇总"字段拖拽到 Y 轴区域，以展示销售量的数值。

将"产品分类名称"字段拖拽到图例区域，为不同的产品分类分配不同的颜色，以便区分。

③ 设置视觉对象格式。

点击堆积面积图，然后选择"格式"选项卡（画笔图标）。

在"数据标签"部分，打开"值"的开关，以显示每个面积区域的数值。

④ 完成设置。

检查堆积面积图的显示效果，确保它正确地展示了不同产品分类在各个月份的销售量汇总，并且每个分类的贡献清晰可见。

调整图表的其他视觉设置，如颜色、图例位置等，以提高图表的可读性和美观性。

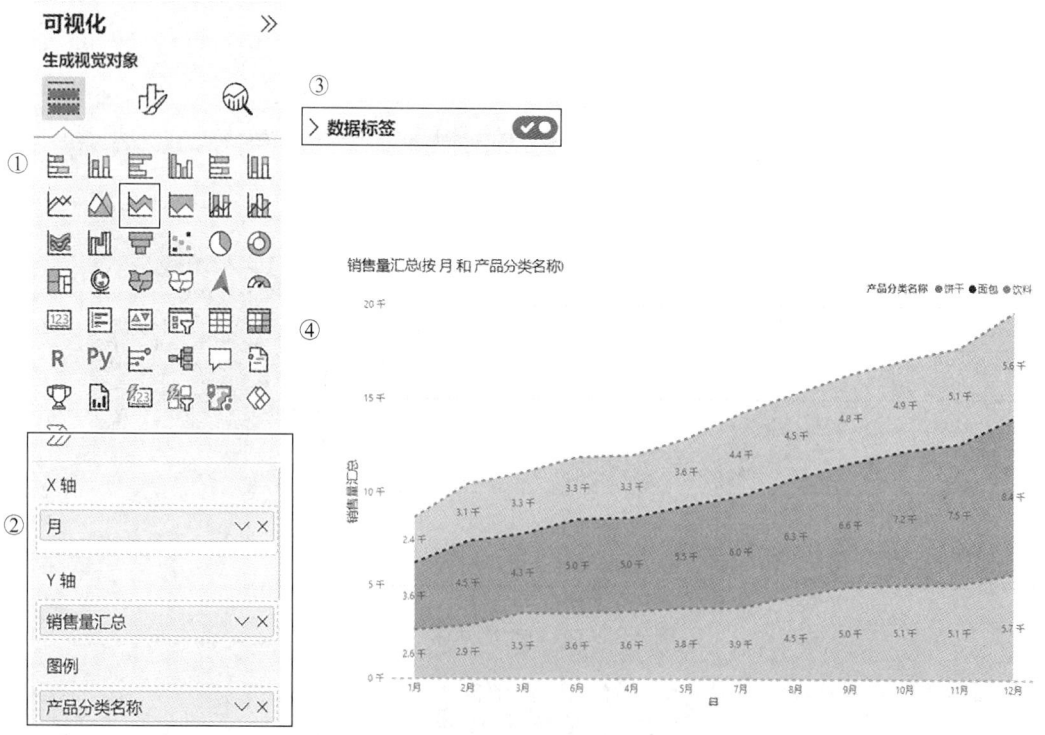

图 8-12　堆积面积图

4. 100%堆积分区图

100%堆积分区图是一种数据可视化图表,它通过将各个数据系列的值转换为占总体的百分比,并在图表中以不同颜色的区域堆积起来,从而直观地展示每个系列在总体中所占的比例。这种图表特别适合于分析和比较不同时间点或不同条件下各部分的相对重要性,帮助观察者理解各部分如何随时间变化而影响整体结构。由于每个堆积区域的高度代表该部分占总体的百分比,因此即使在总量变化的情况下,也能清晰地比较各部分的相对大小。这种图表在展示组成比例随时间变化的数据时非常有用,如市场份额、人口分布或资源分配等场景。

100%堆积分区图的设置步骤如下(见图 8-13):

① 选择"百分之百堆积分区图"。

在 Power BI 的可视化面板中,选择"百分之百堆积分区图"图标,并将其拖拽到报表视图中。

② 设置 X 轴、Y 轴和图例值。

将"月"字段拖拽到百分之百堆积分区图的 X 轴区域,以月份作为时间序列。

将"销售量汇总"字段拖拽到 Y 轴区域,以展示销售量的数值。

将"产品分类名称"字段拖拽到图例区域,为不同的产品分类分配不同的颜色,以便区分。

③ 设置视觉对象格式。

点击百分之百堆积分区图,然后选择"格式"选项卡(画笔图标)。

在"数据标签"部分,打开"值"的开关,以显示每个分区的数值。

④ 完成设置。

检查 100%堆积分区图的显示效果,确保它正确地展示了不同产品分类在各个月份的销售量汇总及其对总量的贡献比例。

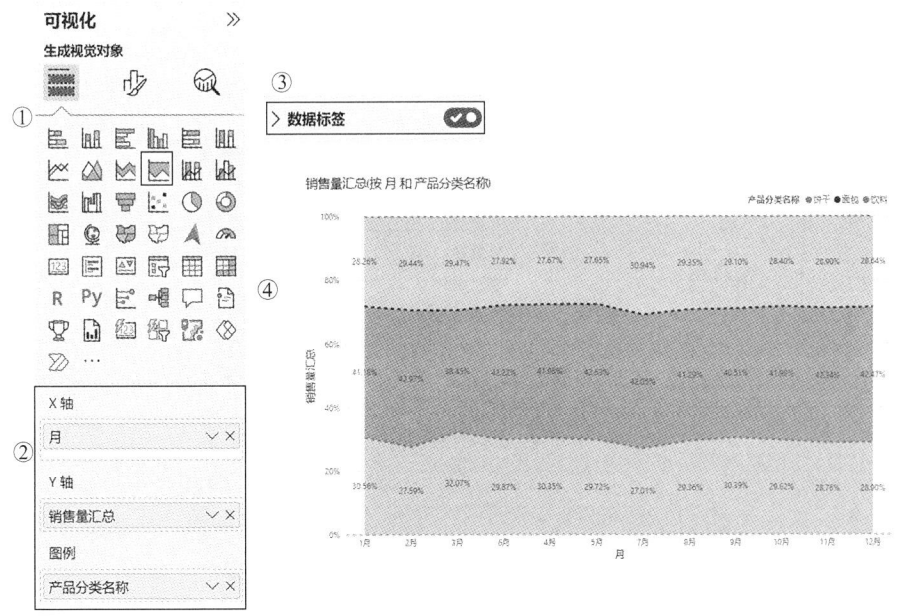

图 8-13　100%堆积分区图的设置

8.1.3 组合图

组合图是一种高效的数据可视化工具,它将折线图和柱形图结合在一个视图中,特别适合于展示两种数据类型、比较不同数值范围的度量值,以及揭示两个数据之间的相互关系。这种图表分为两种主要形式:折线与堆积柱形图组合,适用于展示时间序列趋势和类别累积效果;折线与簇状柱形图组合,适合于分析不同类别数据随时间的变化。

(1) 折线与堆积柱形图组合的设置步骤如下(见图 8-14):

① 选择"线与堆积柱形图"。

在 Power BI 的可视化面板中,选择"线与堆积柱形图"图标,并将其拖拽到报表视图中。

② 设置 X 轴、Y 轴和图例值。

将"月"字段拖拽到组合图的 X 轴区域,以月份作为时间序列。

将"销售额汇总"字段拖拽到 Y 轴区域,以展示销售量的数值。

将"产品分类名称"字段拖拽到图例区域,为不同的产品分类分配不同的颜色,以便区分。

③ 排序设置。

点击组合图中的"..."更多选项按钮。

选择"排列轴"→"以升序排序",按销售额对产品分类进行排序。

④ 设置视觉对象格式。

点击组合图,然后选择"格式"选项卡(画笔图标)。

在"行"部分,选择"线条样式"为"虚线",以便区分折线与堆积柱形图。

⑤ 设置线条颜色。

在"格式"选项卡中,找到"颜色"部分,为折线图设置一个与堆积柱形图不同的颜色,以提高可读性。

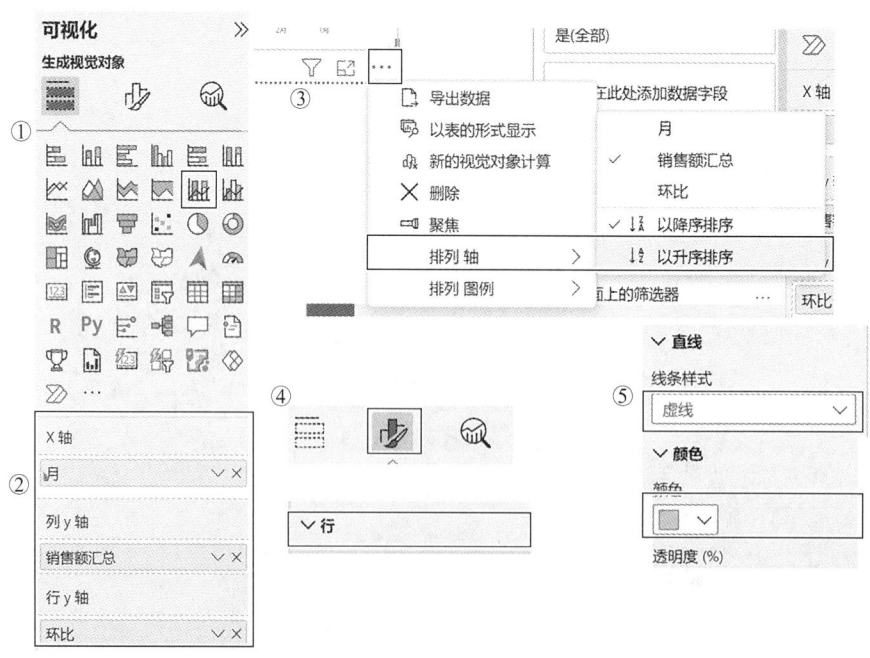

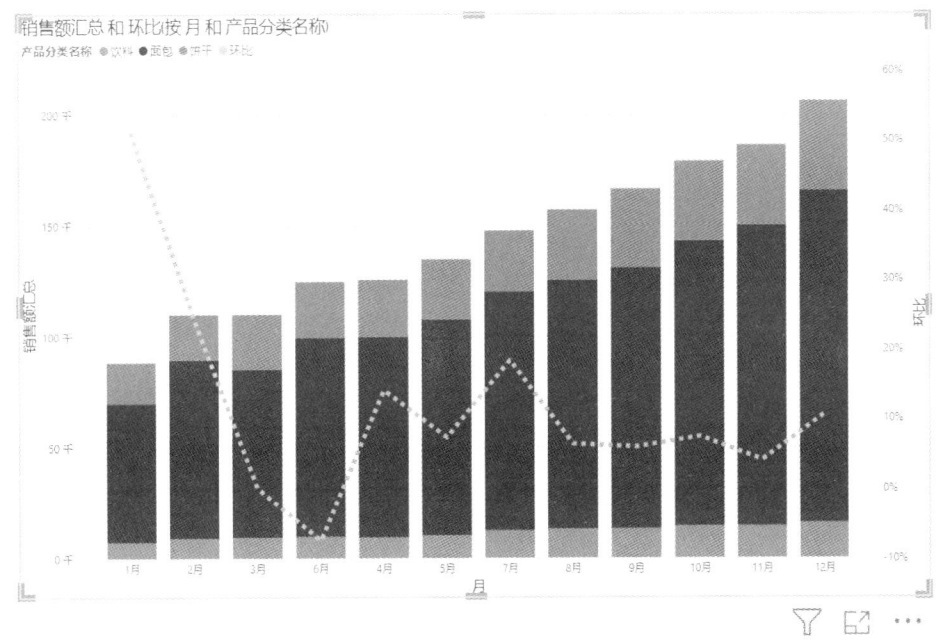

图 8-14 折线与堆积柱形图组合的设置

（2）折线与簇状柱形图组合设置，使用本章案例数据，不用改变任何设置，直接点击折线与簇状柱形图的图形，如图 8-15 所示。

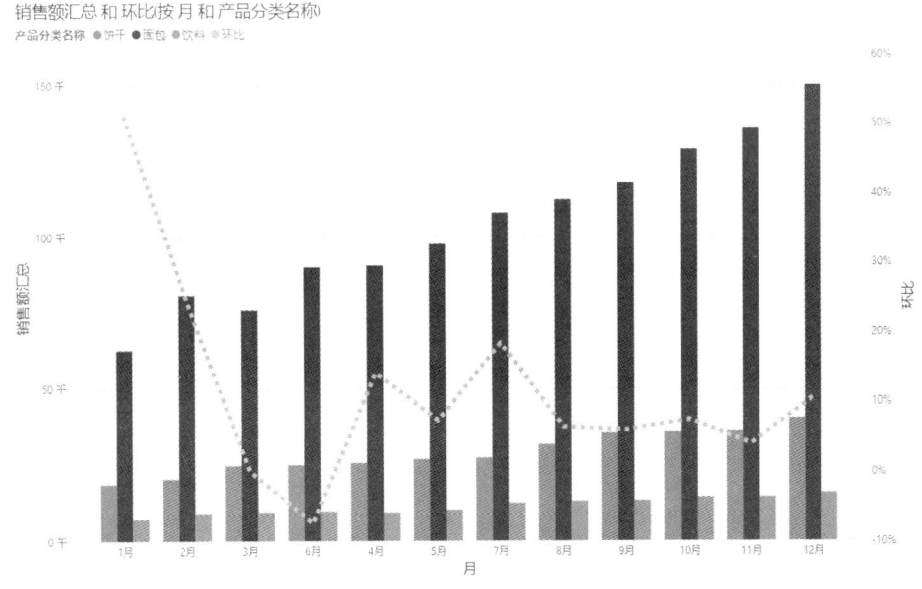

图 8-15 折线与簇状柱形图组合设置

8.1.4 丝带图

丝带图是一种直观的数据可视化工具，它通过将数据点用丝带状的线条连接起来，使得数据类别中的最大值在图表中始终位于最顶部，从而可以快速识别出具有最高排名的数据类别。这种图表的设计特别适合于展示和比较数据随时间变化的排名情况，使得观察者能够一眼看出在任何给定时间段内哪个数据类别占据了领先地位。通过丝带图的这种视觉强调，用户可以轻松追踪排名变化，有效地分析和理解数据的动态表现。丝带图设置步骤如下（见图8-16）：

① 选择"丝带图"。

在 Power BI 的可视化面板中，找到并选择"丝带图"图标，然后将其拖拽到报表视图中。

② 设置 X 轴、Y 轴和图例值。

将"月"字段拖拽到丝带图的 X 轴区域，作为时间序列显示在图表的底部。

将"销售额汇总"字段拖拽到 Y 轴区域，展示每个产品分类的销售量数值。

将"产品分类名称"字段拖拽到图例区域，这样不同的产品分类将以不同的颜色显示在图表中。

③ 设置完成。

完成上述设置后，Power BI 将自动生成丝带图，其中每个产品分类的销售量以丝带的形式展示，最大值位于最顶部。

检查图表是否正确反映了数据的动态表现，确保丝带图清晰地展示了产品分类随时间变化的排名情况。

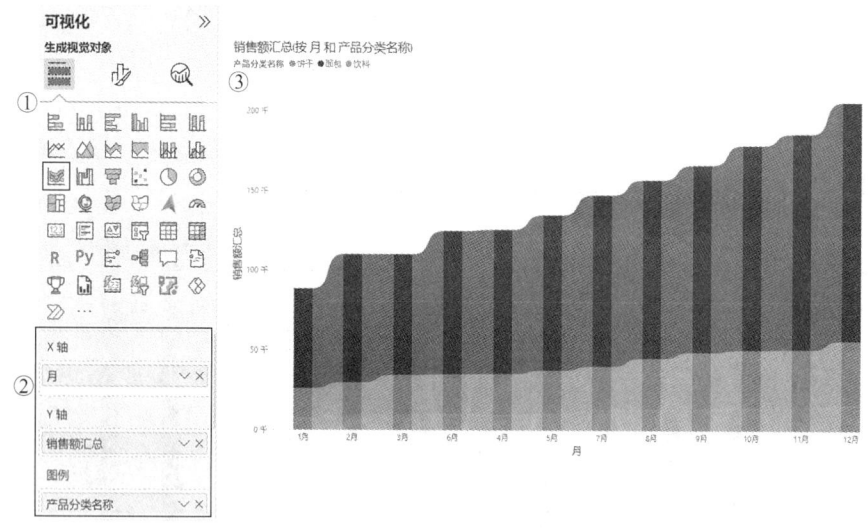

图 8-16　丝带图设置

8.1.5　瀑布图

1. 瀑布图的基本概念与应用

瀑布图，也称为阶梯图，是一种在经营分析和财务分析中广泛使用的数据可视化工具。这种图表通过数据的正负值来表示数值的增加和减少，从而形象地展示数据的累积效应和最终结果的生成过程。

2. 瀑布图的分类

（1）组成瀑布图：这种图表用于表达构成整体的各个组成部分的比例关系。在组成瀑布图中，总和的高度等于各个分类项柱子高度之和，清晰地展现了总分结构关系。组成瀑布图只有一个上升方向，通过柱子的高低可以直观地判断每个分类所占的比例大小，并快速识别对总值有重大影响的主要因素。

（2）变化瀑布图：这种图表使用不同颜色的柱子来反映数据的上升和下降变化，通常上升用绿色表示，下降用红色表示。变化瀑布图清晰地表达了过程中数据变化的细节，使得观察者能够一目了然地看到数据的增减变化。

3. 瀑布图在 Power BI 中的应用

在 Power BI 中，瀑布图的生成取决于数据的正负特性。如果数据全部为正数，则生成的是组成瀑布图；如果数据中包含正负数，则生成的是变化瀑布图，以区分数据的上升和下降。

瀑布图的设置步骤如下（见图 8-17）：

① 选择"瀑布图"。

在 Power BI 的可视化面板中，选择"瀑布图"图标，并将其拖拽到报表视图中。

② 设置数值。

将产品表中的"产品名称"字段拖拽到类别区域。

将度量值"销售额汇总"字段拖拽到 Y 轴区域。

③ 设置完成。

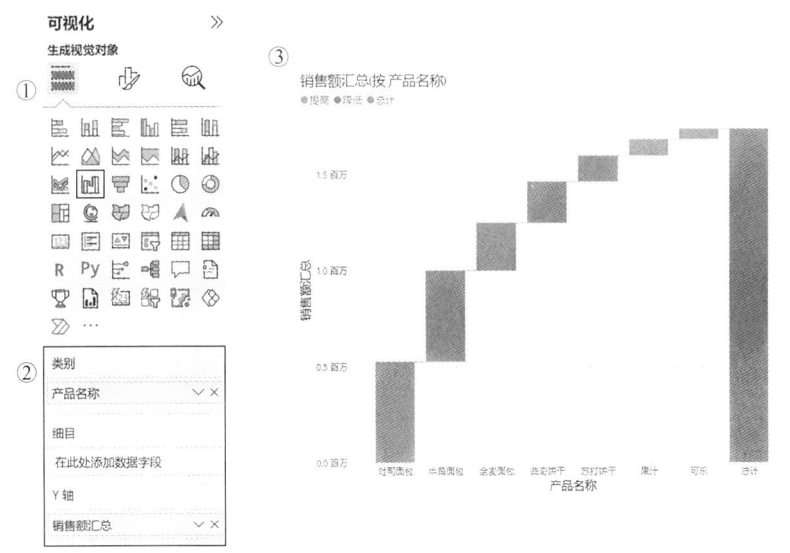

图 8-17 瀑布图的设置

8.1.6 漏斗图

1. 漏斗图的应用与特点

漏斗图是一种专门用于分析具有顺序性和多阶段流程的数据可视化工具。它通过展示各个阶段的数据变化以及初始阶段和最终目标之间的差异，帮助用户迅速识别流程中的问题所在。这种图表特别适合于跟踪和分析销售转化情况,例如监控某产品从市场推广到最终购买的整个业务流程。

2. 漏斗图的阶段表示

在漏斗图中,每个阶段的数据都以总数的百分比形式表示,这使得观察者可以直观地理解每个阶段在整个流程中的重要性和效率。通过比较各阶段的百分比,用户可以轻松识别转化率的变化,从而发现潜在的瓶颈或优化点。

3. 漏斗图的实际应用

漏斗图常用于以下场景:

(1)销售转化分析:跟踪潜在客户从首次接触到最终购买的转化过程,识别在哪个阶段客户流失率最高。

(2)营销活动效果评估:分析不同营销活动对销售漏斗各阶段的影响,优化营销策略。

(3)产品开发流程监控:监控产品从概念到市场推出的各个阶段,确保项目按时按质完成。

漏斗图设置步骤如下(见图 8-18):

① 选择"漏斗图"。

在 Power BI 的可视化面板中,选择"漏斗图"图标,并将其拖拽到报表视图中。

② 设置数值。

将产品表中的"产品名称"字段拖拽到类别区域。

将度量值"销售额汇总"字段拖拽到 Y 轴区域。

③ 设置完成。

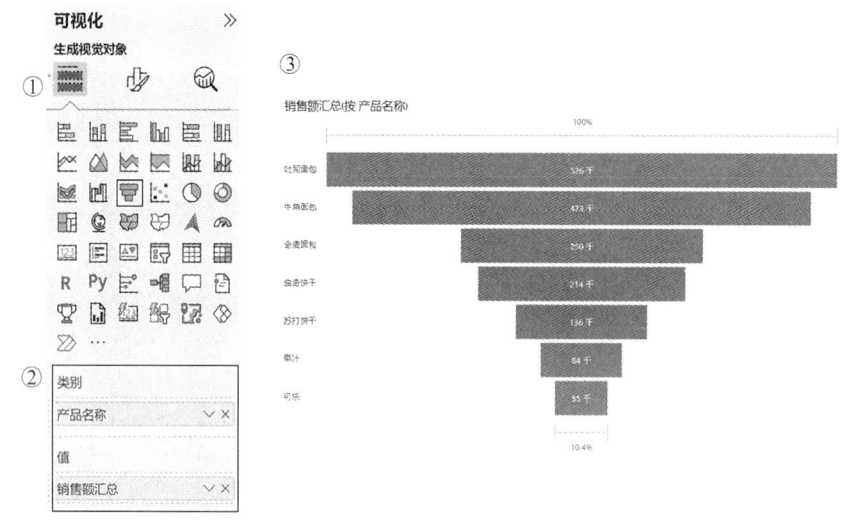

图 8-18 漏斗图设置

8.1.7 散点图和气泡图

1. 散点图和气泡图的基本概念与应用

散点图是通过在直角坐标系中绘制两组数据构成的多个坐标点来展示数据分布的图表。

通过观察这些点的分布和大致趋势,我们可以判断两个变量之间是否存在某种相关关系。制作散点图时,至少需要两组数据,分别对应 X 轴和 Y 轴。

2. 数据量的重要性

对于散点图而言,数据量越大,其显示的规律越明显。因此,尽可能多地收集数据可以提高散点图揭示数据规律的能力。

3. 气泡图的特点

气泡图是散点图的一种变体,它通过将数据点替换为大小不一的气泡来表示数据的其他维度。例如,气泡的颜色可以用来区分不同的城市,而气泡的大小可以表示销售金额等。这种图表不仅能够展示数据的分布情况,而且通过横纵坐标值和气泡大小,能够展示更多的数据维度,使得图形更加美观和具有吸引力。

4. 动态图表的制作

当散点图和气泡图添加了播放轴,它们可以被制作成动态图表,这大大增强了图表的可视化效果,使得数据的变化趋势和分布模式更加生动和直观。设置步骤如下(见图 8-19):

① 选择"散点图"。

在 Power BI 的可视化面板中,选择"散点图"图标,并将其拖拽到报表视图中。

② 设置数值。

将度量值"销售额汇总"字段拖拽到 X 轴区域。

将度量值"销售量汇总"字段拖拽到 Y 轴区域。

③ 设置图例、大小、播放轴。

将门店表中的"店铺名称"字段拖拽到图例区域。

将度量值"销售额汇总"字段拖拽到大小区域。

将日期表中的"年月"字段拖拽到播放轴区域。

④ 设置完成。

点击可视化图形左下角的播放按键,可以测试气泡图的动态变化。

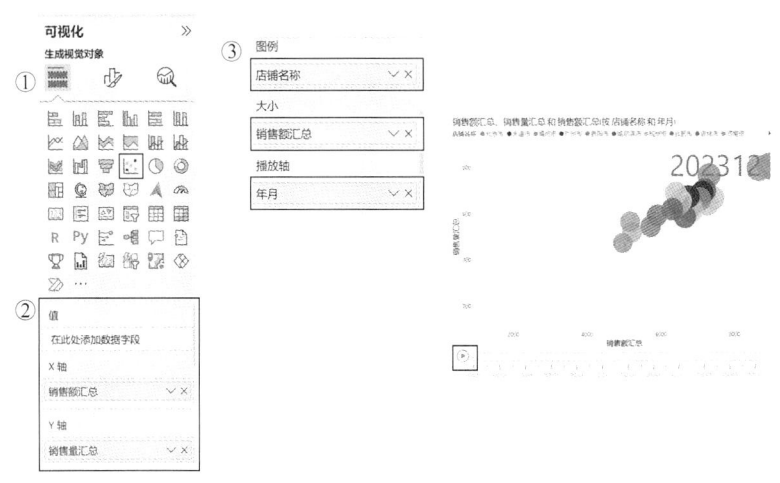

图 8-19 散点图(气泡图)设置

8.1.8 饼图和环形图

1. 饼图与环形图的基本概念与应用

饼图和环形图都是用于展示部分与整体关系的可视化工具，适合用于表示各部分所占整体的百分比。它们能够直观地显示每个部分在总体中的相对大小。

2. 饼图的特点

饼图通过扇形的角度来表示各个部分所占的比例。使用饼图时，应注意以下几点：

（1）类别数量：饼图适合展示 3~5 个类别，类别过多会导致图表难以解读。

（2）排列顺序：通常从 12 点方向开始，按顺时针方向排列，建议从大到小排列，以便于观察。

（3）数据总和：确保所有部分的总和为 100%，以准确反映比例关系。

（4）比较限制：饼图主要用于展示比例关系，不适合用于不同饼图之间的比较。

3. 环形图的特点

环形图是中间挖空的饼图，其中心的空白区域可以用于添加标签或图标。环形图与饼图的主要区别在于，比例的大小不再依赖于扇形的角度，而是依靠环形的长度来表示。这种设计使得环形图在视觉上更具空间感，便于添加更多信息。设置步骤如下（见图 8-20）：

① 选择"饼图"。

在 Power BI 的可视化面板中，选择"饼图"图标，并将其拖拽到报表视图中。

② 设置数值。

将产品表中的"产品分类名称"字段拖拽到图例区域。

将度量值"销售额汇总"字段拖拽到值区域。

③ 设置完成。

环形图的设置步骤与饼图一样。

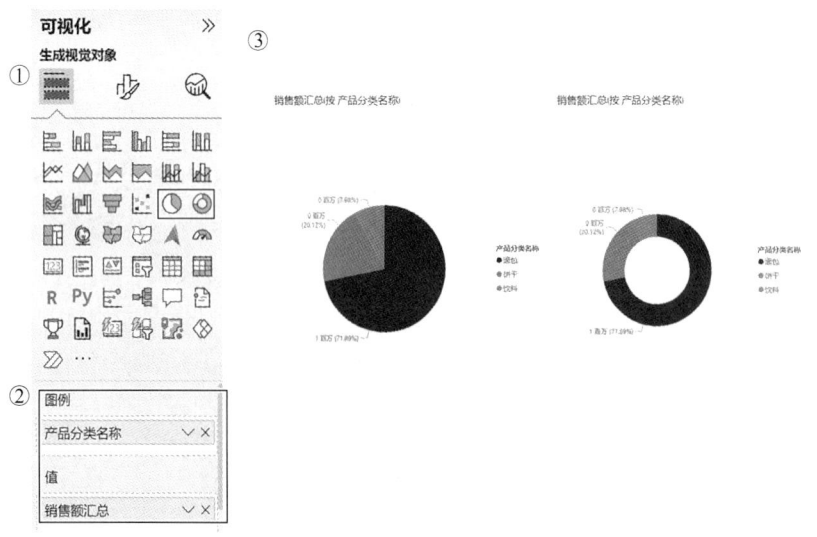

图 8-20 饼状图和环形图的设置

8.1.9 树状图

1. 树状图（矩形树图）的基本概念与应用

树状图，也称为矩形树图，是一种用于展示层次数据和部分与整体关系的可视化工具。在这种图表中，每个数据点以矩形的形式表示，其大小根据数据在整体中的比例来调整，所有矩形错落有致地排放在一个代表整体的大矩形内。

2. 树状图的结构与功能

树状图不仅能够展示单层数据关系，还能够有效展现双层甚至更多层次的结构。这种图表的主要使用场景包括：

（1）展示分层数据：适用于显示大量的分层数据，使得数据的层次结构一目了然。
（2）显示部分与整体比例：直观地展示每个部分与整体之间的比例关系。
（3）层次结构中指标分布：展示层次结构中指标在各个类别层次的分布模式。
（4）属性显示：通过大小和颜色编码来显示不同的属性，增强数据的可读性和信息量。
（5）发现模式与异常：帮助用户发现数据中的模式、离群值、最重要因素和异常情况。

树形图的设置步骤如下（见图 8-21）：

① 选择"树形图"。

在 Power BI 的可视化面板中，选择"树形图"图标，并将其拖拽到报表视图中。

② 设置数值。

将产品表中的"产品名称"字段拖拽到类别区域。

将度量值"销售额汇总"字段拖拽到值区域。

将会员表中的"性别"字段拖拽到详细信息区域。

③ 设置视觉对象格式。

打开视觉对象中的"图例"。

打开"数据标签"和"类别标签"。

④ 设置完成。

图 8-21 树状图的设置

8.1.10 地图可视化

在 Power BI 中，地图功能主要依赖于微软的地图服务。Power BI 提供了两种主要的地图可视化元素：气泡地图、着色地图。

1. 气泡地图

气泡地图通过地图上不同大小的气泡来表示数据的大小，气泡越大，表示的数据值越大。例如，可以用气泡地图展示各个城市的温度分布，其中气泡的大小与温度高低成正比。需要注意的是，该地图对地名的识别可能存在偏差，为了保证位置的精确性，有时需要加入具体的经纬度信息。

2. 着色地图

着色地图使用颜色深浅来表示数据的大小，颜色越深，表示数值越大。

与气泡地图相比，着色地图对位置信息的准确性要求更高，因此在使用时需要确保数据的精确匹配。

8.1.11 仪表图

1. 仪表图的基本概念与应用

仪表图，也称为仪表盘图，是一种半圆弧形状的图形，它类似于汽车的仪表盘。这种图表主要用于展示关键数据指标以及这些指标相对于预算或目标的完成度。仪表图在经营数据分析、财务指标跟踪和绩效考核等领域有着广泛的应用，如显示某个目标的进度、表示关键绩效指标（KPI）的百分比完成情况，或展示单个指标的健康状况。

2. 仪表图的应用注意事项

在 Power BI 中使用仪表图时，需要注意以下几点：

（1）数据展示位置：默认情况下，实际数据总是显示在仪表盘的中间位置。

（2）刻度范围：仪表盘的最小值通常设置为 0，而最大值则为实际数据的 2 倍，这样可以为数据的变化提供足够的展示空间。

（3）目标值显示：目标值会根据实际数据的完成情况显示在实际数据的左右两侧，直观地反映完成进度。

（4）自定义设置：在实际应用中，用户可以根据需要设置最大值和最小值，使得实际值出现在仪表盘的右侧，接近最大值的位置，从而更直观地展示数据的接近程度。

仪表图设置步骤如下（见图 8-22）：

① 选择"仪表图"。

在 Power BI 的可视化面板中，选择"仪表图"图标，并将其拖拽到报表视图中。

② 设置数值。

将度量值"销售额汇总"字段拖拽到值区域。

③ 设置目标值。

将度量值"销售任务额"字段拖拽到目标值区域。

④ 设置视觉对象格式。

第 2 部分　Power BI 探秘：数据宇宙的视觉盛宴

设置测量轴最大值。

打开"目标标签"，并设置单位以及值的小数位。

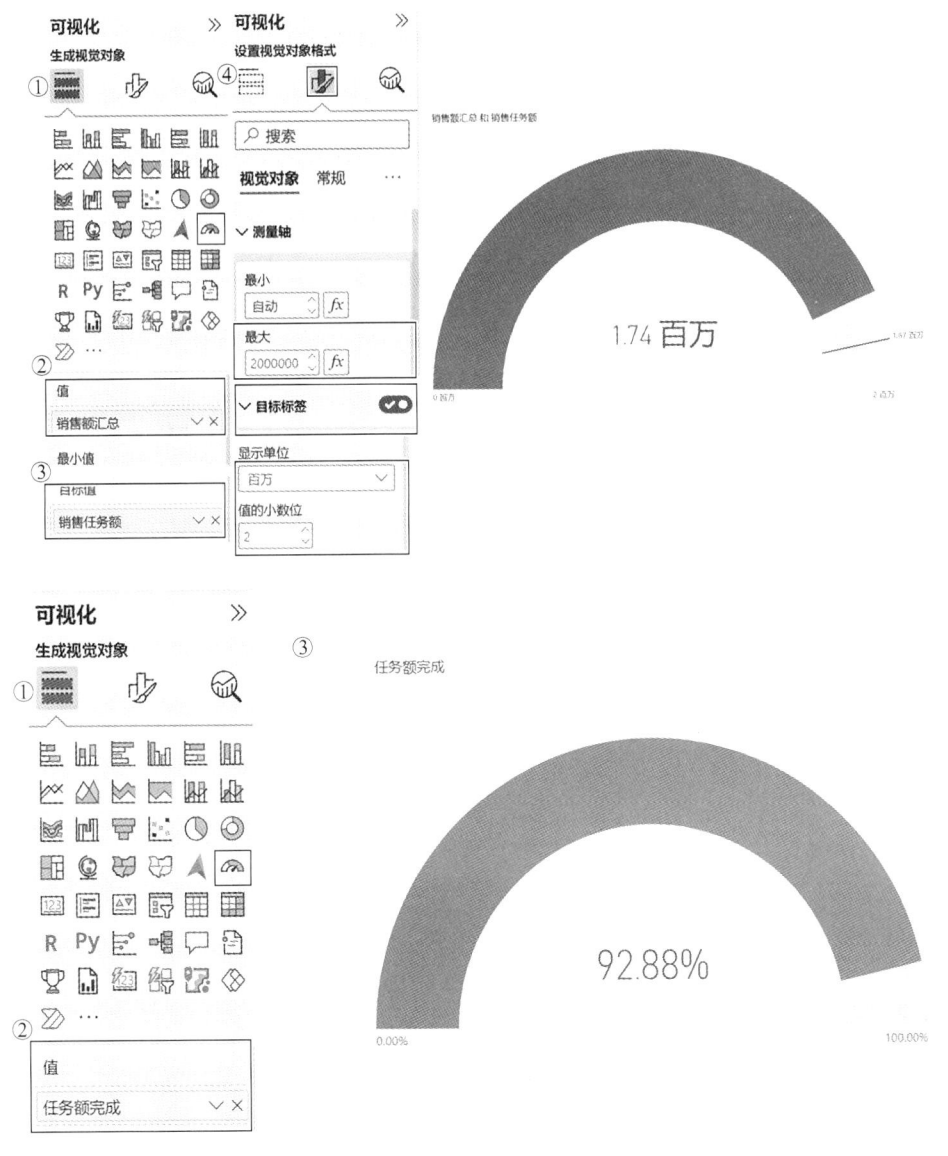

图 8-22　仪表图设置

8.1.11　卡片图

1. 标准卡片图

卡片图，也称为大数字磁贴，是一种在仪表板中用于突出显示关键数据值的可视化组件。它简单直观，仅展示一个值，因此仅需一个字段即可生成。卡片图适用于展示单一的关键指标，如销售额、利润或业绩等，使得这些指标一目了然，便于快速读取。在 Power BI 中，卡片图可以通过设置视觉对象格式来调整标注值的显示单位。设置步骤如下（见图 8-23）：

① 选择"卡片图"。

在 Power BI 的可视化面板中,选择"卡片图"图标,并将其拖拽到报表视图中。

② 设置数值。

将度量值"销售额汇总"字段拖拽到字段区域。

③ 设置视觉对象格式。

设置单位以及值的小数位。

图 8-23 标准卡片图设置

2. 多行卡片图

多行卡片图是卡片图的扩展,它允许在同一个视图中展示多个关键指标的数据。与标准卡片图不同,多行卡片图可以同时显示多个字段的数据,只需将这些字段拖入字段框中即可。这种类型的卡片图适合于需要在同一仪表板中比较或展示多个相关指标的场景。设置步骤如下(见图 8-24):

① 选择"多行卡片图"。

在 Power BI 的可视化面板中,选择"多行卡片图"图标,并将其拖拽到报表视图中。

② 设置数值。

将度量值"销售额汇总""销售量汇总"以及产品表中的"产品分类名称"字段拖拽到字段区域。

③ 设置视觉对象格式。

④ 设置视觉对象字体、字号、字体颜色等。

⑤ 设置类别标签字体、字号、字体颜色等。

⑥ 设置标题字体、字号、字体颜色等。

第 2 部分　Power BI 探秘：数据宇宙的视觉盛宴

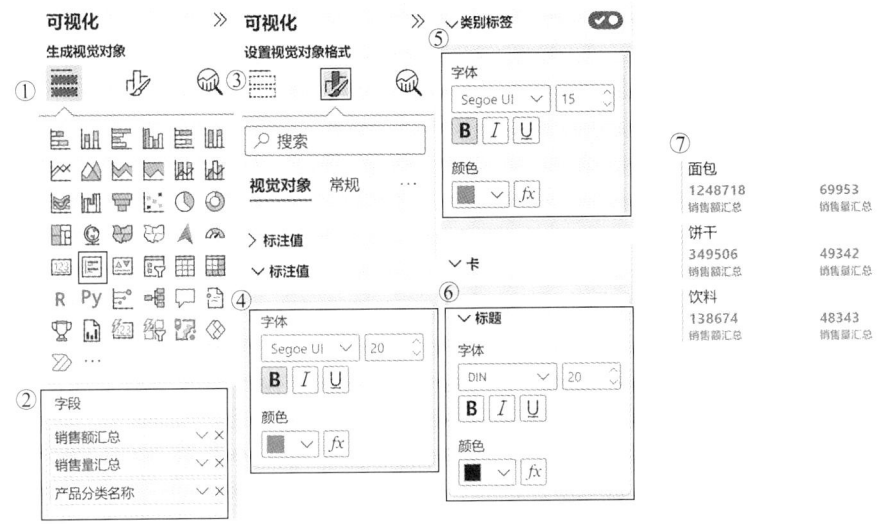

图 8-24　多行卡片图设置

8.1.12　KPI 图

1. KPI 的简介

KPI 就是关键绩效指标，简单来说，它就是告诉我们完成目标情况的数字。制作 KPI 需要两个数字：一个是现在做到的成绩，另一个是想要达到的目标。

2. 什么时候用 KPI

用 KPI 的时候，通常是想知道下面两个问题：
（1）现在是做得比目标好还是差？
（2）离目标还有多远？

3. KPI 怎么看

（1）数字显示：KPI 会显示一个数字，告诉我们完成得怎么样。
（2）小图标：KPI 旁边可能有个小图标，绿色勾表示做得好，红色感叹号表示做得不好。
（3）趋势背景：KPI 后面有时会有个背景条，用来告诉我们这个数字是越大越好，还是越小越好。

KPI 图的设置步骤如下（见图 8-25）：
① 选择"KPI 图"。
在 Power BI 的可视化面板中，选择"KPI 图"图标，并将其拖拽到报表视图中。
② 设置数值。
将度量值"销售额汇总"拖拽到值字段区域。
将日期表中的"年月"拖拽到走向轴的区域。
将度量值"销售任务额"字段拖拽到目标区域。
③ 设置完成。

图 8-25　KPI 图设置

8.1.13　切片器

1. 切片器的基本概念与应用

切片器是数据可视化中的一种交互工具，它允许用户从仪表板或报告中筛选和选择特定的数据维度，进而控制其他可视化对象显示的数据。切片器的主要作用不是直接展示数据，而是作为一种筛选工具，帮助用户根据选择来查看相关数据。

2. 切片器的使用场景

（1）数据筛选：用户可以通过切片器选择特定的数据维度，如日期、类别或地区，进而筛选出仪表板或报告中的相关数据。

（2）控制其他可视化对象：切片器的选择会影响到其他图表或表格，使得这些可视化对象只展示与选择维度相匹配的数据。

（3）维度表数据：通常将包含分类或分组信息的维度表数据放入切片器中，以便用户可以轻松地根据这些维度进行数据筛选。

切片器的设置步骤如下（见图 8-26），在本次设置中将按照"年""季度""年月"设置三个切片器：

① 选择"切片器"。

在 Power BI 的可视化面板中，选择"切片器"图标，并将其拖拽到报表视图中。

②④⑦ 设置数值。

"年"切片器：拖拽日期表中的"年"字段值到字段区域。

"季度"切片器：拖拽日期表中的"季度"字段值到字段区域。

"年月"切片器：拖拽日期表中的"年月"字段值到字段区域。

③ "年"切片器设置完成。

⑤ "季度"切片器视觉对象设置中，在视觉对象中设置切片器的样式为"磁贴"。

⑥ "季度"切片器设置完成。
⑧ "年月"切片器视觉对象设置中,在视觉对象中设置切片器的样式为"下拉"。
⑨ "年月"切片器设置完成。

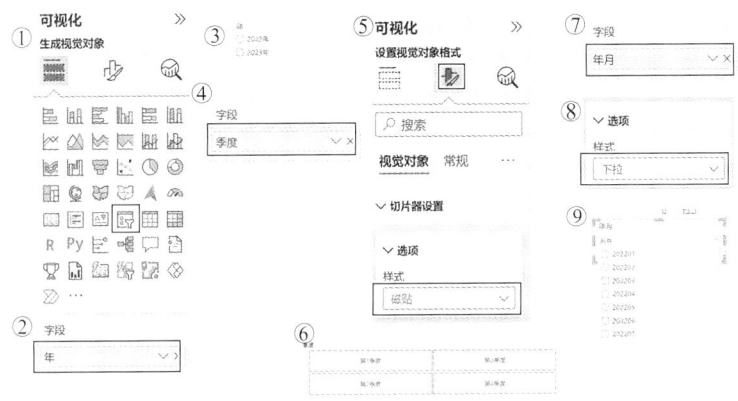

图 8-26 切片器的设置

8.1.14 表和矩阵

在 Power BI 中,表和矩阵是两种不同的数据展示形式,它们帮助用户以不同的方式查看和分析数据。

1. 表

(1)一维表概念:Power BI 中的表是一维数据展示,它允许用户将字段和度量值拖拽到表格中,以查看它们之间的关系。

(2)数据展示:表以行为主,可以展示一系列的数据和对应的度量值,适合于查看详细数据和进行数据比较。表的设置步骤如下(见图 8-27):

① 选择"表"。

在 Power BI 的可视化面板中,选择"表"图标,并将其拖拽到报表视图中。

② 设置数值。

将"年月"字段拖拽到表的 X 轴区域,作为表格的行标题。

将"销售额汇总"字段拖拽到表的 Y 轴区域,展示每个年月的销售总额。

将"上月销售额"字段拖拽到图例区域,允许用户比较每个月与前一个月的销售变化。

③ 设置视觉对象。

点击表格,然后选择"格式"选项卡(画笔图标)。

④ 设置样式。

在"样式预设"中,选择一个内置样式,以改善表格的外观。

⑤⑥⑦ 设置条件格式。

点击销售额汇总,在表格中,点击"销售额汇总"列的标题。

设置条件格式,点击鼠标右键,选择"条件格式"。

在条件格式设置中,选择"数据条"选项。

设置数据条的颜色:选择一个颜色,应用于销售额汇总列的数据条,以增强视觉效果。

点击"确定"以应用颜色设置。

⑧ 设置完成。

检查表格的显示效果,确保它正确地展示了数据,并且条件格式正确应用。

图 8-27　表的设置

2．矩　阵

（1）二维表概念：Power BI 中的矩阵是二维数据展示,它以逻辑序列的行和列表示,包含相关数据的网格。

（2）数据透视表：矩阵也可以理解为数据透视表,它能够展示数据的汇总和分组,适合于进行复杂的数据分析和汇总。

（3）表头和合计行：矩阵包含表头和合计行,这使得用户可以清楚地看到数据的分类和汇总结果。

矩阵的设置如图 8-28 所示。

图 8-28　矩阵的设置

8.1.16 自定义图表

Power BI 的数据可视化功能之所以被广泛使用，不仅因为它提供了一套默认的常用图表工具，更因为它拥有一个丰富的自定义视觉对象库。这个视觉对象库包含了 200 多种各类图表和控件，并且这个数量还在持续增长中。

1. 自定义视觉对象的使用方式

在 Power BI 中使用自定义视觉对象主要有两种方法：

（1）从文件导入。

用户可以直接从网站下载所需的自定义视觉对象，然后将其导入 Power BI 中使用，如图 8-29 所示。

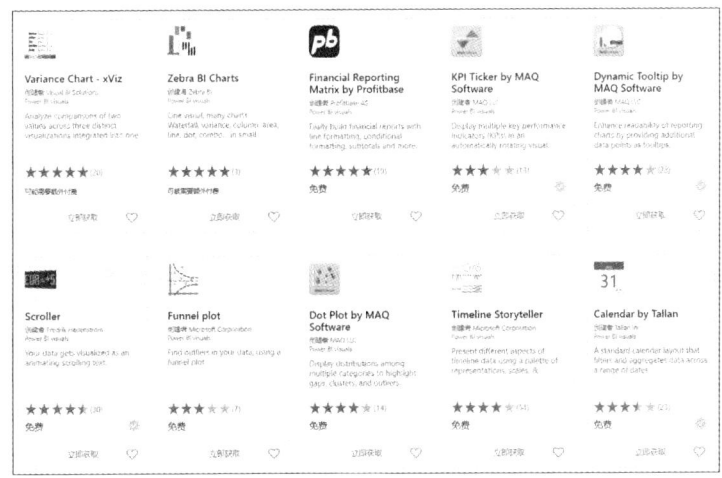

图 8-29　从文件夹导入自定义图表

（2）从"获得更多视觉对象"导入。

用户还可以通过 Power BI 的 AppSource 直接导入视觉对象。如图 8-30 所示，用户可以在"我的文件"导入选项上方找到"获得更多视觉对象"选项。点击该选项后，可以浏览和选择各种可用的可视化对象。

图 8-30　获得更多视觉对象

2. 常用自定义图表

（1）词云图，如图 8-31 所示。

词云图（Word Cloud）是一种流行的数据可视化工具，它以直观且有趣的方式展示文本数据。通过将文本中的关键词以不同大小、颜色和字体展示，能够让用户迅速识别出出现频率最高的词汇。

词云图的特点：

① 直观展示：词云图中，字体的大小通常与词汇出现的频率成正比，频率越高的词汇显示得越大。

② 快速获取信息：用户可以通过词云图快速捕捉到文本中的关键信息和主要主题。

③ 视觉吸引力：与传统的文本或表格展示相比，词云图更加生动和吸引人，能够激发用户的好奇心和探索欲。

图 8-31　词云图设置

（2）甘特图，如图 8-32 所示。

甘特图是一种特殊的图表，它不仅是一个简单的数据可视化工具，更是一个强大的项目管理工具。这种图表通过水平条形图来展示项目的时间轴和进度，使得管理者和团队成员能够清晰地看到任务的开始和结束时间，以及它们在整个项目中的位置。

① 甘特图的特点。

·项目管理：甘特图的核心功能是帮助项目管理者规划、协调和跟踪项目的进度。

·时间轴展示：它以时间轴为基础，通过条形的长度和位置展示各个任务的持续时间和进度状态。

·任务协调：甘特图使得管理者能够轻松协调多个任务和资源，优化项目流程。

·广泛支持：大多数可视化软件都支持甘特图功能，包括微软的 Project 和 Power BI，这使得甘特图在项目管理领域得到了广泛应用。

② 甘特图的应用。

甘特图在项目管理中扮演着重要角色，它可以帮助团队：

·规划项目时间线和里程碑。

·跟踪项目进度，确保按时完成。

·识别潜在的瓶颈和延迟。

·调整资源分配，提高效率。

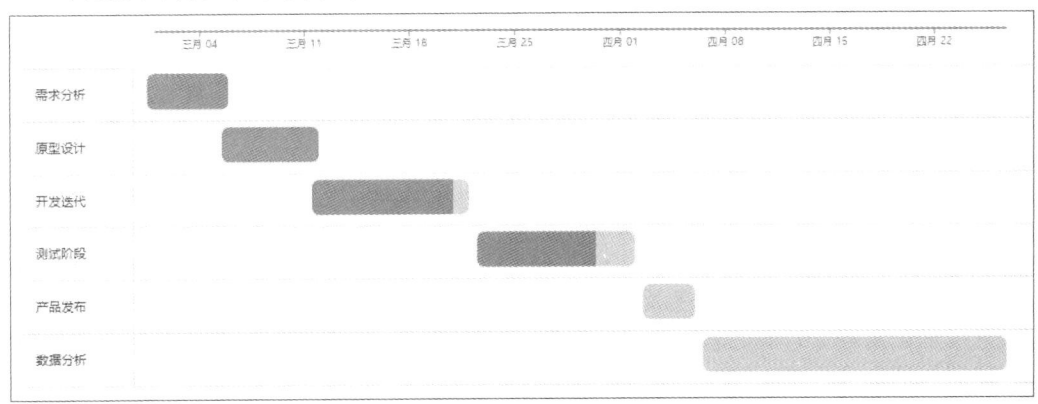

图 8-32　甘特图示例

（3）雷达图：如图 8-33 所示。

雷达图，也称为蜘蛛图、网络图或极坐标图，是一种在数据分析中常用的图表类型。它通过从中心点向外发散的轴来展示多个变量的数据点，并由这些点围成的多边形来综合反映每个变量的大小。

① 雷达图的特点。

·多变量展示：雷达图特别适合展示多个变量的数据，这些变量通常在图表的轴上表示。

·综合比较：通过多边形的形状和面积，可以直观地比较不同数据集或个体在各个维度上的表现。

·视觉直观：雷达图提供了一种直观的方式来观察数据的相对强弱点，以及它们之间的差异。

② 雷达图的应用场景。

·性能评估：用于评估不同产品、服务或团队在多个维度上的表现。

·风险分析：展示不同投资选项在多个风险因素上的表现。

·能力分析：用于评估个人或团队在不同技能或能力上的发展情况。

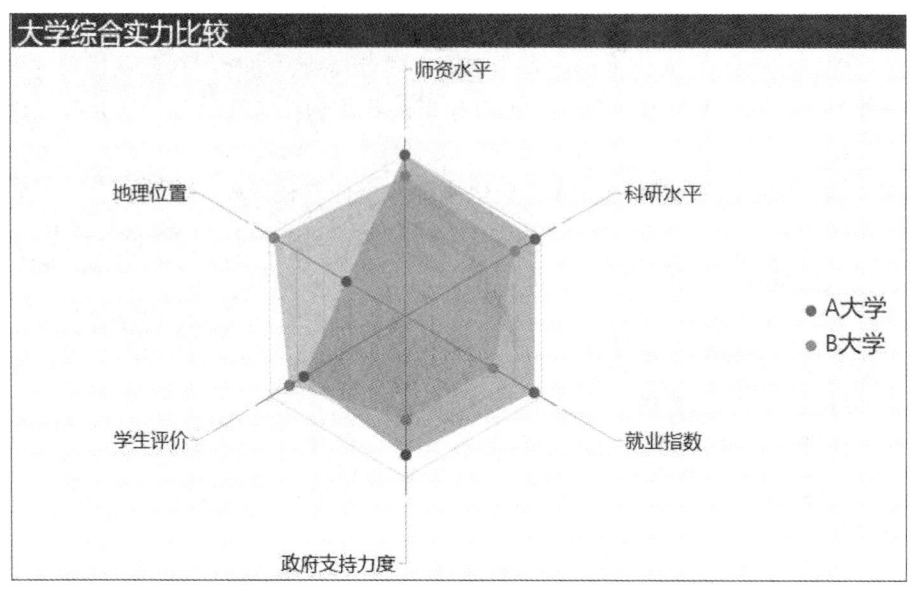

图 8-33　雷达图示例

8.2　动态展现：高级视觉与交互元素

Power BI 的动态可视化分析通过筛选、钻取和突出显示等交互功能，使用户能够深入挖掘数据并快速识别数据背后的规律，但必须谨慎使用这些交互功能以避免分析过于复杂。本节将介绍如何恰当地运用这些交互式视图来优化报表分析。

8.2.1　报表的筛选

在 Power BI 中，图表的筛选功能允许用户通过设置可视化对象的属性来过滤数据显示。筛选根据其影响范围可以分为三种类型：

1. 视觉级筛选器

这种筛选器仅影响单个可视化对象，对仪表板或报告中的其他图表没有影响。它允许用户针对特定图表进行深入分析，而不改变其他图表的数据视图。设置步骤如下（见图 8-34）：

（1）选择视觉对象的筛选器。

在 Power BI 的报表视图中，点击想要添加视觉级筛选器的图表，如条形图。

（2）选择产品分类名称。

在图表的"格式"设置中，找到"筛选器"部分。

点击"产品分类名称"旁边的下拉菜单，选择"基本筛选"。

在筛选器中，勾选想要在图表中显示的产品分类，如"饼干"和"饮料"。

（3）设置完成。

完成筛选器的设置后，将看到只有条形图根据筛选器的选择发生了变化，显示了"饼干"

和"饮料"的销售金额。

折线图中,如果没有设置视觉级筛选器,将不会显示任何变化,因为它没有受到视觉级筛选器的影响。

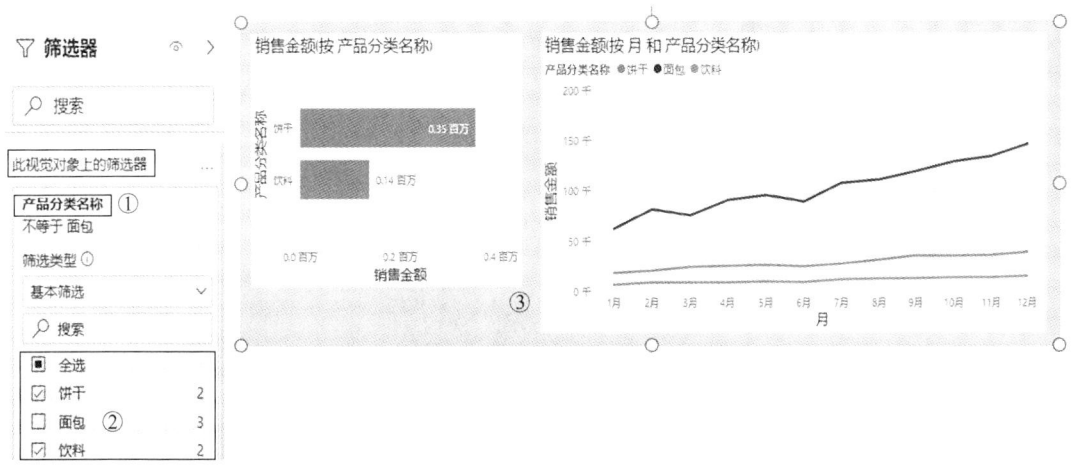

图 8-34　视觉级筛选器设置

2．页面级筛选器

当应用页面级筛选器时,选定的筛选条件会影响同一报表页上的所有其他可视化对象。这种筛选适合于在单个页面内统一分析视角,确保用户在浏览同一页面的不同图表时,看到的是一致的数据子集。设置步骤如图 8-35 所示。

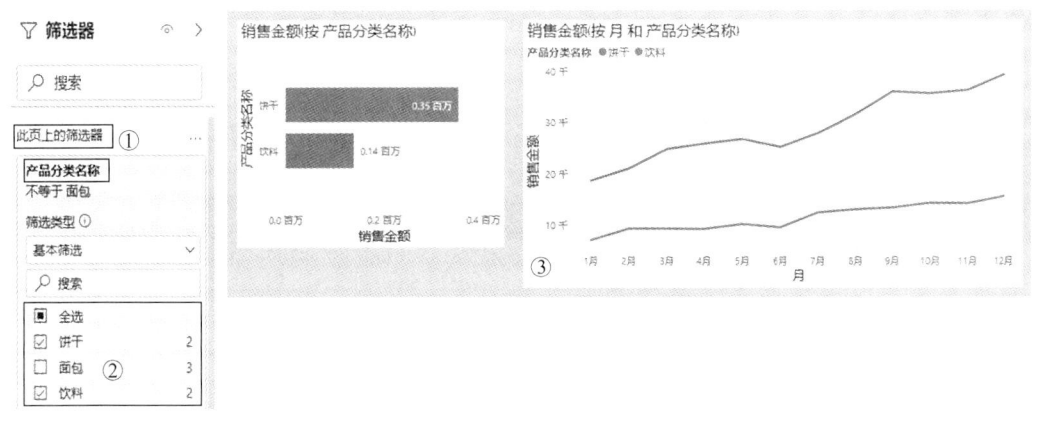

图 8-35　页面级筛选器设置

3．报告级筛选器

这是最广泛的筛选级别,一旦设置,选定的筛选条件会影响整个报告中所有页面的所有可视化对象。这适用于需要在整个报告中保持一致数据视图的情况,如图 8-36 所示。

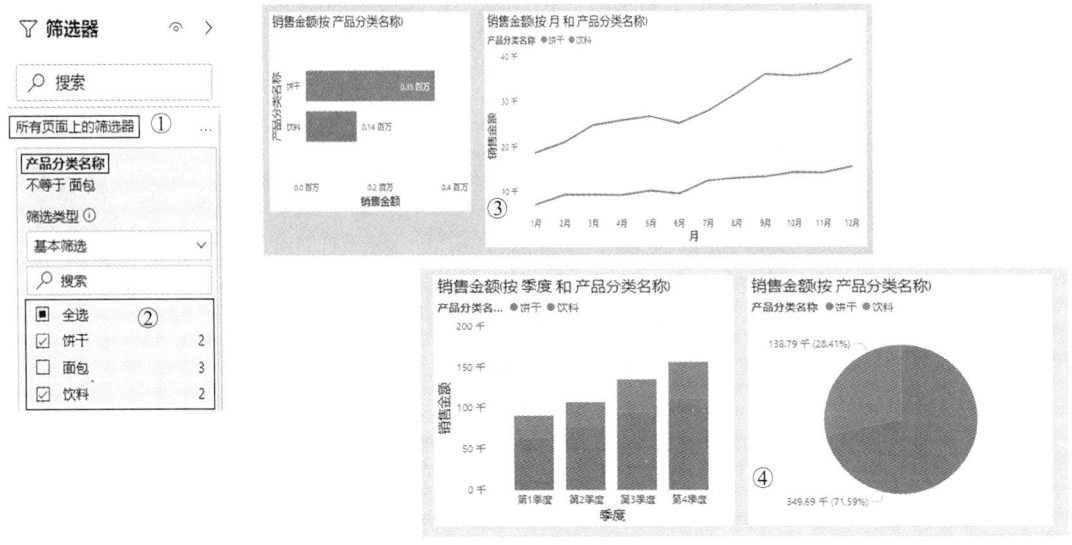

图 8-36 报告级筛选器设置

8.2.2 报表的钻取

在分析可视化图表时，我们经常需要深入了解特定视觉对象的详细信息或进行更细粒度的分析。

钻取功能允许用户从高层次的数据向下深入到更具体的数据层级。当图表中的数据具有层级结构时，用户可以直接在图表上进行钻取，以展示下一层级的数据。日期数据是最常见具有层级结构的例子，从年、季度、月到日，甚至小时、分钟和秒，只要时间数据的层次结构足够详细，就可以进行钻取。钻取的符号如表 8-1 所示。

表 8-1 钻取的符号

图标样式	含义
↓	向下钻取
↑	向上钻取
↓↓	转至层次结构中的下一级别
⤋	转至层次结构中的所有下移级别

钻取的设置步骤如图 8-37 所示。

（1）选择"堆积条形图"。

在 Power BI 的报表视图中，选择"堆积条形图"。

（2）设置值。

将产品表中的"产品分类名称"和"产品名称"拖拽到 Y 轴区域。

（3）未钻取图形展示。

点击可视化图形上侧"↓↓"符号进行钻取展开。

(4)已钻取图形展示。

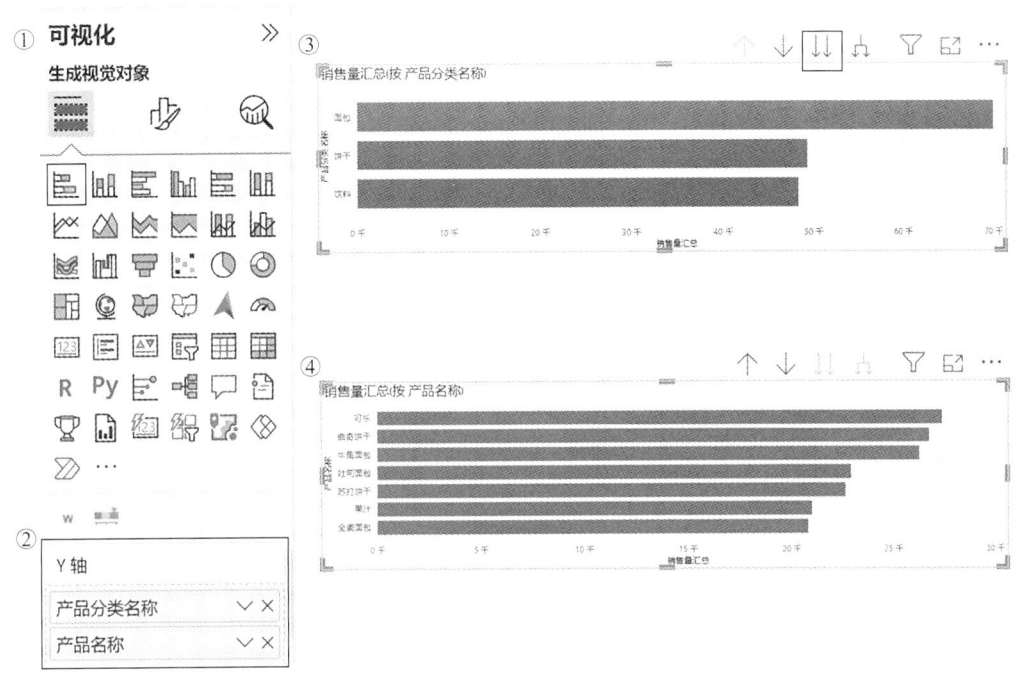

图 8-37　钻取的设置步骤

8.2.3　编辑交互

Power BI 的图表编辑交互功能是数据联动分析的重要工具,它允许用户通过与图表的直接交互来探索数据。

编辑交互功能的作用:

(1)数据对象突出显示:当用户点击某个图表中的数据对象时,该对象在原图表中会突出显示,而在同一页面的其他图表中,只会展示与被点击对象相关的数据,其他数据则被隐藏,从而形成一种动态的数据展示效果。

(2)联动分析:此功能有助于进行联动分析,即在一个图表中的操作能够影响其他图表的显示,使得用户可以观察到不同数据之间的关系和影响。

(3)控制编辑交互:用户可以控制是否启用编辑交互功能,选择是否让某一图表对象的突出显示联动到其他图表。如果关闭此功能,其他图表的相应数据将不会发生联动变化。

编辑交互的按钮设置如表 8-2 所示。

表 8-2　编辑交互的按钮设置

图标样式	含　　义
⊘	单击此图标,当前图表不受编辑交互控制
⊪	单击此图标,当前图表恢复编辑交互控制

编辑交互的设置步骤如图 8-38 所示。

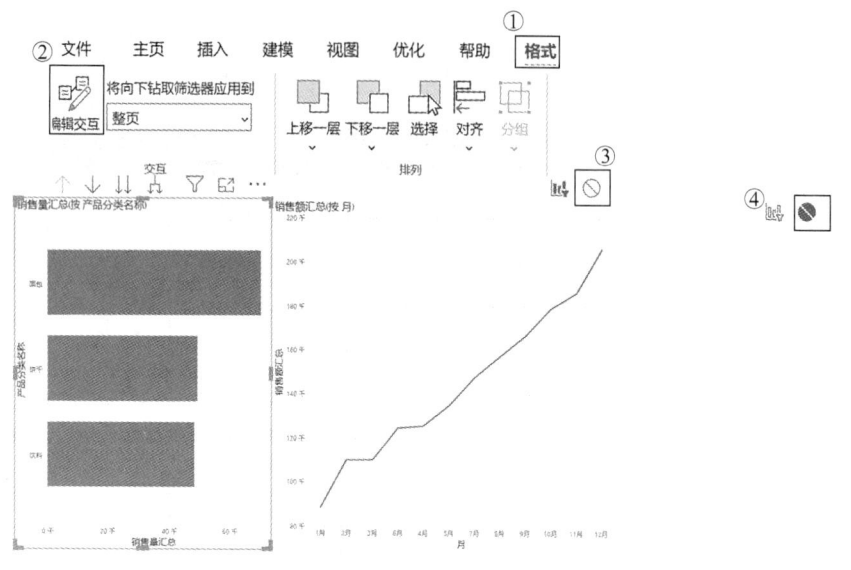

图 8-38　编辑交互的设置步骤

8.3　报表设计：视觉、结构与交互

在 Power BI 中，仅仅快速计算和分析数据是不够的，最终的报表呈现同样重要，因为即使分析方法再精确，如果报表看起来粗糙，之前的努力也可能白费。因此，本节将重点介绍 Power BI 报表设计的基本思路和技巧，包括色彩搭配、布局规划和导航优化，这些都是提升报告质量和用户体验的关键要素。通过学习如何有效地运用这些设计元素，可以创建出既美观又具有强大信息传达能力的报表，帮助用户更快、更准确地理解数据，从而提高沟通效率和决策质量。这种设计技巧的掌握，使得 Power BI 不仅是一个数据分析工具，更是一个强大的数据讲述和呈现平台。

8.3.1　色彩设计

在 Power BI 中，颜色是构成可视化报表的首要视觉元素，它对提升报告的吸引力和易读性起着至关重要的作用。有效的配色方案不仅能够增强报表的美观度，还能帮助用户更快、更准确地理解数据。以下是 Power BI 中颜色配置的关键点：

1. 颜色设置的重要性

颜色在 Power BI 的可视化中占据核心地位，它直接影响报表的视觉效果和信息传达的效率。

2. 超越默认配色

许多人认为 Power BI 的默认配色方案不够吸引人，因此，突破默认配色是制作出色报表的关键。通过自定义配色，可以使报表更加符合品牌形象或个人风格。

3. Power BI 主题控制

Power BI 的主题可以控制整个报表的颜色、默认视觉样式以及字体等。主题分为内置主题和自定义主题，允许用户快速改变整个报告的配色方案。

4. 内置主题的使用

Power BI 内置了多种配色方案，用户可以在"视图"功能中浏览并应用这些主题，使每页报表焕然一新，如图 8-39 所示。

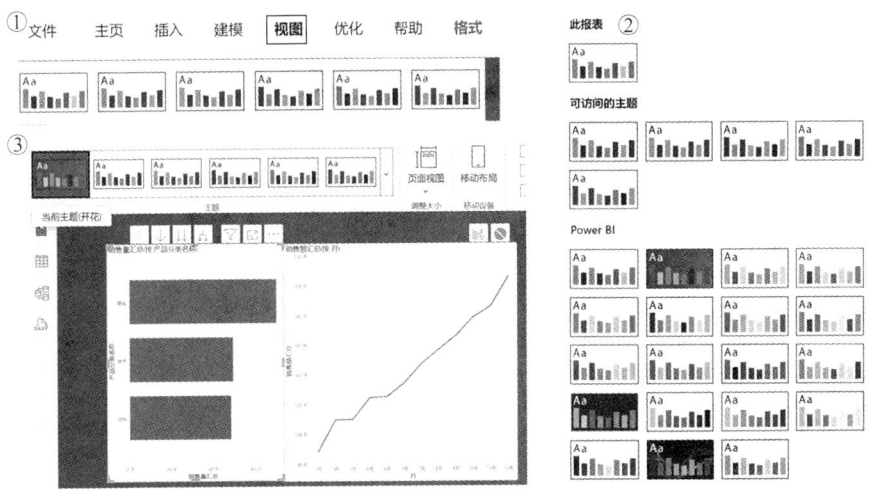

图 8-39　内置主题的设置

5. 自定义主题的导入与编辑

如果内置主题不够用，用户可以导入更多的自定义主题。用户可以通过"自定义主题"对主题进一步编辑，对某几个颜色单独更改，以满足特定的设计需求，如图 8-40 所示。

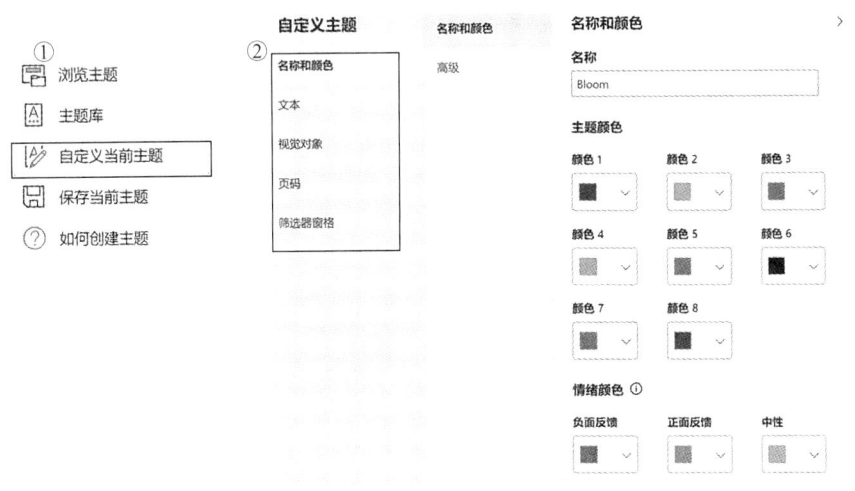

图 8-40　自定义主题的设置

8.3.2 布局构建

为了将单个图表整合成一个整体、有效的报告，需要构建布局。以下是优化布局设计要点：

1. 整体布局与页面元素

报表应包含一个显眼的标题区，可以集成报告标题和组织 logo，为读者提供直观的报告主题；同时，确保页面包含用户交互控件（如切片器），以及多个可视化图表的有序布局。

2. 交互控件的策略性布局

切片器等交互控件应放置在用户容易发现且便于操作的位置，如页面顶部或侧边栏，以便快速切换不同维度的数据视图，增强用户体验。

3. 图表区的优化排列

利用 Power BI 的对齐、组合和叠放层次设置，精确控制图表的排列方式，确保图表区的布局合理、有序，突出数据的逻辑性和关联性。

4. 页面尺寸、背景与视觉引导

调整整体页面的尺寸、背景色等元素，并通过画布设置来完成。布局设计应引导用户顺畅地浏览和理解数据，将最重要的数据和交互控件放在显眼位置，并添加必要的文本指导。

5. 信息呈现与布局风格

避免信息过载，一页报表中图表数量应适中，一般 3～5 个图表为最佳。参考优秀的可视化报告布局方式和风格，将图表放置到合适的位置，以提高报告的专业性和易读性。同时，提供两种经典布局方式：切片器/导航栏放置在报表左侧或上方，以适应不同的报告需求和用户习惯。

下面是两种经典的布局方式。

切片器/导航栏放置在报表左侧和切片器/导航栏放置在报表上方，如图 8-41 所示。

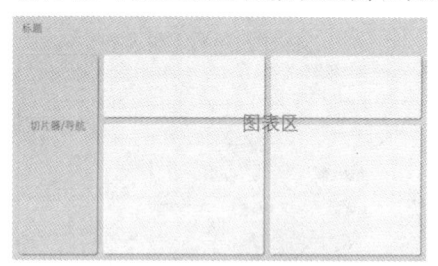
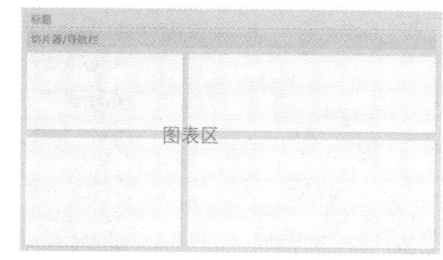
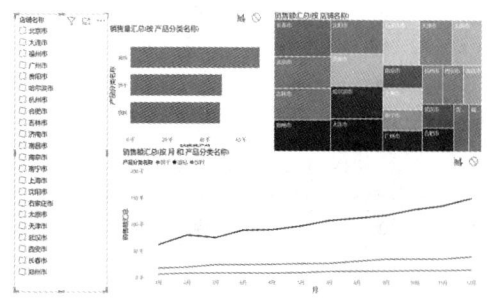
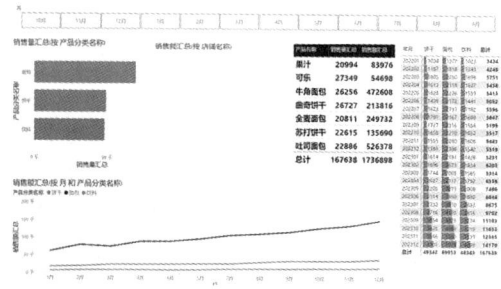

图 8-41 经典布局方式展示

8.3.3 导航交互

在 Power BI 中,导航是多页报告中不可或缺的组成部分,它帮助用户在不同报表页面间有效穿梭,提升整个报告的可读性和用户体验。

1. 导航的必要性

对于单页或少数几页的报表,导航可能不是必需的。但随着报表页数的增加,良好的导航设计变得至关重要,它使用户能够快速定位到感兴趣的部分。

2. 导航的实现方式

在 Power BI 中,导航通常通过书签来实现。书签允许用户标记特定的报表视图,方便快速跳转。

3. 封面页作为导航中心

一个完整的分析报告通常包含一个封面页,它作为整个报告的导航中心,统筹跳转到各个明细页。封面页的设计应简洁明了,提供直观的导航选项,如链接或书签,指向报告的不同部分。

4. 多页报告的导航结构

对于包含多个报表页面的 Power BI 报告,封面页加上导航功能可以有效地组织内容。例如,一个包含四页报表的报告,配合封面页进行导航,可以帮助用户理解报告结构,并快速访问特定分析。

5. 导航设计的最佳实践

在设计导航时,应考虑用户的使用习惯和报告的逻辑流程。导航元素应放置在用户容易发现的位置,如页面顶部或侧边栏,并保持一致性,以便用户形成肌肉记忆。

导航页设置步骤如图 8-42 所示。

图 8-42 导航栏设置

8.4 报表发布：分享和互动

在当今数字化时代，数据分析报告的便捷访问已成为现实。Power BI 作为一个强大的数据分析工具，使得数据不仅易于获取，而且可以随时随地被任何人查看。

8.4.1 保存和另存为

利用 Power BI Desktop 生成的分析报告，进行保存，不仅可以在本地计算机上查看，还可以通过发布到网络，实现与他人的便捷共享，如图 8-43 所示。

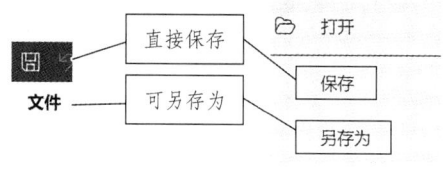

图 8-43 保存和另存为

8.4.2 发布到 Power BI 服务

首先，在 Power BI Desktop 中，将报告发布到 Power BI 服务。具体操作步骤可参考图 8-44。

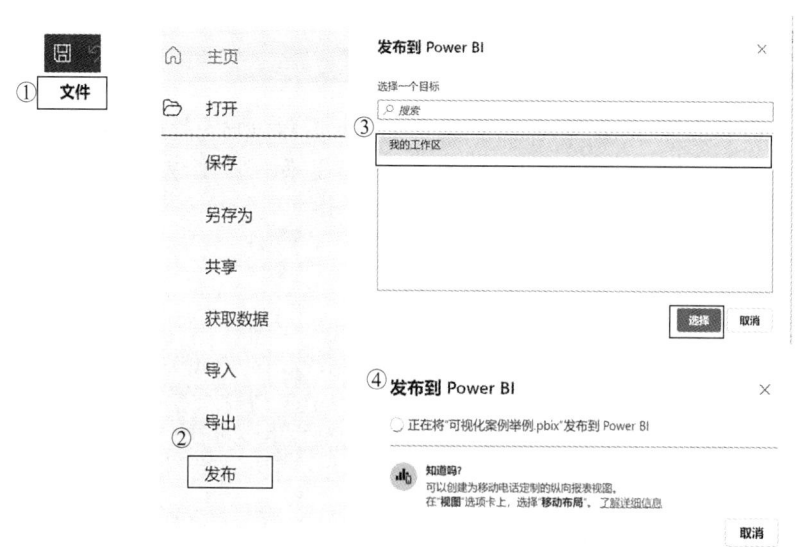

图 8-44 发布到 Power BI 服务

进入 Power BI 服务界面，点击"文件"菜单中的"发布"选项，如图 8-44 所示。

完成操作后，系统将生成一个链接地址，通过该地址，用户可以在任何时间、任何地点，包括移动设备上查看报告。

本章小结

本章深入探讨了 Power BI 的数据可视化技巧,旨在提升读者在信息传达和用户体验方面的能力。首先掌握视觉叙事的基本原理,理解数据可视化在沟通中的关键作用,并学习如何根据数据特性和目的挑选合适的图表类型。

接着,深入学习视觉设计原则,包括颜色、布局、字体等要素的选择与搭配,这些要素对提高图表的可读性和吸引力至关重要。通过实际操作,了解如何应用这些设计原则来优化图表和报告的视觉效果。

此外,本章还强调了仪表板与报告设计的基本概念,特别是动态展现技术如动画和交互反馈的应用,这些技术能够显著增强数据故事的叙述力。通过具体示例,学会如何创建互动性强、用户友好的仪表板和报告。

最后,探讨自定义视觉对象的使用,包括从文件导入和从 AppSource 导入自定义视觉对象的方法,以及如何利用这些工具来丰富报表。通过本章的学习,读者应该能够熟练地运用 Power BI 进行数据可视化,构建既美观又功能强大的数据报告,从而更有效地支持决策制定和业务洞察。

思考题

1. 单选题

(1)在 Power BI 中,哪种图表类型不适合展示时间序列数据?(　　　)

A. 折线图　　　　　B. 柱状图　　　　　C. 饼图　　　　　D. 条形图

(2)Power BI 中的视觉级筛选器影响哪些可视化对象?(　　)

A. 所有可视化对象

B. 同一页面的所有可视化对象

C. 整个报告的所有可视化对象

D. 单个可视化对象

(3)组成瀑布图和变化瀑布图的主要区别是(　　　)。

A. 颜色的使用　　　　　　　　　B. 数据的正负值

C. 数据的总量　　　　　　　　　D. 数据的更新频率

(4)漏斗图最适合用于分析哪种类型的数据?(　　)

A. 顺序性和多阶段流程　　　　　B. 时间序列数据

C. 地理分布数据　　　　　　　　D. 文本数据

(5)散点图和气泡图的主要区别是(　　　)。

A. 散点图使用线条,气泡图使用点

B. 散点图展示两个变量,气泡图展示三个变量

C. 散点图使用点,气泡图用值的大小表示气泡

D. 散点图使用颜色,气泡图使用大小

(6)甘特图的主要功能是(　　　)。

A. 数据分析　　　B. 项目管理　　　C. 文本展示　　　D. 地理分布

（7）卡片图的主要作用是（　　）。

A. 展示数据分布

B. 突出显示关键数据值

C. 展示时间序列

D. 展示多个数据维度

（8）在 Power BI 中，哪种图表类型可以同时展示多个关键指标的数据？（　　）

A. 标准卡片图　　　　　　　B. 多行卡片图

C. 饼图　　　　　　　　　　D. 散点图

（9）以下哪种类型的图表不是条形图和柱形图的分类？（　　）

A. 堆积柱形图

B. 簇状柱形图

C. 百分比堆积柱形图

D. 折线图

（10）组合图不适合用于以下哪种情况？（　　）

A. 展示两种数据类型

B. 比较不同数值范围的度量值

C. 展示单个数据类型的分布

D. 揭示两个数据之间的相互关系

（11）组成瀑布图和变化瀑布图的主要区别是（　　）。

A. 颜色的使用

B. 数据的正负值

C. 数据的总量

D. 数据的更新频率

（12）仪表图主要用于展示（　　）。

A. 数据分布

B. 关键数据指标和完成度

C. 时间序列趋势

D. 数据间相关性

（13）标准卡片图和多行卡片图的主要区别是（　　）。

A. 外观颜色

B. 是否可以展示多个字段

C. 是否包含表头

D. 数据展示的维度

（14）KPI 图的主要作用是（　　）。

A. 展示数据的地理分布

B. 展示关键绩效指标的完成情况

C. 展示数据的频率分布

D. 展示数据的分类汇总

（15）Power BI 中矩阵的理解正确的是（　　）。

A．一维数据展示

B．仅包含行的数据网格

C．二维数据展示，包含表头和合计行

D．仅用于展示图像

（16）从哪里可以导入自定义视觉对象到 Power BI 中？（　　）

A．只能从 AppSource 导入

B．只能从文件导入

C．从文件和 AppSource 都可以导入

D．从互联网导入

（17）如果关闭编辑交互功能，其他图表的相应数据会如何变化？（　　）

A．会发生联动变化

B．不会发生联动变化

C．只显示选中的数据对象

D．隐藏所有数据

2．多选题

（1）哪些图表类型适合展示时间序列数据？（　　）

A．折线图　　　　　　　　　B．柱状图

C．饼图　　　　　　　　　　D．条形图

（2）雷达图的应用场景包括（　　）。

A．性能评估

B．风险分析

C．能力分析

D．销售预测

（3）表和矩阵在 Power BI 中的区别包括（　　）。

A．表是一维数据展示

B．矩阵是二维数据展示

C．矩阵包含表头和合计行

D．表和矩阵是同一种数据展示形式

（4）组合图在 Power BI 中的两种主要形式包括（　　）。

A．折线与堆积柱形图组合

B．折线与簇状柱形图组合

C．条形图与饼图组合

D．散点图与气泡图组合

（5）仪表图中，哪些设置会影响数据的展示？（　　）

A．数据展示位置

B．刻度范围

C．目标值显示

D．数据更新频率

（6）丝带图的主要优点是（　　）。

A. 展示数据的分布情况

B. 快速识别最高排名的数据类别

C. 展示数据的累积效应

D. 展示部分与整体的关系

（7）瀑布图的应用场景包括（　　）。

A. 经营分析

B. 财务分析

C. 销售预测

D. 市场调研

（8）漏斗图的特点包括（　　）。

A. 展示顺序性和多阶段流程

B. 识别流程中的问题

C. 展示销售转化情况

D. 展示数据的累积效应

（9）散点图和气泡图的用途包括（　　）。

A. 展示数据分布

B. 判断变量间的相关关系

C. 展示数据的累积效应

D. 展示多个数据维度

（10）树状图的使用场景包括（　　）。

A. 展示分层数据

B. 显示部分与整体比例

C. 展示层次结构中指标分布

D. 发现数据中的模式和异常

（11）仪表图的应用场景包括（　　）。

A. 经营数据分析

B. 财务指标跟踪

C. 绩效考核

D. 数据频率分布分析

（12）KPI 图的视觉组件包括（　　）。

A. 数字显示

B. 小图标

C. 趋势背景

D. 数据分布图

（13）切片器的使用场景包括（　　）。

A. 数据筛选

B. 控制其他可视化对象

C. 维度表数据展示

D. 时间序列分析

(14)词云图的特点包括（　　）。

A. 直观展示

B. 快速获取信息

C. 视觉吸引力

D. 音频输入

(15)Power BI 中的筛选器可以分为哪些类型？（　　）

A. 视觉级筛选器

B. 页面级筛选器

C. 报告级筛选器

D. 数据级筛选器

3. 判断题

(1)柱状图和条形图可以展示超过 5 个类别的数据。（　　）

(2)散点图可以用来判断两个变量之间的相关关系。（　　）

(3)切片器的主要作用是直接展示数据。（　　）

(4)在 Power BI 中，视觉级筛选器只影响单个可视化对象。（　　）

(5)自定义主题只能通过 Power BI 的 AppSource 导入。（　　）

(6)组合图可以同时展示折线图和柱形图。（　　）

(7)瀑布图不能展示数据的累积效应。（　　）

(8)漏斗图可以用来分析销售转化情况。（　　）

(9)漏斗图可以用来分析销售转化情况。（　　）

(10)饼图适合展示超过 5 个类别的数据。（　　）

(11)环形图的比例大小依赖于扇形的角度。（　　）

(12)树状图不能展示双层结构的数据。（　　）

(13)切片器的主要作用是直接展示数据。（　　）

(14)用户不能从网站下载自定义视觉对象到 Power BI 中。（　　）

(15)甘特图只能用于项目管理，不能用于其他领域。（　　）

(16)雷达图不能用于比较不同数据集的表现。（　　）

(17)Power BI 的视觉级筛选器会影响仪表板或报告中的所有图表。（　　）

(18)页面级筛选器只影响同一页面上的其他可视化对象。（　　）

4. 简答题

(1)描述 Power BI 中组合图的两种主要形式及其适用场景。

(2)描述 Power BI 中瀑布图的基本概念与应用。

(3)在 Power BI 中，为什么折线图适合展示数据的增减变化？

(4)简述 Power BI 中筛选器的类型及使用。

(5)将分区图、100%堆积分区图、堆积面积图放在同一页面，说一说它们的区别。

复习提纲

第 8 章 视觉叙事：数据可视化艺术	8.1 视觉语言：图表选择与设计	条形图和柱状图	堆积柱形图
			簇状柱形图
			百分比堆积柱形图
		折线图	面积图
			分区图
			堆积面积图
		组合图、丝带图、瀑布图、漏斗图、散点图、气泡图、饼图、仪表盘图、卡片图、矩阵等可视化图形	
	8.2 动态展现：高级视觉与交互元素	筛选功能	视觉级筛选器
			页面级筛选器
			报告级筛选器
		钻取功能	钻取的基本概念与设置
		编辑交互	数据对象突出显示
			联动分析
			控制编辑交互
	8.3 报表设计：视觉、结构与交互	色彩设计	颜色设置的重要性
			Power BI 主题控制
		布局构建	
		整体布局与页面元素	
		交互控件的策略性布局	
		图表区的优化排列	
		页面尺寸、背景与视觉引导	
		信息呈现与布局风格	
		导航交互	导航的必要性
			导航的实现方式
			封面页作为导航中心
			多页报告的导航结构
			导航设计的最佳实践
	8.4 报表发布：分享和互动	保存和另存为	
		发布到 Power BI 服务	

第 9 章　实例展示：连锁店销售案例

> **学习目标**
>
> ○ 知识目标
>
> （1）理解数据分析基础：掌握数据分析的基本概念，包括数据预处理、数据建模、数据可视化等。
>
> （2）掌握 Power BI 功能：学习 Power BI 的基本操作，包括数据获取、数据整理、新建列和度量值的创建。
>
> （3）帕累托模型理论：了解帕累托模型的历史背景、基本原理和在不同领域中的应用。
>
> （4）数据报告构成：了解数据报告的基本构成，包括封面页、导航栏、关键指标卡片图等。
>
> ○ 技能目标
>
> （1）数据预处理能力：能够使用 Power Query 进行数据检查、整理和预处理。
>
> （2）数据模型构建技能：能够构建和优化数据模型，包括事实表和维度表的关系建立。
>
> （3）高级数据分析应用：能够应用帕累托模型等高级分析技术，进行数据分析和决策支持。
>
> （4）数据可视化技巧：能够使用 Power BI 创建各种图表和仪表板，包括条形图、矩阵图、气泡图等。
>
> （5）专业数据报告制作：能够设计和制作包含关键信息和数据的视觉化报告。
>
> ○ 素养目标
>
> （1）分析思维：培养批判性和分析性思维，能够从数据中识别问题和机会。
>
> （2）决策能力：提高基于数据分析结果的决策能力，为业务提供数据支持。
>
> （3）沟通表达：通过数据报告的制作，提升信息传达和沟通的能力。
>
> （4）问题解决：通过实战案例，培养解决实际数据分析问题的能力。
>
> （5）专业道德：理解在数据分析过程中保持数据真实性和保密性的重要性。

9.1　数据准备

案例文件夹中已经准备了案例所需的数据表格，以及本案例需要的背景图片和 logo 图片，以便于后期美化制作时使用，如图 9-1 所示。

从 Excel 到 Power BI：数据分析实战教程

logo

背景图

连锁店业务数据分析可视化的案例数据

图 9-1　连锁店分析案例所需资料展示

9.2　数据获取

打开 Power BI，获取数据文件，能够获取 Excel 文件的地方有三处，如图 9-2 所示。

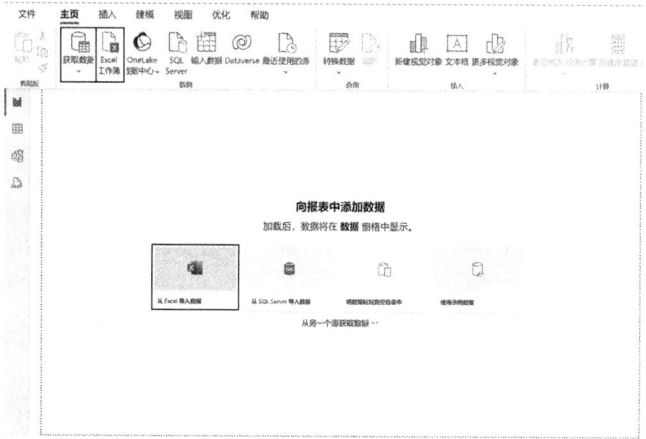

图 9-2　数据获取

- 228 -

9.3 数据整理

9.3.1 Power Query 数据检查与整理

在使用 Power BI 进行数据分析之前，数据的预处理是至关重要的一步。本节将详细介绍如何通过 Power Query 界面对数据进行初步检查和整理。

1. 数据检查

（1）文本格式检查。

检查数据中的文本字段，确保没有多余的前后空格或不规范的回车符。

（2）数字和日期格式校验。

验证数字和日期字段的格式是否正确，特别注意将文本格式的数字转换为数值格式，以及将文本格式的日期转换回正确的日期格式。

（3）标题行合理性。

确认数据的首行标题是否准确无误，这对后续数据识别和处理至关重要。

2. 数据整理

（1）添加计算列。

根据需要，添加新的列以丰富数据维度，例如在日期列中添加"年""月"等字段，以便于后续数据分析。

（2）合并查询与追加查询。

对于需要整合的数据表，进行合并查询或追加查询，以实现数据的整合。

（3）处理空值与错误值。

识别并处理数据中的空值和错误值，可以选择删除或补全这些值，以保证数据的完整性和准确性。

3. 注意事项

以上步骤涵盖了数据整理中的常见情况，但实际的数据整理工作应根据具体的数据内容和分析需求灵活调整。

数据整理是一个动态的过程，可能需要多次迭代和调整，以确保数据的质量和分析结果的可靠性。

通过上述步骤，用户可以有效地对数据进行预处理，为后续数据分析和可视化打下坚实的基础。

9.3.2 案例数据整理的步骤

（1）将任务表中的"年度"列从日期列转换为文本列，操作步骤如图 9-3 所示。

① 打开任务表。

在数据模型的查询编辑器中，点击左侧的"任务表"以查看其内容。

② 选择年度列。

在任务表中，找到并点击"年度"列的标题，以选中该列。

③ 选择文本类型。

右键点击选中的"年度"列，或者在列标题上点击下拉箭头，选择"更改列类型"选项。在弹出的转换菜单中，选择"文本"作为新的列数据类型。

④ 应用转换。

点击"替换当前转换"按钮，以应用新的数据类型转换。这将把"年度"列中的所有日期值转换为文本格式。

⑤ 确认转换。

转换完成后，检查"年度"列中的值是否已正确显示为文本格式。如果一切正常，关闭查询编辑器并保存更改。

图 9-3　任务表数据整理

（2）日期表中的"年""月"列均转化为文本列，操作步骤如图 9-4 所示（以下图例中只展示"年"列的操作，"月"列的操作与"年"列相同，在此不进行重复展示）。

图 9-4　日期表"年""月"格式转换

（3）日期表中为"月"列添加"月排序列"。

在构建日期表时，为"月"列添加"月排序列"是至关重要的一步，如图9-5所示。在之前的步骤中，将"月"列的格式转换为文本后，该列便成为文本列。文本列在可视化展示中，若作为维度参与排序，其顺序将按照字母顺序进行。例如，在降序排序时会从"9月"开始，而在升序排序时则可能将"1月"和"10月"相邻排序，这与我们对月份顺序的常规认识不符。为了解决这一问题，需要引入一个辅助列——"月排序列"，用以正确地对月份进行排序。通过添加这一列，可以确保月份在数据分析和可视化展示中按照自然顺序排列，从而提高数据的可读性和准确性。

① 找到添加列。

在数据模型的查询编辑器中，点击上侧的"添加列"以查看其内容。

② 选择"日期"。

在添加列中，找到并点击"日期"，弹出选项卡。

③ 选择"月"。

④ 继续选择下一层中的"月"。

⑤ 更改标题名称。

添加完成后，双击标题，将标题名称更改为"月排序列"。

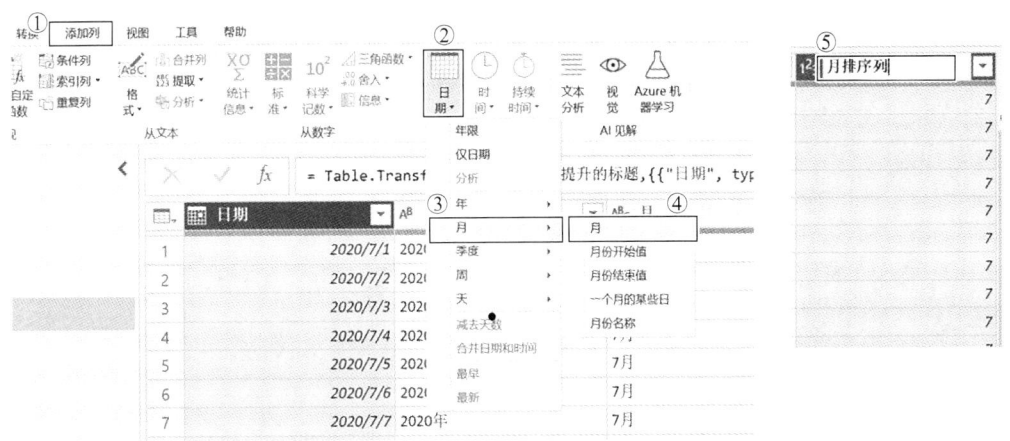

图 9-5 添加"月排序列"

（4）关闭并应用到 Power BI 中，如图9-6所示。

图 9-6 关闭并应用

9.4 数据建模

在本案例中，我们面对的是包含五张表格的数据集，其中可以明确区分出事实表和维度表。事实表为"销售表"，它记录了销售数据的核心信息。其余四张表格则作为维度表，提供了对事实表的详细描述和上下文。在这些维度表中，"任务表"显得较为特殊，因为它并不直接对"销售表"中的数据进行解释，而是与"门店表"中的各个门店相关联，记录了针对这些门店的任务信息。因此，"任务表"与"门店表"之间存在直接的解释关系，而与"销售表"则没有直接的联系。这种结构有助于我们理解数据之间的关系，并在进行数据分析时，能够更准确地定位和利用相关信息。数据模型及其关系如图 9-7 所示。

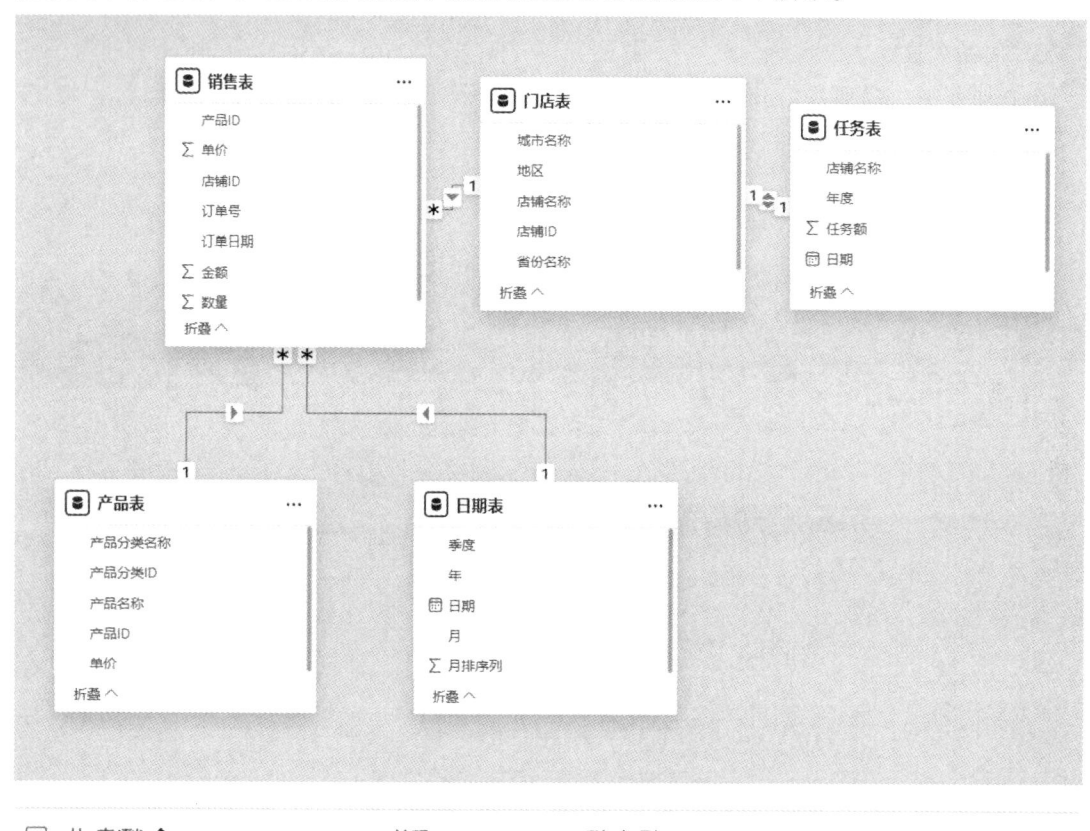

图 9-7 数据模型及其关系的展示

9.5 新建列和度量值

在完成了数据建模的步骤之后,接下来的任务是构建计算列和计算度量值,这是数据分析中的关键环节。在本案例中,我们将特别关注静态帕累托模型的计算。在进入具体的计算过程之前,有必要对帕累托模型的理论基础进行阐述,以便为后续的实践操作打下坚实的理论基础。

 知识拓展

1. 历史背景

帕累托模型起源于 19 世纪末,由意大利经济学家维尔弗雷多·帕累托提出。帕累托在研究财富分配时发现,意大利大约 20%的人口拥有 80%的财富,这一现象后来被称为"帕累托分布"。这一原则最初用于描述财富分配的不均衡性,但后来被广泛应用于经济学、商业管理、社会学等多个领域,并逐渐演变为一种通用的问题解决策略,强调关注关键少数以达到最大效果。

2. 基本原理

帕累托模型的核心在于"关键少数与次要多数"的概念,即在许多情况下,大约 20%的原因、投入或努力产生了约 80%的结果、产出或影响。这一原理指出,在任何大系统中,约 80%的结果是由该系统中约 20%的变量产生的。例如,在企业中,通常 80%的利润来自 20%的项目或重要客户。

3. 理论阐述

帕累托模型的主要思想是通过识别并集中于最重要的因素来提高效率。核心概念包括:

关键少数与次要多数:少数因素往往对结果有着不成比例的影响。

资源优化:将有限的时间、资金等资源集中在那些最能产生积极影响的地方。

4. 应用领域

(1) 财务管理。

在财务管理中,帕累托模型的应用主要集中在成本控制和资源分配上。

成本分析:通过识别成本驱动因素中的关键少数,企业可以集中精力优化那些对成本影响最大的领域,比如原材料采购、生产效率或物流成本。

投资决策:帕累托模型帮助企业识别那些带来大部分回报的投资项目,从而在投资决策中实现资源的最优配置。

风险管理:通过分析不同财务活动的风险和回报,企业可以优先管理那些对财务健康影响最大的风险因素。

(2) 客户管理。

在客户管理领域,帕累托模型的应用侧重于客户价值识别和关系优化。

客户细分:通过分析客户对企业收入的贡献,企业可以识别出 20%的关键客户,这些客户往往贡献了 80%的收入。

个性化服务：对关键客户群体提供更加个性化的服务和优惠，以增强客户忠诚度和提高客户满意度。

资源分配：将营销和客户服务资源集中在那些最有价值的客户上，以实现更高的投资回报率。

（3）产品管理。

在产品管理中，帕累托模型的应用关注于产品组合优化和市场表现。

产品组合优化：识别那些带来大部分利润的产品，优化产品线，减少或淘汰那些表现不佳的产品。

市场定位：集中营销资源推广那些市场表现好、增长潜力大的产品，以实现市场份额的快速增长。

创新优先级：在新产品开发中，优先考虑那些有望成为市场领导者的创新产品，以实现最大的市场影响力和经济效益。

现在将需要新建的计算列以及度量值进行展示，步骤如下：

9.5.1 新建度量值表

在数据分析的实践中，合理组织度量值对提高工作效率和准确性至关重要。度量值，作为一种不占用物理存储空间的虚拟字段，可以在任何表格中创建。但若在多个表格中分散创建度量值，可能导致管理上的混乱，进而影响到数据可视化时的便捷性和准确性。因此，建议在初始阶段就建立一个专门的度量值表，将所有度量值集中于此。这样做的好处是，它能够帮助我们保持数据模型的清晰和有序，使得在进行数据可视化和分析时，能够轻松地找到并使用所需的度量值。通过这种方法，不仅优化了度量值的管理，还提升了数据分析的效率，使得整个数据处理流程更加直观和高效。这种集中管理度量值的做法，对于初学者来说，是一个简单而有效的策略，有助于提高数据分析的质量和效率。具体展示如图 9-8 所示。

① 创建新表。

在 Power BI 的"表工具"选项卡中，点击"新建表"按钮，如图 9-8 所示。

② 命名度量值表。

在弹出的"创建表"窗口中，为新表命名，例如"度量值表"，然后点击"确定"。

③ 度量值表创建完成。

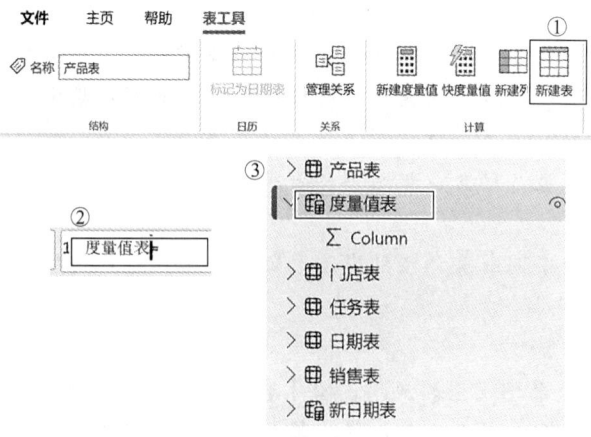

图 9-8　新建度量值表

9.5.2 新建度量值

下面将本案例需要新建度量值罗列如下：

① 销售金额 = SUM('销售表'[金额])
② 销售数量 = SUM('销售表'[数量])
③ 上月销售额 = CALCULATE([销售金额]，DATEADD('日期表'[日期]，-1，MONTH))
④ 收入环比 = DIVIDE([销售金额]-[上月销售额]，[上月销售额])
⑤ 全年销售额 = CALCULATE([销售金额]，FILTER(ALL('日期表')，'日期表'[年]="2020年"))
⑥ 全年任务额 = SUM('任务表'[任务额])
⑦ 年度任务额完成率 = DIVIDE([全年销售额]，[全年任务额])
⑧ 年度差异 = [全年销售额]-[全年任务额]
⑨ 产品销售绝对排名 = RANKX(ALL('产品表')，[销售金额])
⑩ 产品销售相对排名 = RANKX(ALLSELECTED('产品表')，[销售金额])

边学边练

为了提升度量值的可读性和管理效率，建议为不同类别的度量值创建专门的文件夹。请同学们依据之前章节所学的度量值整理技巧，对本案例中的度量值进行有序组织。通过这种方式，度量值将被清晰地分类并展示，便于快速识别和访问，如图9-9所示。

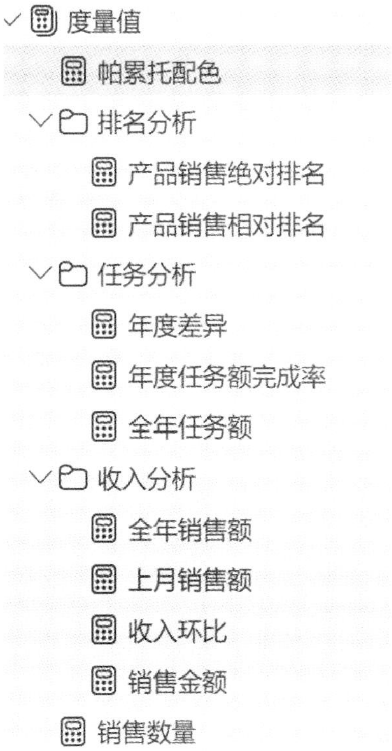

图 9-9 度量值整理

9.5.3 静态帕累托模型制作

静态帕累托模型的制作不需要使用度量值，因为本案例是对产品进行帕累托模型的设计，所以需要在"产品表"中进行新建列的计算，新建列函数展示如下：

① 产品销售额 = '度量值'[销售金额]

② 累计销售额 = CALCULATE('度量值'[销售金额],
　　FILTER('产品表', '产品表'[产品销售额]>=EARLIER('产品表'[产品销售额])))

重要提示：

函数录入过程中，为了方便核对函数的层次可以进行换行录入，换行的快捷键为"ALT+ENTER"。

③ 累计销售额占比 = DIVIDE('产品表'[累计销售额]， SUM('产品表'[产品销售额]))

④ ABC 分类 = IF('产品表'[累计销售额占比]<0.85, "A", IF('产品表'[累计销售额占比]<0.95, "B", "C"))

最终形成如下结果，如图 9-10 所示。

产品分类ID	产品分类名称	产品ID	产品名称	单价	产品销售额	累计销售额	累计销售额占比	ABC分类
100	雪板	1001	单板	3520	9211840	21367190	81.72%	A
100	雪板	1002	双板	4150	12155350	12155350	46.49%	A
200	服装	2001	滑雪服	456	544008	24993188	95.59%	C
200	服装	2002	滑雪镜	630	682920	24449180	93.51%	B
200	服装	2003	滑雪鞋	835	930190	23766260	90.90%	B
200	服装	2004	头盔	260	278460	25619618	97.98%	C
200	服装	2005	帽子	78	71214	26098068	99.81%	C
200	服装	2006	手套	65	71890	26026854	99.54%	C
200	服装	2007	面护	55	48565	26146633	100.00%	C
300	辅助用品	3001	固定器	860	1468880	22836070	87.34%	B
300	辅助用品	3002	滑雪手杖	140	199080	25818698	98.75%	C
300	辅助用品	3003	滑雪包	210	347970	25341158	96.92%	C
300	辅助用品	3004	防晒霜	78	136266	25954964	99.27%	C

图 9-10　产品表新建列

（1）新建度量值。

帕累托模型配色：

帕累托配色 = IF(SELECTEDVALUE('产品表'[ABC 分类])="A", "#EE50AD", IF(SELECTEDVALUE('产品表'[ABC 分类])="B", "#CCB357", "#47B39D"))

（2）帕累托模型可视化设置步骤。

帕累托模型可视化配置有两种方法，分别可以用度量值"帕累托配色"进行设置以及使用规则进行设置，下面将分别介绍两种设置方法。

方法一：使用度量值"帕累托配色"进行设置，设置步骤如图 9-11 所示。

① 选择组合图。

在 Power BI 的可视化面板中，选择"组合图"图标，并将其拖拽到报表视图中。

② 配置字段。

将"产品名称"字段拖拽到组合图的 X 轴区域。

将"销售金额"字段拖拽到组合图的列 Y 轴区域。

将"累计销售额占比总和"字段拖拽到组合图的行 Y 轴区域。

③ 设置视觉对象。

在"格式"选项卡中，根据需要调整视觉对象的格式设置，如标题、轴标签等。

④ 选择列。

在"格式"选项卡中，点击"列"部分，为"销售金额"列设置格式。

⑤ 设置颜色。

在"列"格式设置中，找到"颜色"选项，点击 fx 进行颜色的设置。

⑥ 选择字段值。

在颜色设置中，选择"字段值"以根据某个字段的值来改变颜色。

⑦ 选择"帕累托配色"度量值。

在"字段值"设置中，选择之前创建的"帕累托配色"度量值。这个度量值应该能够根据产品的销售金额来确定颜色。

⑧ 完成设置。

完成颜色设置后，关闭格式设置面板，组合图根据"帕累托配色"度量值会显示不同的颜色。

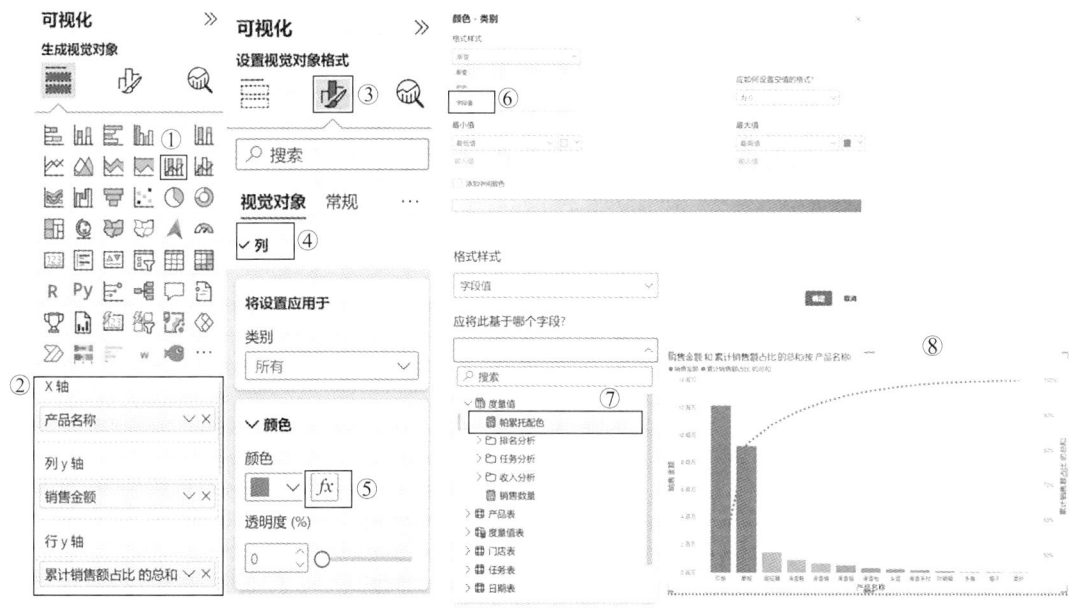

图 9-11　用度量值进行颜色设置

方法二：如何在 Power BI 中使用规则为组合图设置颜色，以便根据"规则"字来调整图表中的颜色显示。这种方法可以增强数据的可视化效果，使得不同类别的数据更加直观易懂，具体步骤如下（见图 9-12）。

① 选择组合图。

在 Power BI 的可视化面板中，选择"组合图"图标，并将其拖拽到报表视图中。

② 配置字段。

将"产品名称"字段拖拽到组合图的 X 轴区域。

将"销售金额"字段拖拽到组合图的列 Y 轴区域。

将"累计销售额占比总和"字段拖拽到组合图的行Y轴区域。

③ 设置视觉对象。

在"格式"选项卡中，根据需要调整视觉对象的格式设置，如标题、轴标签等。

④ 选择列。

在"格式"选项卡中，点击"列"部分，为"销售金额"列设置格式。

⑤ 设置颜色。

在"列"格式设置中，找到"颜色"选项。

⑥ 设置规则。

在颜色设置中，选择"规则"以根据特定规则来改变颜色。

⑦ 选择字段值"ABC分类"。

在规则设置中，选择"ABC分类"字段，根据该字段的值来设置颜色。

⑧ 添加新的规则。

点击"添加新的规则"按钮，为不同的"ABC分类"值设置不同的颜色。

⑨ 根据不同的字段文本设置不同的颜色。

在新规则中，输入具体的分类文本，然后选择对应的颜色。例如，为"A类"设置红色，为"B类"设置黄色，为"C类"设置绿色。

⑩ 完成设置。

完成所有规则的设置后，关闭格式设置面板，组合图根据"ABC分类"字段的值会显示不同的颜色。

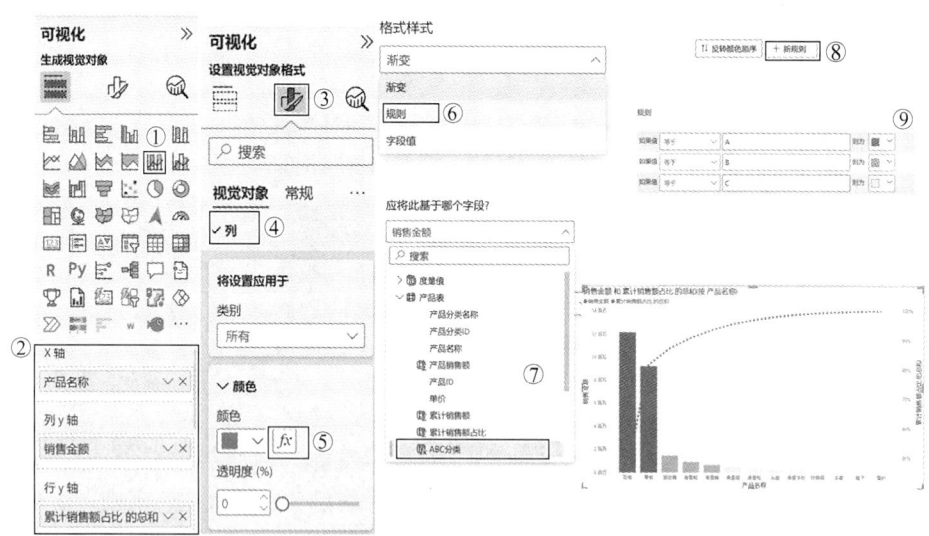

图 9-12　用规则进行颜色设置

9.5.4　封面页的设置

为了制作一份清晰、专业的数据报告，封面页的设计至关重要，它不仅为报告设定基调，还提供了关键信息的概览。在封面页的设计中，应包含数据报告的标题、汇报人的姓名，以及宏观数据和报告的导航栏，这些元素共同构成了报告的第一印象，对提升报告的可读性和专业性起着重要作用。此外，为了增强视觉效果和信息的传达，还会根据报告的具体内容设计合适的背景图，以增强报告的吸引力和表现力。通过精心设计的封面，数据报告将更加引人入胜，便于读者快速把握报告的核心内容和结构。

首先，进行封面页背景设置，具体设置步骤如下（见图9-13）：

① 选择"设置报表页格式"。

在Power BI的报表视图中，点击顶部菜单栏中的"格式"选项，打开格式设置面板。

② 选择画布背景。

在格式设置面板中，选择"画布背景"选项，为整个报表页面设置背景。

③ 选择浏览文件。

在"画布背景"设置中，点击"浏览..."按钮，打开文件浏览器。

④ 选择背景图片。

在文件夹中，找到并选择想要作为背景的图片文件。

⑤ 设置透明度。

在"透明度(%)"滑块中，将透明度设置为0%，使背景图片完全覆盖整个页面，而不透明度则允许底层内容透过背景图片显示。

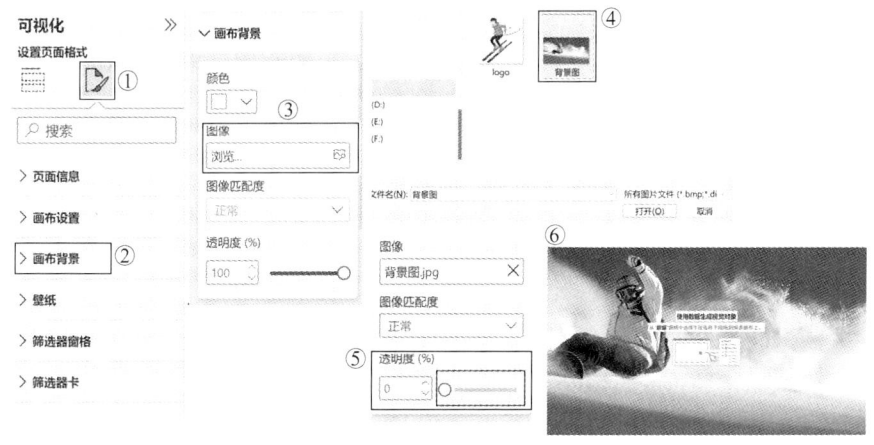

图9-13 封面背景的设置

重要提示：

在封面页中背景图片的透明度可以设置为0%，在数据报告内页中，背景图片透明图可以增加，以方便展示数据。

其次，进行数据报告题目的添加及设置，如图9-14所示。

① 选择"插入"。

在Power BI的顶部菜单栏中，点击"插入"选项，打开插入功能卡。

② 选择"文本框"。

在插入功能卡中，选择"文本框"工具，在报告中添加自定义文本。

③ 输入内容。

在新添加的文本框中，输入报告题目，例如"雪板连锁店数据分析报告"。

④ 设置字体和大小。

选中文本框中的文本，然后在工具栏中选择合适的字体和大小，以确保标题的清晰和醒目。

⑤ 居中字体。

在工具栏中，点击居中对齐按钮，将文本框中的文本居中对齐。

⑥ 设置文本框格式。

选中文本框，然后在右侧的格式设置面板中选择"效果"选项。

⑦ 调整透明度。

在"效果"设置中，调整透明度滑块，以控制文本的透明度，用于在背景图片上添加文本时，使文本更加清晰可见。

⑧ 完成设置。

完成所有设置后，报告题目应该已经添加并格式化完成。检查题目的显示效果，确保其符合设计要求。

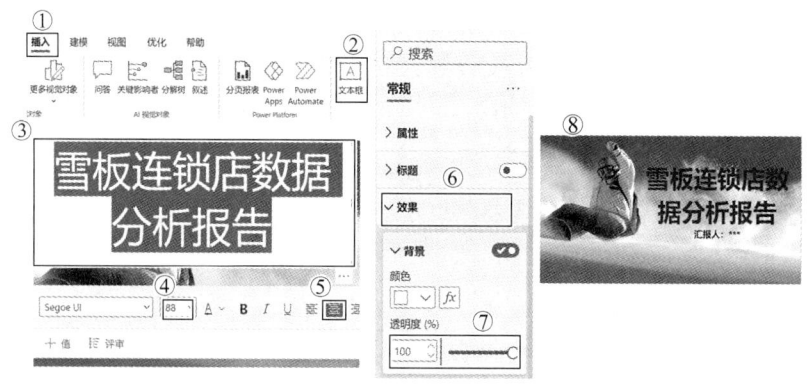

图 9-14　封面页标题设置

再次，设置卡片图。

在编制一份全面的数据报告时，首页展示关键的宏观数据是至关重要的，这有助于读者迅速把握报告的核心内容。为此，可以采用卡片图这种直观的展示方式，来突出显示关键数值。在本案例中，主要设置卡片图来展示"全年销售额""全年任务额"以及"年度任务完成情况"这三个关键指标。通过这种方式，数据报告的首页不仅能够清晰地传达最重要的数据信息，还能使报告看起来更加专业和易于理解，从而提高报告的可读性和实用性。设置步骤如图 9-15 所示，步骤设置只展示"全年销售额"的设置，其他两个指标，请同学们进行设置。具体设置步骤如下：

① 选择卡片图。

在 Power BI 的可视化面板中，选择"卡片"图标，并将其拖拽到报表视图中。

② 添加字段。

将"全年销售额"字段拖拽到卡片图的值区域。

③ 设置视觉对象格式。

点击卡片图，然后选择"格式"选项卡（画笔图标）。

④ 设置字体。

在"格式"选项卡中，找到"文本"部分，设置字体为"DIN"，并调整字体大小为 40。

⑤ 设置值的小数位。

在"格式"选项卡中,找到"值"部分,设置小数位数为2,以确保数值显示的精确度。

⑥⑦ 设置颜色。

在"格式"选项卡中,找到"颜色"部分,选择合适的颜色,例如黑色,以确保文本的可读性。

在"格式"选项卡中,找到"效果"部分,勾选"背景"选项,并设置背景颜色和透明度,例如透明度设置为85%。

⑧ 完成设置。

完成所有设置后,检查卡片图的显示效果,确保其符合设计要求。

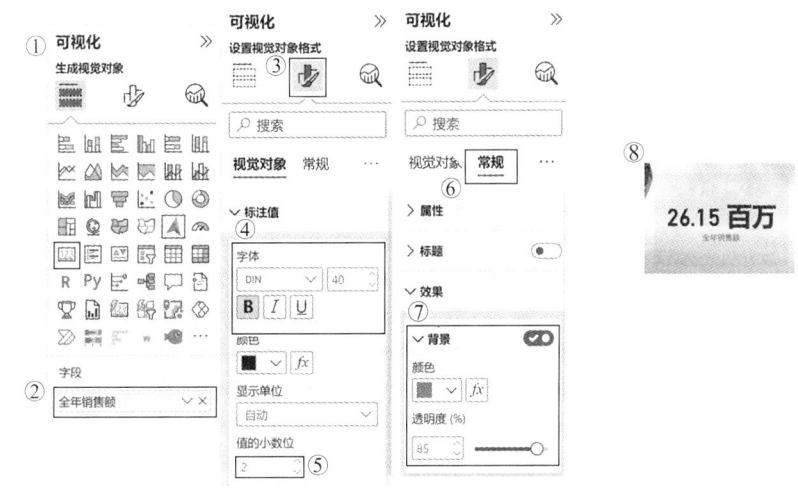

图 9-15 卡片图的设置

边学边练

按照之前讲解的方法,完成"全年任务额"和"年度任务完成情况"的卡片图设置。通过这一过程,能够熟练掌握如何在数据报告中有效地展示关键指标。完成后,卡片图应与图 9-16 中展示的样式相匹配,清晰地呈现出所需的数据信息。

图 9-16 全年任务额以及年度任务额完成卡片图最终展示

最后,导航栏的设置。

在编排数据报告时,建议将导航栏的设置置于报告的末尾,或者在报告的初始阶段就着手进行。具体操作为,首先添加并完善报告中的每一页内容,随后对每一页进行命名,确保每个部分的标题既准确又具有描述性。下面将展示导航栏设置，如图 9-17 所示。

① 打开"插入"选项卡。

在 Power BI Desktop 的顶部菜单栏中，点击"插入"选项卡。

② 选择"按钮"。

在"插入"选项卡中，找到并点击"按钮"。

③ 选择"页面导航器"。

在弹出的按钮选项中，选择"页面导航器"，在报告中添加一个导航器，以便用户可以快速跳转到不同的页面。

④ 选择形状。

在"页面导航器"设置中，选择一个形状。Power BI 提供了多种形状，如矩形、圆形等，选择一个适合报告设计的形状。

⑤ 设置文本样式。

选中页面导航器中的文本，然后在右侧的"格式"面板中设置文本的字体、字号和字体颜色。

⑥ 设置背景颜色。

在"格式"面板中，找到"填充"选项，设置页面导航器的背景颜色。

⑦ 选择"页"。

在"页面导航器"的设置中，选择"页"选项，这样导航器就会显示所有可用的页面，可以关闭不需要进行展示的页面。

⑧ 完成设置。

完成所有设置后，页面导航器就已经设置完成，可以用于在报告中导航不同的页面。

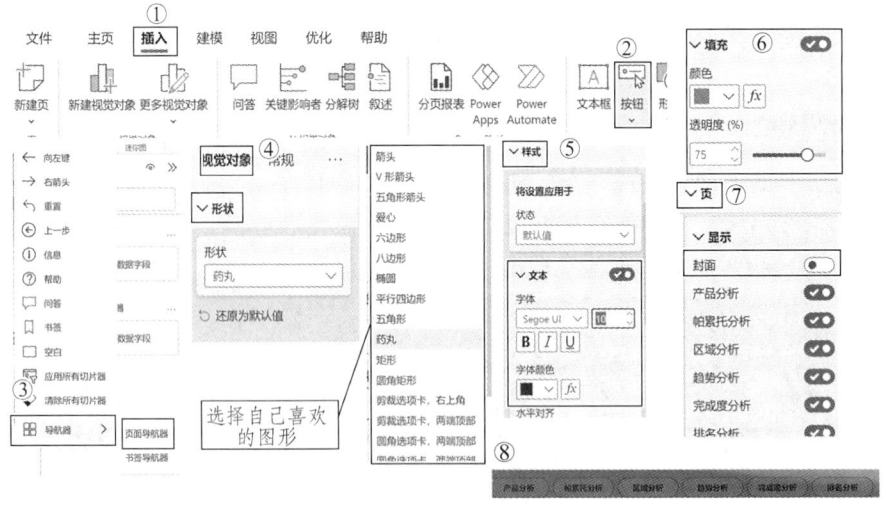

图 9-17　导航栏的设置

9.5.5　产品分析页设置

在进行产品分析时，通常会以产品的品类作为分析的基本维度。下面将重点介绍四种核心图形的配置方法：项目 logo 的设置、条形图的设置、矩阵的设置和切片器的设置。这些图形是产品分析中的关键视觉元素,它们不仅能够直观地展示数据,还能增强报告的专业性和吸引力。对于其他图形的设置,不作深入探讨。

(1)项目 logo 的设置:在编制一份完整的数据报告时,项目 logo 的设置是不可或缺的元素,它不仅增强了报告的正式性和专业性,还有助于品牌形象的传达。通常,logo 被放置在报告页面的左上角,这个位置能够确保其在视觉上的显著性,同时不影响报告内容的阅读。接下来详细介绍如何在数据报告中嵌入 logo,并展示具体的设置方法,如图 9-18 所示。

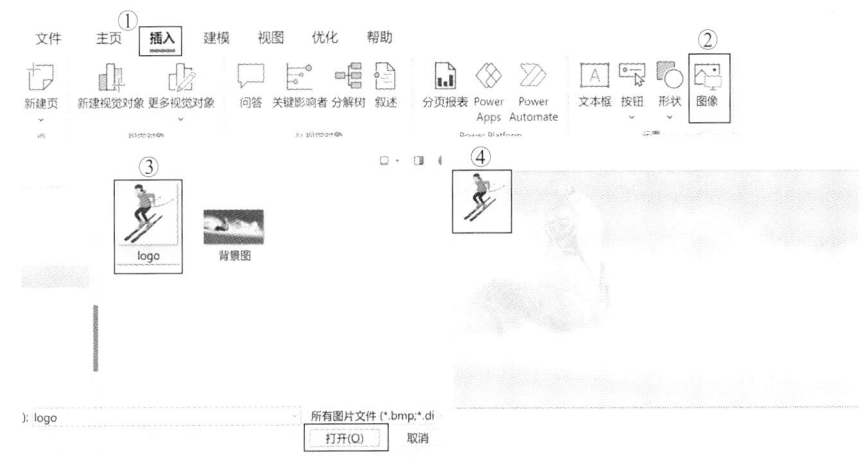

图 9-18　logo 展示

(2)条形图的设置:在数据可视化的教学中,条形图是一种常用于展示不同类别数据比较的图表类型。下面利用产品品类和销售额这两个关键维度来展示各类产品的销售表现。通过这种视觉表示方法,学生可以直观地理解不同产品品类在销售上的差异和趋势。具体的配置步骤如图 9-19 所示。

① 选择"堆积条形图"。

在 Power BI 的可视化面板中,选择"堆积条形图"图标,并将其拖拽到报表视图中。

② 设置 Y 轴和 X 轴。

将"产品分类名称"字段拖拽到 Y 轴区域,将"销售金额"字段拖拽到 X 轴区域。

③ 设置数据标签。

点击图表,然后选择"格式"选项卡(画笔图标)。

在"数据标签"部分,打开"值"的开关,以显示每个条形的数值。

④ 设置字体样式。

在"值"的设置中,选择字体(如 Segoe UI),设置字号(如 9),并选择字体颜色(如黑色)。

⑤ 设置显示单位。

在"值"的设置中,选择"显示单位"为"百万",并设置"值的小数位"为 1,以便更清晰地展示数据。

⑥ 设置视觉对象的标题。

在"格式"选项卡中,选择"常规"部分,然后打开"标题"的设置。

⑦ 输入标题名称。

在"标题"设置中，输入标题名称，如"销售金额按产品分类名称"，并选择相应的字体和字号。

⑧ 设置标题背景色。

在"标题"设置中，选择背景色，如黄色，以突出显示标题。

⑨ 完成设置。

完成所有设置后，检查图表的显示效果，确保其符合设计要求。

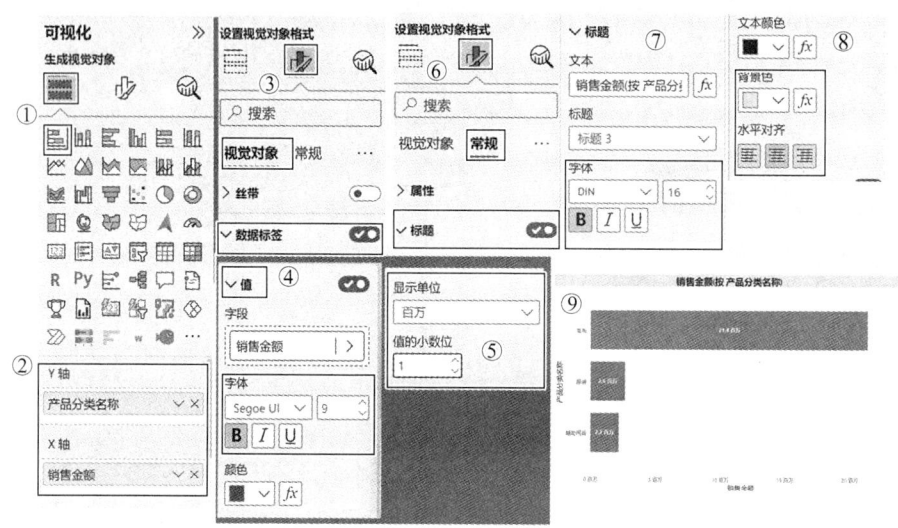

图 9-19 条形图的设置

（3）矩阵的设置：在数据报告的构建过程中，矩阵图是一种高效的工具，用于展示多维度数据之间的关系。下面将探讨如何配置矩阵图，特别是以产品品类和产品名称作为分析的维度，同时将销售量和销售额作为关键的分析指标。通过这种设置，可以深入理解不同产品在销售表现上的差异。具体的配置如图 9-20 所示。

① 选择"矩阵"。

在 Power BI 的可视化面板中，选择"矩阵"图标，并将其拖拽到报表视图中。

② 行和值的设置。

将"产品分类名称"和"产品名称"字段拖拽到矩阵图的行区域。

将"销售数量"和"销售金额"字段拖拽到矩阵图的值区域。

③ 设置视觉对象。

点击矩阵图，然后选择"格式"选项卡（画笔图标）。

④ 选择布局和样式预设。

在"格式"选项卡中，选择"布局和样式预设"，从提供的样式中选择一个合适的样式来改善矩阵图的外观。

⑤ 矩阵钻取不展开的展示。

默认情况下，矩阵图的钻取功能是关闭的。可以通过点击行标题旁边的双箭头图标来展开或折叠特定类别的数据。

⑥ 点击"钻取"图标。

点击行标题旁边的双箭头图标，可以展开或折叠该类别下的产品名称，从而实现钻取功能。

⑦ 矩阵钻取展开的展示。

展开后，将看到每个产品分类下的具体产品名称及其对应的销售数量和销售金额。

图 9-20　矩阵图的设置

（4）切片器的设置：在数据报告中，切片器的设置是实现数据动态展示的关键环节。下面将介绍如何利用日期表中的月份字段来配置切片器，以便根据月份的不同，动态地展示数据的变化趋势。通过这种设置，用户可以轻松地根据特定时间段筛选和查看相关数据，从而更加灵活地分析和比较不同月份的销售情况或业绩表现。具体的切片器配置步骤如图 9-21 所示。

① 选择切片器并设置字段。

在 Power BI 的可视化面板中，选择"切片器"图标，并将其拖拽到报表视图中。

将日期表中的"月份"字段拖拽到新添加的切片器中，以便用户可以根据月份筛选数据。

② 设置视觉对象样式。

选中切片器，在"格式"选项卡中找到"选项"部分。

在"样式"下拉菜单中选择"磁贴"，这样切片器中的月份将以磁贴的形式显示，以提高视觉效果和用户交互体验。

③ 设置视觉对象背景。

在"格式"选项卡中，找到"效果"部分。勾选"背景"选项，并设置背景颜色。选择一个与报告整体设计协调的颜色，以增强切片器的视觉吸引力。

④ 完成设置。

完成切片器的样式和背景设置后，检查切片器的显示效果，确保其既美观又实用。

测试切片器的功能，确保点击不同的月份可以正确地筛选和展示相关数据。

图 9-21 切片器的设置

重要提示：

在数据报告中使用日期表时，常会遇到一个问题：由于"月"字段以文本格式存储，其在切片器中的默认排序并不符合通常的月份顺序认知，而是按照文本排序方式进行。这种排序方式可能导致用户在筛选月份时产生混淆。为了解决这一问题，需要对"月"字段的排序逻辑进行调整，以确保其按照自然月份的顺序进行排序。

接下来的步骤将指导学生如何对"月"字段进行设置，使其排序方式与我们的习惯相符，从而提高数据报告的易用性和准确性。如图 9-22 所示，先进入表格视图，在日期表中进行设置，具体步骤如下：

① 点击"表格视图"。

选择"表格视图"以进入数据模型的表格视图。

② 选择"月"列。

在表格视图中，找到并点击"日期"表中的"月"列标题，以选中该列。

③ 按列排序。

在"月"列标题的上方，点击"按列排序"图标（通常是一个带有箭头的图标），打开排序选项。

④ 选择"月排序依据"。

在排序选项中，选择"月排序依据"，为"月"列设置一个辅助列，该列定义了月份的自然顺序。

⑤ 完成设置。

完成排序依据的设置后，关闭表格视图，回到报表视图。

在报表视图中，检查切片器中的"月"字段是否按照 1 月到 12 月的自然顺序进行排序。如果设置正确，用户现在可以更直观地按照月份筛选数据。

第 2 部分　Power BI 探秘：数据宇宙的视觉盛宴

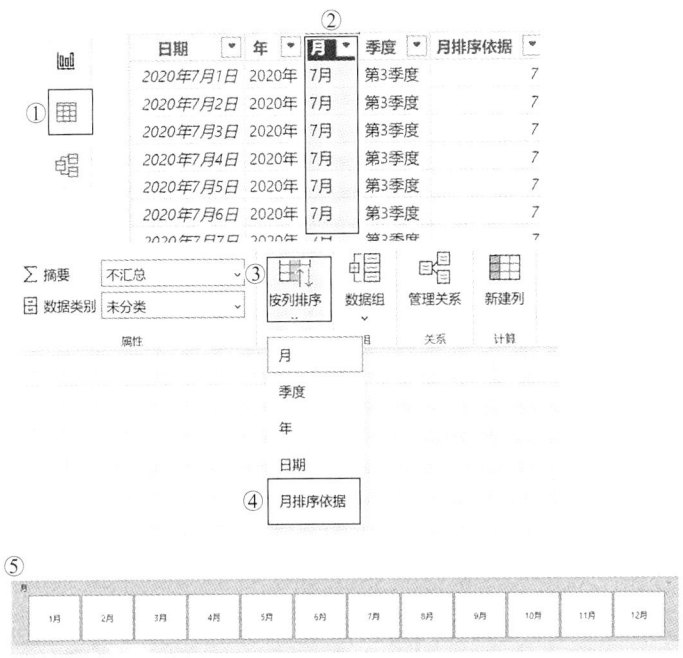

图 9-22　日期排序设置

边学边练

随着产品分析页面中核心图例的详细讲解告一段落，现在将注意力转向页面上剩余的图形元素，这些内容的具体展示可以参考图 9-23。接下来请运用之前学习的知识，对这些补充图形进行细致的设置和调整。

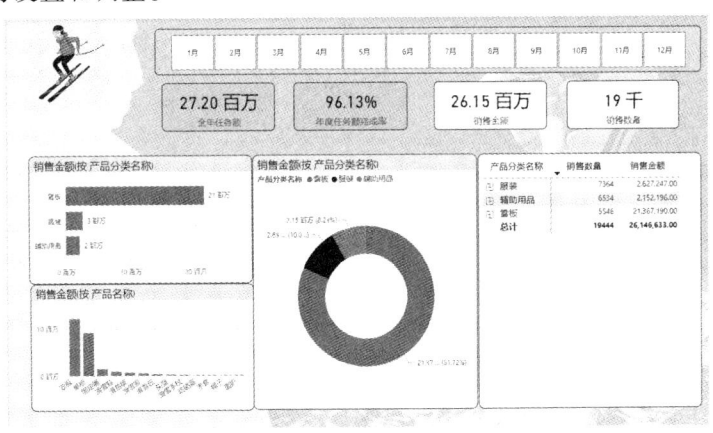

图 9-23　产品分析页面设置

9.5.6　帕累托分析页设置

继前文对帕累托模型的设置进行了全面介绍之后（参考图 9-11 和图 9-12），下面将不再赘述模型本身的设置。当前页面除了包含帕累托模型图之外，还集成了切片器和帕累托表

- 247 -

格。以下内容将重点介绍如何在该页面中设置帕累托表格，并提供具体的操作步骤（见图9-24）：

① 选择"表"。

在 Power BI 的可视化面板中，选择"表"图标。

② 设置列的值

将"产品名称""销售金额""累计销售额占比"以及"ABC 分类"字段拖拽到表格的相应列中。

③ 设置条件格式。

在表格中，点击"ABC 分类"列标题，然后点击鼠标右键。

在弹出的菜单中，选择"条件格式"→"图标"，根据"ABC 分类"的值来改变图标。

④ 在图标设置中选择新建规则。

在条件格式的图标设置中，点击"新建规则"按钮，以创建新的图标规则。

根据图 9-24 设置图标的规则。通常，这涉及为不同的 ABC 分类值分配不同的图标，以直观地表示数据的类别或状态。

⑤ 完成设置。

完成所有设置后，检查表格的显示效果，确保图标正确地反映了"ABC 分类"的值。

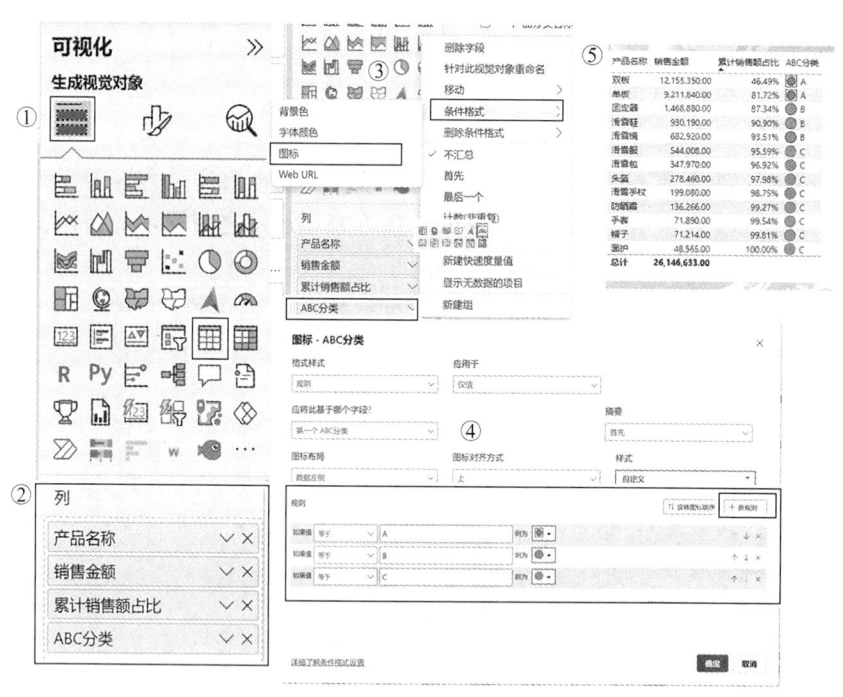

图 9-24　帕累托表格设置

重要提示：

在帕累托表格的配置过程中，重点在于运用条件格式来强化"ABC 分类"的视觉效果。通过精心设计的条件格式，可以突出显示关键数据，例如在客户分析中标识出重点客户，或在项目分析中高亮显示收入最高的项目。这样的视觉提示有助于快速识别和关注最重要的信息。此外，条件格式的应用不仅限于图标，还包括数据条等多种视觉元素，以增强数据的可读性和吸引力。

边学边练

该页面其他图形，请同学们根据前面所学知识进行设置，帕累托分析页面展示如图 9-25 所示。

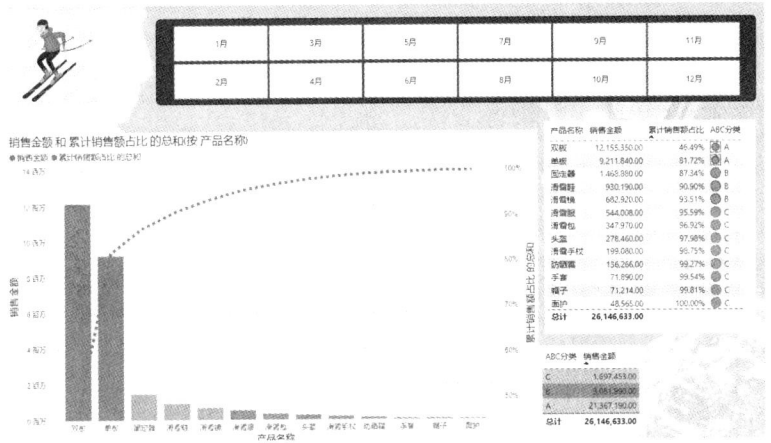

图 9-25　帕累托分析页面展示

9.5.7　区域分析页面设置

接着将专注于区域分析页面中柱状图的设置方法。区域分析页面是一个多功能的数据展示区域，它集成了切片器、矩阵、柱状图和树形图等多种数据视觉化工具。这些工具共同作用，为用户提供了一个全面的数据分析视角。在这一部分中，将详细介绍如何设置柱状图，以便有效地展示区域数据的比较和趋势（见图 9-26）：

① 选择"堆积柱状图"。

在 Power BI 的可视化面板中，选择"堆积柱状图"图标，并将其拖拽到报表视图中。

② 设置 X 轴和 Y 轴的值。

将"地区""城市名称"字段拖拽到堆积柱状图的 X 轴区域。

将"销售金额"字段拖拽到 Y 轴区域。

③ 打开数据标签。

点击堆积柱状图，然后选择"格式"选项卡（画笔图标）。

在"数据标签"部分，打开"值"的开关，以显示每个柱状的数值。

④ 设置标题。

在"格式"选项卡中，选择"常规"部分，然后打开"标题"的设置。

输入标题名称，如"销售金额按地区"，并选择相应的字体和字号。

在"标题"设置中，选择背景色，如黄色，以突出显示标题。

⑤ 按销售金额降序排序。

在"格式"选项卡中，选择"..."更多选项，然后点击"排列轴"。

选择"按销售金额降序排序",以便柱状图按照销售金额从高到低排序。
⑥ 图形不进行"钻取"时的展示。
确保在不进行钻取操作时,柱状图能够清晰地展示每个区域的销售金额。
⑦ 图形进行"钻取"时的展示:
如果堆积柱状图支持钻取功能,确保在进行钻取操作时,能够展示每个城市更详细的数据。

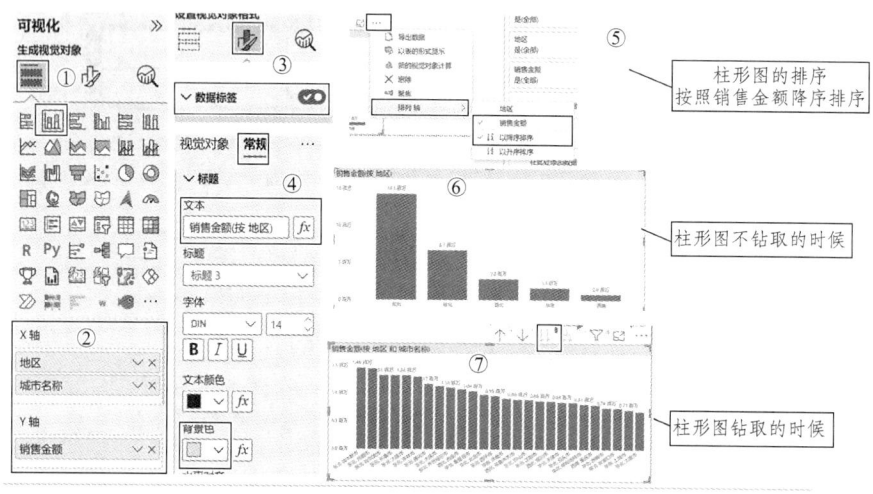

图 9-26　帕累托分析页面柱形的设置

边学边练

区域分析页面其他图形,请同学们自行进行设置,页面展示如图 9-27 所示:

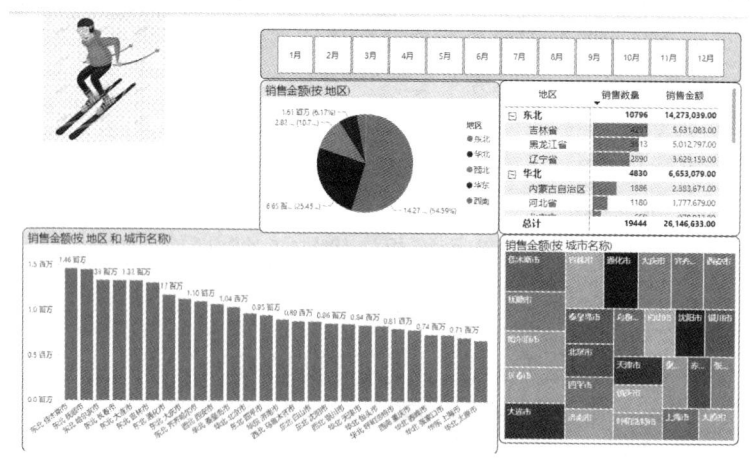

图 9-27　区域分析页面展示

9.5.8　趋势分析页面设置

接下来将详细介绍趋势分析页面中的关键组件,包括切片器、组合图、矩阵和气泡图。这些工具共同构成了一个强大的数据可视化平台,帮助用户深入理解数据趋势和模式。在这些组件中，将特别聚焦于气泡图的配置和使用，因为它提供了一种直观的方式来展示多维数据集之间的关系，如图 9-28 所示。

① 选择图例。

在 Power BI 的可视化面板中，选择"散点图"图标。

② 设置 X 轴、Y 轴、图例、大小和播放轴。

将"销售数量"字段拖拽到 X 轴区域。

将"销售金额"字段拖拽到 Y 轴区域。

将"店铺名称"字段拖拽到图例区域，以便不同店铺的数据用不同颜色表示。

将"月"字段拖拽到大小区域，以气泡的大小表示月份。

如果需要，可以将时间相关的字段拖拽到播放轴区域，以创建动态展示。

③ 打开"图例"设置。

点击散点图，然后选择"格式"选项卡（画笔图标）。

在"图例"部分，打开"图例"的开关，并在选项中设置"靠上左对齐"。

④ 设置类别标签。

在"格式"选项卡中，找到"类别标签"部分。

设置字体为 Segoe UI，字号为 9，颜色为黑色，以确保标签的可读性。

⑤ 设置标题。

在"格式"选项卡中，找到"标题"部分。

输入标题名称，如"销售数量、销售金额和店铺名称"，并选择字体 DIN，字号 14。

设置标题的背景颜色，如浅蓝色，以突出标题。

⑥ 完成设置。

完成所有设置后，检查气泡图的显示效果，确保其符合设计要求。

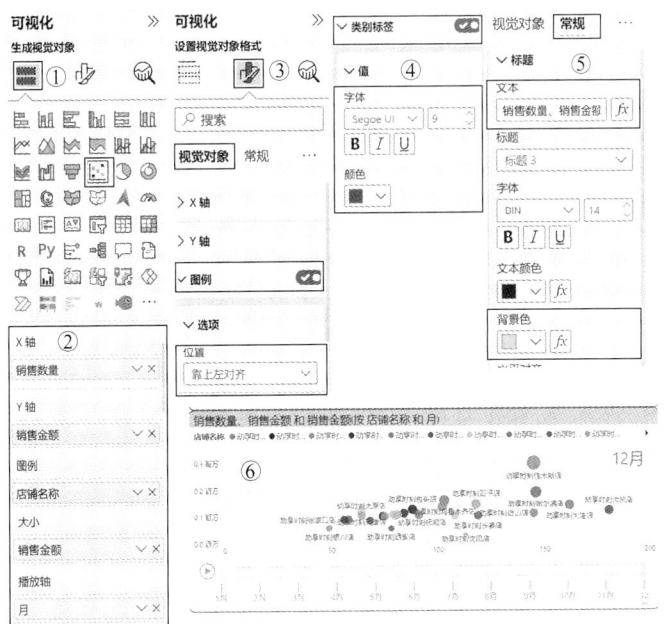

图 9-28　气泡分析设置步骤

边学边练

趋势分析页面其他图形，请同学们自行进行设置，页面展示如图 9-29 所示。

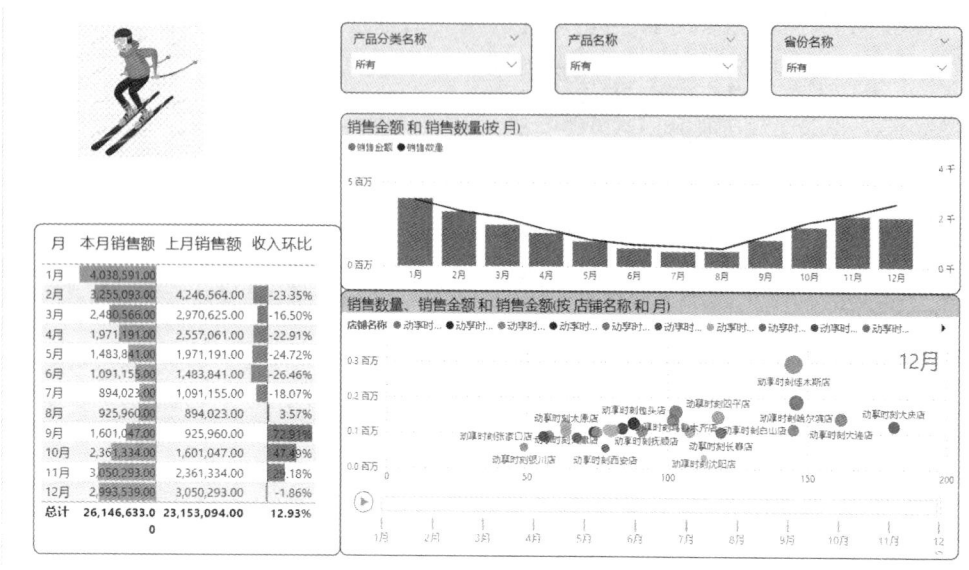

图 9-29　趋势分析页面设置

9.5.9　完成度分析页面设置

下面将详细介绍完成度分析页面的构成和功能，特别关注仪表盘图的设置步骤。该页面包含切片器、矩阵、仪表盘图和条形图，这些工具共同协助用户监控和评估任务的完成度。我们将重点讲解如何配置仪表盘图，设置步骤如图 9-30 所示。

① 选择"仪表盘图"。

在 Power BI 的可视化面板中，选择"仪表盘图"图标，并将其拖拽到报表视图中。

② 设置值。

将"销售金额"字段拖拽到仪表盘图的值区域。

③ 设置测量轴最大值。

点击仪表盘图，然后选择"格式"选项卡（画笔图标）。

在"测量轴"部分，设置最大值为 280000000（或其他适当的值，取决于数据范围）。

④ 打开"目标标签"和"标注值"。

在"格式"选项卡中，确保"目标标签"和"标注值"被勾选，以便在仪表盘上显示目标值和实际值。

⑤ 展示全年任务额完成仪表盘图。

完成上述设置后，仪表盘图将展示全年任务额的完成情况。

⑥ 重复选择"仪表盘图"。

再次从可视化面板中选择"仪表盘图"图标。

⑦ 选择值：

将"年度任务额完成率"字段拖拽到新仪表盘图的值区域。

⑧ 打开目标标签和标注值。

同样在"格式"选项卡中,确保"目标标签"和"标注值"被打开。

⑨ 展示任务额完成度仪表盘图。

完成设置后,第二个仪表盘图将展示任务额完成度的百分比。

图 9-30 仪表盘图设置步骤

边学边练

完成度分析页面其他图形,请同学们自行进行设置,页面展示如图 9-31 所示。

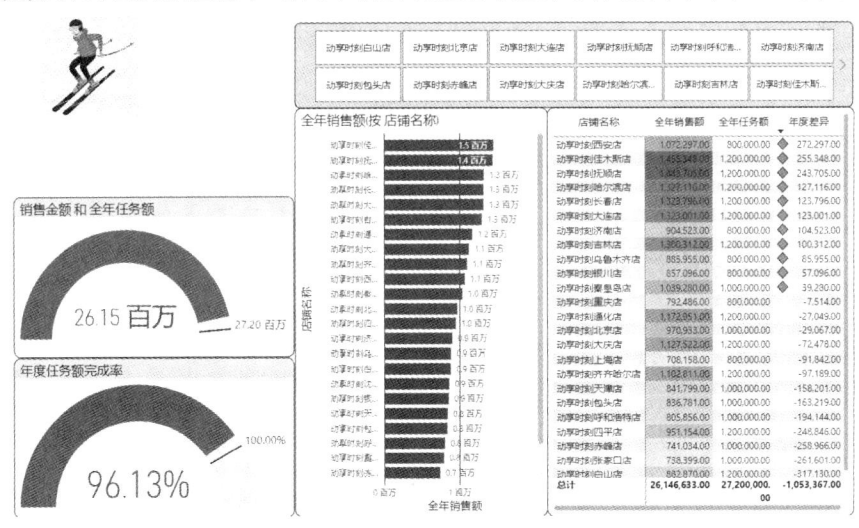

图 9-31 完成度页面设置步骤

9.5.10 排名分析页面设置

下面将深入探讨排名分析页面的核心组件,这些组件包括切片器、矩阵、树形图和条形图。它们共同协作,为用户提供了一个全面的视图,以便监控和评估不同产品的排名情况。

(1) 矩阵的设置步骤（见图 9-32）。

① 选择矩阵组件。

在可视化工具栏中，找到并选择"矩阵"图标，将其拖拽到工作区。

② 配置矩阵字段。

将"产品分类名称"字段拖拽到矩阵的"行"区域。

将"产品名称"字段拖拽到矩阵的"列"区域。

③ 设置值字段。

将"销售金额"字段拖拽到矩阵的"值"区域。

④ 添加图标。

右键点击矩阵中的"值"字段，选择"条件格式"。

在弹出的菜单中，选择"图标"选项，为销售金额添加图标表示。

⑤ 设置图标条件。

在条件格式设置中，选择适当的图标样式和颜色，以便直观展示销售金额的高低。

⑥ 设置完成。

图 9-32 矩阵设置步骤

(2) 条形图的筛选设置（如图 9-33）。

① 选择条形图组件。

在可视化工具栏中，找到并选择"条形图"图标，将其拖拽到工作区。

② 配置条形图字段。

将"产品名称"字段拖拽到条形图的"Y 轴"区域。

将"销售金额"字段拖拽到条形图的"X 轴"区域。

③ 设置数据标签。

点击条形图，选择"数据标签"选项，确保每个条形上都显示销售金额的具体数值。

④ 应用筛选器。

在可视化工具栏中，找到并选择"筛选器"图标，将其拖拽到工作区。

⑤ 设置产品名称。

将"产品名称"字段添加到筛选器中，设置筛选类型为"前 N 个"，并选择"显示项"为"上"5 个。

⑥ 调整条形图样式。

通过点击条形图，选择"格式"选项，调整条形图的颜色、边框等样式，使其更加美观和易于阅读。

图 9-33　条形图筛选设置

边学边练

排名分析页面其他图形，请同学们自行进行设置，页面展示如图 9-34 所示。

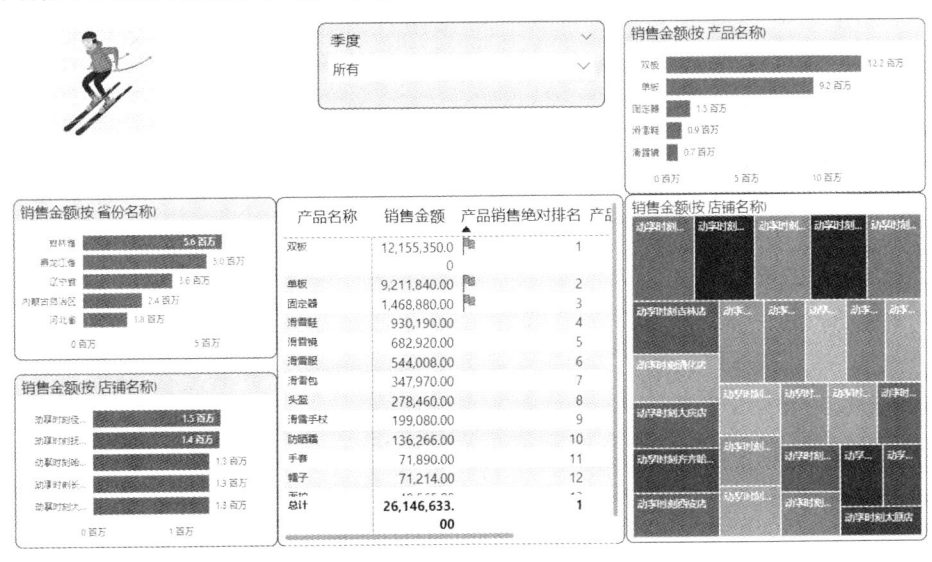

图 9-34　排名分析页面设置

知识拓展

ARIMA 模型在销售分析中的主要作用

1. 概　念

ARIMA 模型，即自回归积分滑动平均模型，是一种用于分析和预测时间序列数据的统计工具。在销售分析中，ARIMA 模型特别适用于处理和预测销售数据，这些数据通常表现出趋势性、季节性和随机波动。

2. 在销售中的主要作用

（1）销售预测：ARIMA 模型能够基于历史销售数据预测未来的销售量，帮助企业制订更准确的销售计划和目标。

（2）库存管理：通过预测销售趋势，ARIMA 模型协助企业优化库存水平，减少库存积压或缺货的风险。

（3）促销活动规划：企业可以根据 ARIMA 模型的预测结果，设计和调整促销活动，以最大化销售效果。

（4）市场趋势分析：ARIMA 模型有助于识别销售数据中的趋势和周期性模式，企业可以据此调整市场策略。

（5）风险管理：预测销售中的不确定性和潜在风险，使企业能够提前准备应对措施。

（6）价格策略制定：通过分析销售数据的时间序列，ARIMA 模型可以帮助企业制定价格调整策略，以适应市场变化。

（7）客户需求预测：ARIMA 模型可以预测不同客户群体的购买行为，帮助企业更好地满足客户需求。

（8）供应链协调：准确的销售预测对协调供应链至关重要，ARIMA 模型可以提高供应链的响应速度和效率。

3. 主要应用行业

ARIMA 模型在销售分析中的应用跨越多个行业，主要包括以下几个行业：

（1）零售业：用于预测产品销售，优化库存和促销活动。

（2）电子商务：在线销售平台利用 ARIMA 模型预测流量和转化率，以提高营销效率。

（3）快速消费品（FMCG）：预测快速变化的消费者需求，调整生产和分销策略。

（4）汽车行业：预测车辆销售趋势，协助生产计划和库存管理。

（5）科技产品：预测新技术产品的市场接受度和销售表现。

（6）服务业：预测服务需求，如酒店和旅游行业的预订量。

ARIMA 模型因其在处理时间序列数据方面的能力而在销售分析中发挥着重要作用，它使企业能够基于数据驱动的方法做出更明智的业务决策。

本章小结

本章通过具体的实战案例,如连锁店销售案例,展示了如何使用 Power BI 进行销售数据分析、市场趋势预测和财务报表分析。案例中详细介绍了数据准备、数据获取、数据整理、数据建模、新建列和度量值的过程,特别强调了数据预处理的重要性和数据模型构建的技能。通过实例操作,展示了如何使用 Power Query 进行数据检查和整理,以及如何通过 DAX 语言创建计算列和度量值,实现复杂的业务逻辑计算。

此外,本章还重点介绍了帕累托模型的理论基础及其在数据分析中的应用,并介绍了如何通过 Power BI 实现帕累托模型的可视化。通过具体示例,演示了如何使用帕累托模型进行产品销售分析,以及如何通过条件格式和数据可视化工具强化数据的可读性和吸引力。

最后,本章讨论了数据报告的构成和设计,包括封面页、导航栏和关键指标卡片图的设置,以及如何通过自定义可视化图表展示分析结果。通过这些内容的学习,读者不仅能够掌握 Power BI 的高级功能,还能提升数据分析和报告制作的能力,从而更好地支持决策制定和业务发展。

参考文献

[1] 胡永胜. Power BI 商业数据分析[M]. 北京：人民邮电出版社，2023.

[2] 雷元. 从 Excel 到 Power BI：财务报表数据分析[M]. 北京：人民邮电出版社，2023.

[3] 郑志刚. Power 零售数据分析实战[M]. 北京：人民邮电出版社，2023.

[4] 郑小玲，王静奕. Excel 数据处理与分析实例教程（微课版）[M]. 3 版. 北京：人民邮电出版社，2023.